普通高等教育电气工程/自动化系列规划教材
浙江省重点教材

单片机原理与应用

主编　项新建
参编　蔡炯炯　郑永平

机械工业出版社

本书为浙江省重点教材，以80C51系列单片机为主线，详细地介绍了单片机的组成、工作原理、应用技术、仿真方法和开发流程。内容有：单片机的定义和发展，单片机硬件（CPU、存储器、并行口、中断系统、定时器/计数器、串行口系统扩展接口以及A-D/D-A转换技术等），单片机软件（指令系统、汇编语言软件设计和C语言软件设计），单片机集成开发环境软件Keil μVision5，单片机仿真软件Proteus8，单片机应用系统实例等。

本书注重原理与应用紧密结合；突出单片机软硬件的基本原理，体系结构以及功能单元的完整性；以构建单片机应用系统为目标，重点介绍了系统扩展配置方法以及仿真开发流程。

本书主要作为高等院校电类专业单片机原理与应用类课程的教材，也可作为其他专业学生、从事单片机应用系统开发的工程技术人员以及单片机爱好者的自学与参考用书。

图书在版编目（CIP）数据

单片机原理与应用/项新建主编. —北京：机械工业出版社，2017.8（2024.8重印）

普通高等教育电气工程/自动化系列规划教材　浙江省重点教材

ISBN 978-7-111-57268-8

Ⅰ.①单…　Ⅱ.①项…　Ⅲ.①单片微型计算机-高等学校-教材　Ⅳ.①TP368.1

中国版本图书馆CIP数据核字（2017）第160316号

机械工业出版社（北京市百万庄大街22号　邮政编码100037）
策划编辑：王雅新　责任编辑：王雅新　路乙达　刘丽敏
责任校对：肖　琳　封面设计：张　静
责任印制：单爱军
北京虎彩文化传播有限公司印刷
2024年8月第1版第3次印刷
184mm×260mm · 14.5印张 · 351千字
标准书号：ISBN 978-7-111-57268-8
定价：39.80元

电话服务　　网络服务
客服电话：010-88361066　　机　工　官　网：www.cmpbook.com
010-88379833　　机　工　官　博：weibo.com/cmp1952
010-68326294　　金　书　网：www.golden-book.com

机工教育服务网：www.cmpedu.com

前言

20世纪70年代，单片机的诞生标志着嵌入式计算机系统的出现。而作为最典型的嵌入式系统，它的成功应用推动了微控制器的发展。

单片机在我国大规模应用已有30余年历史，已成为电子系统智能化最普遍的应用手段。在全国高等院校工科专业中，已普遍开设了单片机及相关课程。课程设计、毕业设计、各种电子设计竞赛等实践环节，单片机系统也都有着广泛的应用。单片机已成为工科学生，特别是电类专业学生必须掌握的一门专业技术。因此，出版一本高等工科院校单片机及其相关课程的优秀教材具有十分重要的意义。

在品种众多的单片机中，80C51系列单片机以其完整的系统结构、规范的特殊功能寄存器、强大的指令系统以及丰富的仿真和开发工具，成为单片机中的主流机型。因此，本书以它作为主线介绍单片机原理与应用。

全书共分10章，第1章介绍了单片机的基本概念，第2章介绍了80C51单片机基本原理与结构，第3章介绍了80C51单片机指令系统、汇编语言和C51语言程序设计，第4章介绍了80C51单片机集成开发环境Keil和仿真软件Proteus，第5章介绍了80C51单片机基本输入输出接口，第6章介绍了80C51单片机的中断系统，第7章介绍了80C51单片机定时器/计数器，第8章介绍了80C51单片机串行接口，第9~10章介绍了单片机扩展接口技术和应用系统实例。

参加本书编写的教师有多年从事单片机原理与应用的教学以及科技开发的工作经历，积累了大量的理论与实践经验，为编写本书打下了坚实的基础。本书原理部分的叙述力求体现内容的系统性和完整性，同时简单明了、深入浅出、循序渐进；应用部分的介绍完全取材于工程实例，突出实用性和完整性，有较高的参考价值。

本书的编写得到了浙江省重点教材建设项目的资助，并参考了同行大量的研究成果，研究生施盛华、肖金辉、金玮、黄佩也做了大量的文稿整理工作，在此，一并表示衷心的感谢！

由于时间仓促，水平有限，书中错漏之处在所难免，敬请读者批评指正。

编　者

2017年3月，杭州

目 录

第1章 绪 论

1.1 单片机

1.1.1 单片机的定义

单片机（Micro Control Unit，MCU）是早期 Single Chip Microcomputer 的直译，它忠实地反映了早期单片微机的形态和本质。

随着大规模集成电路技术的发展，可以将 CPU、RAM、ROM，输入/输出接口（并行 I/O、串行 I/O）、定时器/计数器、中断控制、系统时钟及总线等计算机的主要部件，集成在一块集成电路芯片上这就组成了单片机，如图 1-1 所示。

单片机从功能和形态来说都是作为控制领域应用的要求而诞生的，按照面向对象突出控制的要求，有的单片机在片内还会选择性地集成许多其他外围电路及外设接口，这其中着力扩展各种控制功能，如模数的相互转换（A-D，D-A）、脉宽调制（PWM）、计数器捕获/比较逻辑（PCA）、高速 I/O 口、WDT 等，这已经突破了传统意义上的单片机结构。所以国际上更准确地反映单片机本质的叫法应是微控制器（Microcontroller）。

图 1-1 单片机

根据单片机的结构和微电子设计的特点，许多应用系统中虽然往往是以单片机为核心，但是它已完全融入应用系统之中，故而也有将单片机称为嵌入式微控制器（Embedded Microcontroller）的。

单片机虽然只是一个芯片，但从组成和功能上看，它已具有了微机系统的含义，是一个单片形态的微控制器。在我国，因为单片机的叫法甚为普遍，因此在本书中还是将其称为单片机。

1.1.2 单片机的发展历程

1976 年，Intel 公司研制出 MCS-48 系列 8 位单片机。MCS-48 系列单片机内部集成了 8 位 CPU、多个并行 I/O 口、8 位定时器/计数器、小容量的 RAM 和 ROM 等，没有串行通信接口，操作简单。它以体积小、功能全、价格低等特点，赢得了广泛的应用，为单片机的发展奠定了基础，成为单片机发展进程中的一个重要阶段。

在 MCS-48 成功刺激下，许多半导体公司和计算机公司争相研制和发展自己的单片机系列。其中有 Motorola 公司的 6801、6802，Zilog 公司的 Z-8 系列，Rockwell 公司的 6501、6502 等。此外日本的 NEC 公司，日立公司及 EPSON 公司等也都相继推出了各具特色的单片机品种。

1980 年，Intel 公司在 MCS-48 系列单片机的基础上，推出了 MCS-51 系列 8 位单片机，这就是大名鼎鼎的“51 单片机”的祖先。MCS-51 系列单片机比 MCS-48 系列单片机功能明显提高，内部增加了串行通信接口，具备多级中断处理系统，定时器/计数器由 8 位扩展为 16 位，扩大了 RAM 和 ROM 的容量。MCS-51 系列单片机因为性能可靠、简单实用、性价比高而深受欢迎，被誉为“最经典的单片机”。尽管目前单片机的品种很多，但直到现在，MCS-51 仍不失为单片机中的主流机型。国内尤以 MCS-51 系列单片机应用最广，各高校单片机教材都是以 MCS-51 系列 8 位单片机为内容教授单片机课程。

1983 年，16 位单片机 MCS-96 问世，MCS-96 不但字长增加一倍，而且还具有 4 路或 8 路的 10 位 A-D 转换功能，此外，在其他性能方面也有一定的提高，主要应用于比较复杂的控制系统以及早期嵌入式系统。但因为性价比不理想并未得到普及应用。

近年来，随着 ARM 处理器在全球范围的流行，以 STM32 为代表的 32 位微控制器已经开始成为高中端嵌入式应用和设计的主流。一方面，由于手机、数码相机等手持设备以及各种信息家电等有更高性能要求的嵌入式应用设备的推出，庞大的多媒体数据必然需要更大的存储空间。目前，许多 32 位微控制器都可以使用 SDRAM，因此可极大地降低使用更大容量数据存储器的成本。同时，有越来越多的传统应用也与时俱进地提出数字化和“硬件软化”的要求，它们对计算性能的要求也超出绝大多数 8 位或 16 位微控制器能提供的范围。此外，当前许多嵌入式应用系统需支持互联网接入的应用，在 MCU 上建立 RTOS 运行 TCP/IP 或其他通信协议成为一种现实需求，而只有 32 位微控制器可以完美支持 RTOS。另一方面，由于 IT 技术发展的推动，随着高端 32 位 CPU 价格的不断下降和开发环境的成熟，促使 32 位嵌入式处理器日益挤压原先由 8 位微控制器主导的应用空间，32 位 ARM 体系结构已经成为一种事实上的标准。有更多、更复杂特点和功能需求的便携式电子设备，正促使嵌入式系统工程师考虑用 32 位 MCU 取代 8/16 位 MCU。再有，越来越多的设计师认识到，转用 32 位架构不仅能提升性能，还能降低相同成本下的系统功耗，并节约总成本以及缩短产品上市时间。这个转变为设计师提供了可随着产品的性能和需求不断扩展而升级的方案。

尽管由于市场对多功能产品需求的增加和 IT 技术的推动，32 位 MCU 产品日益成为市场的热点，但目前 8 位 MCU 仍然是技术市场的主流之一，并且还有相当广阔的应用空间和旺盛的生命力。

综观近 40 年单片机的发展历程，它正朝多核、多样、多功能、高速、低功耗、高存储容量及结构兼容方向发展。

1. 多核化

随着嵌入式应用的深入，特别是在数字通信和网络中的应用，对处理器提出了更高的要求。为适应这种情况，现在已出现多核结构的处理器。

Freesaale 公司研发的 MPC8260 PowerQUiCC Ⅱ 融合了两个 CPU——嵌入式 PowerPC 内核和通信处理模块（CPM）。由于 CPM 分担了嵌入式 PowerPC 核的外围工作任务，这种双处理器体系结构的功耗反而要低于传统体系结构的处理器。具有类似结构的还有 Hitachi 公司的 SH7410、SH7612 等，它们用于既需要 MCU 又需要 DSP（Digital Signal Processor）功能的场合，比使用单独 MCU 和 DSP 的组合提供了更优越的性能。Infineon 公司推出的 TC10GP 和增强型 TC1130 则是三核（TriCore）结构的微处理器，它同时具备 RISC、CISC 和 DSP 功能，是一种建立在片上系统（SoC）概念上的结构。

2. 多样化

现在单片机的品种繁多，各具特色。兼容 89C51 结构和指令系统有 ATMEL、PHILIPS、Winbond 及 STC 系列单片机，而 Microchip 公司的 PIC 精简指令集（RISC）也有着强劲的发展势头。HOLTEK 公司近年的单片机产量与日俱增，由于低价质优而占据一定的市场份额。此外，还有 MSP430 系列、Motorola 公司的产品及日本几大公司的专用单片机。在一定的时期内，这种情形将得以延续，将不存在某个单片机一统天下的垄断局面，走的是依存互补、相辅相成、共同发展的道路。

3. 多功能化

MCU 已可集成越来越多的内置部件，成为名副其实的单片机。

1）存储器类，包括程序存储器 MROM、OTP ROM、EPROM、E^2PROM、FlashROM 和数据存储器 SRAM、SDRAM、SSRAM。

2）串行接口类，包括 UART、SPI、I^2C、CAN、IR、Ethernet、HDLC。

3）并行接口类，包括 Centronics、PCI、IDE、GPIO 等。

4）定时和时钟类，包括定时器/计数器、实时时钟（RTC）、Watchdog、Clock out。

5）专用和外围接口类，包括 Comparer（比较器）、ADC、DAC、LCD 控制器、DMA、PWM、PLL、MAC、温度传感器等。

有的 MCU，例如 NS 公司的 MCU，已把语音、图像部件也集成到单片机中。Cygnal 公司推出的 C8051F 系列 MCU 在一个芯片中集成了构成数据采集系统或控制系统所需要的几乎所有的数字和模拟外围接口和功能部件，这种混合信号芯片实质上已构成了片上系统（SoC）。

4. 低功耗

现在推出的 MCU 功耗越来越低，很多 MCU 都有多种工作方式，包括等待、暂停、休眠、空闲、节电等工作方式。例如 PHILIPS 的 P87LPC762，空闲状态下的电流为 1.5mA，而在节电方式下电流只有 0.5mA。很多 MCU 还允许在低振荡频率下以极低的功耗工作。例如，P87LPC764 在 32.768kHz 低频下，正常工作电流 $I_{dd}=16\mu A$（$V_{dd}=3.6V$），空闲模式下 $I_{dd}=7\mu A$（$V_{dd}=3.6V$）。

5. 更宽工作电压

扩大电源电压范围以及在较低电压下仍然能工作是现在新推出的 MCU 的一个特点。目前，一般 MCU 都可以在 3.3~5.5V 的范围内工作，有些产品则可以在 2.2~6V 的范围内工作。例如，TI 的 MSP430X11X 系列的工作电压可以低至 2.2V；Motorola 针对长时间处在待机模式的装置所设计的超省电 HCS08 系列 MCU，已经把可工作的最低电压降到了 1.8V。

6. 更先进的工艺

现在 MCU 的封装水平已大大提高，有越来越多的 MCU 采用了各种贴片封装形式，以满足便携式手持设备的需要。Microchip 公司推出了目前世界上体积最小的 6 引脚

PIC10F2XX 系列 MCU，Microchip 的 MCU 灌电流可达 20~25mA。在过去一般 MCU 中，电源与地引脚是安排在芯片封装的对角上，即左上、右下或右上、左下位置上。这种安排会使电源噪声对 MCU 的内部电路造成的干扰相对较大。现在很多 MCU 都把电源和地引脚安排在两个相邻的引脚上。这样既降低了干扰，还便于在印制电路板上对去耦电容进行布线，降低系统的噪声。

1.1.3 80C51 系列单片机简介

80C51 系列单片机是新一代 51 单片机的代表，它以 CHMOS 化为特色，以完善的单片机的控制功能为己任。其中 89C51 单片机为内含 E^2PROM 的产品，89S51 为采用 Flash 存储器，能实现在系统编程的产品（ISP）；89A51 为采用 Flash 存储器、能实现在应用编程的产品（IAP）。下面介绍 80C51 系列单片机主要特点。

1）采用 8 位地址的片内数据存储器，寻址范围为 256B，其中 OOH~7FH 为 128B 的内部 RAM，用来存放用户的随机数；在 80H~FFH 范围内，离散地分布着 21 个特殊功能寄存器，其中 11 个特殊功能寄存器具有位寻址能力。在内部 RAM 中，OOH~1FH 可分为 4 个寄存器工作区，寄存器工作区由选择指令进行切换，从而有效地提高了 CPU 的现场保护能力和实时响应速度；2OH~2FH 单元可进行位寻址。

2）4 个 8 位并行 I/O 接口可用于地址和数据的传送，也可与 8243、8155 等连接，进行外部 I/O 接口的扩展。串行 I/O 接口是一个全双工串行通信口，可用于数据的串行接收和发送，这为构成串行通信网络提供了方便。

3）两个定时器/计数器均为 16 位，且有 4 种工作方式，这样既提高了定时/计数范围，又使用户使用灵活方便。

4）设置有 2 级中断优先级，可接收 5 个中断源的中断请求，中断优先级别可由用户定义，这样就使单片机很适合用于数据采集与处理、智能仪器仪表和工业过程控制中。

5）有 111 条指令，可分为 4 大类，使用了 7 种寻址方式。这些指令中 44%为单字节指令，41%为双字节指令，15%为三字节指令。若用 12MHz 的晶体频率，50%的指令可在 1μs 内执行完毕，40%的指令可在 2μs 内执行完毕。此外，还设有减法、比较和 8 位乘、除法指令。乘、除法指令的执行时间仅为 4μs，这样大大地提高了 CPU 的运算与数据处理能力。

6）增设了颇具特色的布尔处理机：在指令系统中设置有位操作指令，可用于位寻址空间，这些位操作指令与位寻址空间一起构成布尔处理机。布尔处理机对于实时逻辑控制处理具有突出的优点。

7）增设了两种可以用软件进行选择的低功耗工作方式：空闲方式和掉电方式。

80C51 系列单片机除了上述的结构特性外，其最主要技术特点是向外部接口电路扩展，以实现微控制器完善的控制功能。如：为单片机配置了芯片间的串行总线，PHILIPS 公司为 80C51 系列 8XC592 单片机引入了具有较强功能的设备间网络系统总线——CAN（Controller Area Network），另外在一些增强型产品中增加了一些外部接口功能单元如 A-D、PWM、WDT（监视定时器）、高速 I/O 口、PCA（可编程计数器阵列）、计数器的捕获/比较逻辑等。

在单片机硬件得到迅速发展的同时，开发单片机所用的语言也发生了变化。虽然用汇编语言编写开发软件有其本身的特点与优势，了解汇编语言也能加深对单片机底层硬件的理解。但最近几年，随着C编译器效率和MCU性能的大幅度提高，用高级语言代替汇编语言已渐成趋势。典型的MCU都推出了自己的C编译器，其中Keil C51的编译效率已达到很高水平，经过优化的用Keil C51编写的程序编译后的运行效率甚至要高于普通开发者直接用汇编语言编写的程序。

若无特别说明，本书硬件将以80C51系列单片机为主，而在软件方面则是汇编与C语言并存，并以Keil C51为主。

1.1.4　单片机的应用

单片机应用系统结构分为单片机和单片机应用系统两种。单片机是应用系统的核心，通常是指芯片本身，集成的是一些基本组成部分。单片机应用系统中包括了满足对象要求的全部硬件电路和应用软件，在外部配置单片机运行所需要的时钟电路、复位电路等，就构成了单片机的最小应用系统。当单片机的最小应用系统不能满足嵌入对象功能要求时，需要在单片机片外扩展外围电路，如存储器、定时器/计数器、中断源等构成实际单片机应用系统。单片机的应用领域如图1-2所示。下面介绍一些典型的应用。

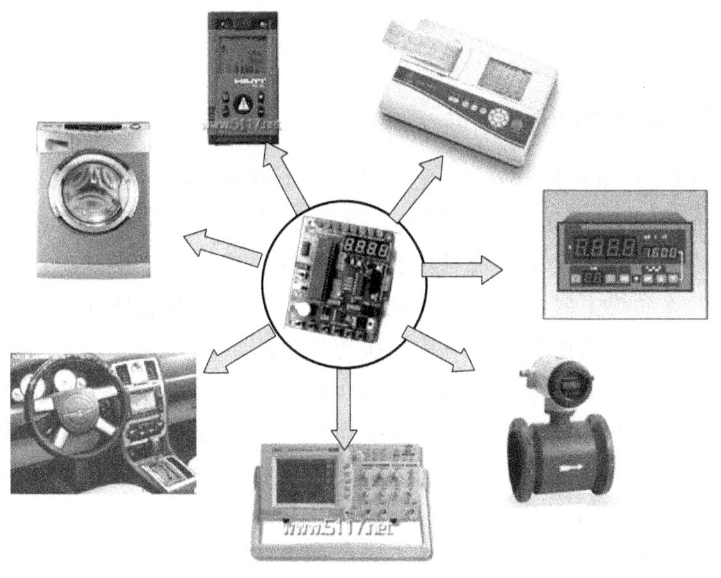

图1-2　单片机的应用领域

1. 信息家电

信息家电是单片机的最大的应用领域，如洗衣机、电冰箱、空调机、微波炉、电饭煲、电视机、录像机等，在这些设备中，单片机将大有用武之地。加入单片机后智能化、网络化的信息家电将引领人们的生活步入一个崭新的空间，比如即使你不在家里，也可以通过电话线、网络进行远程控制。

2. 办公自动化

现代办公室中所使用的大量通信、信息产品多数都采用了单片机，如通用计算机系统中的键盘译码、磁盘驱动、打印机、绘图仪、复印机、电话、传真机、考勤机等。

3. 商业营销

在商业营销系统中已广泛使用的电子秤、收款机、条形码阅读器、仓储安全监测系统、商场保安系统、空气调节系统、冷冻保鲜系统等均采用单片机构成专用系统，主要是因为这种系统有明显的抗病菌侵害、抗电磁干扰等高可靠性的保证。

4. 工业自动化

工业过程控制、数字机床、电力系统、石油化工系统等都是由单片机为核心的单机或多机网络系统。如工业机器人的控制系统是由中央控制器、感觉系统、行走系统、驱动系统等节点构成的多机网络系统。

将单片机与传感器相结合可以构成新一代的智能传感器，它将传感器初级变换后的电量作进一步的变换、处理，输出能满足远距离传送且能与微机接口的数字信号。各种变送器、测量仪表普遍采用单片机应用系统替代传统的测量系统，使测量系统具有各种智能化功能，如存储、数据处理、查找、判断、联网和语音功能等。

5. 汽车与航空航天电子系统

在这些电子系统中的集中显示、动力监测控制、自动驾驭、通信以及运行监视器（黑匣子）等都采用单片机构成冗余的网络系统。

1.2 嵌入式系统

1.2.1 嵌入式系统与通用计算机

嵌入式系统（Embedded System），是一种“完全嵌入受控器件内部，为特定应用而设计的专用计算机系统”。国内普遍认同的嵌入式系统定义为：以应用为中心，以计算机技术为基础，软硬件可裁剪，适应应用系统对功能、可靠性、成本、体积、功耗等严格要求的专用计算机系统。嵌入式系统主要由嵌入式处理器、存储器及外设器件和I/O端口、图形控制器等相关支撑硬件、嵌入式操作系统及应用系统等软件组成。

嵌入式系统几乎包括了生活中的所有电器设备，如掌上PDA、移动计算设备、电视机顶盒、手机上网、数字电视、多媒体、汽车、微波炉、数字相机、家庭自动化系统、电梯、空调、安全系统、自动售货机、蜂窝式电话、消费电子设备、工业自动化仪表与医疗仪器等。

与个人计算机这样的通用计算机系统不同，嵌入式系统通常执行的是带有特定要求的预先定义的任务。核心是由一个或几个预先编程好以用来执行少数几项任务的微处理器或者单片机组成。与通用计算机能够运行用户选择的软件不同，嵌入式系统上的软件通常是暂时不变的，所以经常称为“固件”。由于嵌入式系统只针对一项特殊的任务，设计人员能够对它进行优化，减小尺寸降低成本。嵌入式系统通常进行大量生产，所以单个的成本节约能够随着产量进行成百上千的放大。

由于在应用中对嵌入式计算机系统与通用计算机系统提出了完全不同的技术要求，因此它们的技术发展方向也完全不同。

1）对通用计算机系统的技术要求是高速、海量的数值计算，因此其技术发展方向是总线速度的无限提升，存储容量的无限扩大。

2）对嵌入式计算机系统的技术要求是对对象的智能化的管理和控制能力，因此其技术发展方向是与对象系统密切相关的嵌入性能、控制能力与控制的可靠性。

3）嵌入式系统的核心部件是各种类型的嵌入式处理器。嵌入式处理器可以分为三类：嵌入式微处理器、嵌入式微控制器、嵌入式 DSP（Digital Signal Processor）。

4）嵌入式微处理器就是和通用计算机的微处理器对应的 CPU。在应用中，一般是将微处理器装配在专门设计的电路板上，在母板上只保留和嵌入式相关的功能即可，这样可以满足嵌入式系统体积小和功耗低的要求。目前的嵌入式处理器主要包括：PowerPC、Motorola 68000、ARM 系列等。嵌入式微控制器又称为单片机，它将 CPU、存储器（少量的 RAM、ROM 或两者都有）和其他外设封装在同一片集成电路里，常见的有 80C51。嵌入式 DSP 专门用来对离散时间信号进行极快的处理计算，提高编译效率和执行速度。在数字滤波、FFT、谱分析、图像处理的分析等领域，DSP 正在大量进入嵌入式市场。

软件部分包括操作系统软件，要求实时和多任务操作和应用程序编程。应用程序控制着系统的运作和行为，而操作系统则控制着应用程序编程与硬件的交互作用。

1970 年左右出现嵌入式系统的概念时，嵌入式系统很多都不采用操作系统，它们只是为了实现某个控制功能，使用一个简单的循环控制对外界的控制请求进行处理。当应用系统越来越复杂、应用的范围越来越广泛的时候，每添加一项新的功能，都可能需要从头开始设计，没有操作系统已成为一个最大的缺点。

C 语言的出现使操作系统开发变得简单。从 20 世纪 80 年代开始，出现了各种各样的商用嵌入式操作系统百家争鸣的局面，比较著名的有 VxWorks、pSOS 和 Windows CE 等，这些操作系统大部分是为专有系统而开发的。另外，源代码开放的嵌入式 Linux 由于其强大的网络功能和低成本，近来也得到了越来越多的应用。

1.2.2 嵌入式系统与单片机

嵌入式系统的发展和单片机的发展是紧密相连的。如果将所有实现嵌入式应用的不同形式的计算机系统统称为嵌入式系统，那么，嵌入式系统就是一个庞大的家族。嵌入式系统可分为设备级、模块级、芯片级（MCU、SoC）三种形态。

1. 设备级

工控机是嵌入式计算机系统设备级最典型的代表，大多由通用计算机系统进行机械加固、电气加固后构成，以满足应用系统的环境要求。工控机有通用计算机丰富的软件及周边外设支持，有很强的数据处理能力，应用软件开发十分方便。但由于体积庞大，适用于具有大空间嵌入应用的环境中，如舰船、大型试验装置、分布式测控系统等。

2. 模块级

模块是由通用 CPU 构成的各种形式的主机板系统、各种类型的带 CPU 的主板及 OEM 产品。与工控机相比，模块体积较小，可以满足较小空间的嵌入应用环境。为了满足工控测控对象的要求，在模块上常常会设置一些接口电路。由于模块具有较强的数据处理能力，借助通用计算机系统可方便地开发应用软件。模块常用在需要大量数据处理和逻辑判断的系统中，如大中型试验系统、收银机等。

3. 芯片级

嵌入式微处理器是在通用微处理器（MPU）的基核上，添加 MPU 外围单元和满足对象测控要求的外围接口电路，构成一个嵌入式应用的单芯片形态计算机系统。如早期 Intel 公司将通用微处理器 80386 与定时器/计数器、DMA、中断系统、串行接口、并行口、WDT 及

MMU 部件集成在一个芯片上，构成的 386EX 就是典型的嵌入式微处理器。

芯片级以 MCU 最为典型。在几种嵌入式系统中，单片机有唯一的专门为嵌入式应用设计的体系结构与指令系统，因此，它最能满足嵌入式的应用要求。目前，国内外公认的标准体系结构是 Intel 的 MCS-51 系列，其中 8051 已被许多厂家作为基核，发展了许多兼容系列，所有这些系列都统称为 80C51 系列。单片机是完全按嵌入式系统要求设计的单芯片形态的嵌入式系统，它最广泛地应用在中、小型工控领域，是电子系统智能化的最重要工具。嵌入式微控制器则是嵌入式系统概念广泛使用后，给传统单片机定位的称呼。

从上述的叙述中，可以看出，在嵌入式计算机系统的发展过程时，对于嵌入式 CPU 曾出现过两种模式，即“加减模式”与“创新模式”。

1）所谓“加减模式”，本质上是将通用计算机直接芯片化的模式。它将通用计算机系统中的基本单元进行裁剪后集成在一个芯片上，构成所谓的嵌入式微处理器。

2）所谓“创新模式”，则完全按嵌入式应用的要求设计全新的、满足嵌入式应用要求的体系结构、指令系统、总线方式、管理模式等，构成所谓的嵌入式微控制器。

从嵌入式计算机系统的角度来看，单片机的技术发展经历了 SCM、MCU、SoC 三大阶段。

1）SCM 即单片微型计算机（Single Chip Microcomputer）阶段，主要是寻求最佳的单片形态嵌入式系统的最佳体系结构。“创新模式”获得成功，奠定了 SCM 与通用计算机完全不同的发展道路。

2）MCU 即微控制器（Micro Controller Unit）阶段，主要的技术发展方向是：不断扩展满足嵌入式应用系统过程中，发展了对象系统要求的各种外围电路与接口电路，突出其对象的智能化控制能力。

3）SoC 即片上系统（System on Chip）阶段，寻求应用系统在芯片上的最大化解决方案（片上系统）是嵌入式系统的终极追求，因此嵌入式单片机自然形成了 SoC 化趋势。随着微电子技术、IC 设计和 EDA 工具的发展，基于 SoC 的单片机应用系统设计会有较大的突破。

由于“单片机”是典型的、独立发展起来的嵌入式系统，从学科建设的角度出发，也应该把它统一到“嵌入式系统”中。考虑到原来单片机的应用特点，可以把嵌入式系统应用分成高端与低端，把原来的单片机应用可理解成嵌入式系统的低端应用。

1.3 学习安排

单片机系列品种繁多，广泛应用于各行各业。因此，在应用中需要设计者对各种单片机都有所了解，以便确定最佳的性能价格比，也就是说要能应用各种单片机进行设计。然而，同时学习各种单片机的软硬件知识不仅难度较大而且没有必要。通常的方法是学习一种典型的单片机系列，掌握好其硬件结构和软件知识，在应用中，如果需要用到其他系列的单片机时，只需将这两种系列的不同特点及软硬件上的不同之处稍加分析即可。

与其他单片机相比较，MCS-51 系列单片机硬件结构简洁明了，特殊功能寄存器功能规范和软件指令系统易于掌握，是一种既便于讲授又便于学习、理解和掌握的单片机。加之，这种单片机在国内介绍较多，资料比较齐全，其本身性能价格比较高，供应渠道也很多，所以一般学习单片机均以此系列为典型范例。本书以 89S51 系列为例，来介绍单片机知识。掌握了 89S51 系列单片机后，如果开发增强型的 51 系列或其他系列的单片机应用系统，读者只需用很短时间即可掌握相应单片机的特性和特点，并用它来开发产品。

学习与应用 80C51，就必须掌握其软、硬件知识。所谓软件知识是指寻址方式、指令系统以及它的汇编语言和 C 语言等；硬件知识则是指硬件资源，如存储器容量、I/O 口数量、定时器/计数器、串行口以及中断系统等。

本书是以大学本科和专科单片机教学为目的编写的，参考教学学时为 48 学时。使用时希望读者已经学过标准 C 语言、电子学和微机原理等基础课程。

本章小结

本章主要介绍单片机的定义、发展和应用，对 80C51 系列单片机作了简介，也讲了嵌入式系统的特点和发展，为读者后续的学习打下基础。

习题

1. 简述单片机的定义及其发展历史。
2. 单片机主要应用在哪些领域？
3. 嵌入式系统的含义是什么？按形态可分为哪些？
4. 嵌入式计算机系统同通用型计算机系统相比具有哪些特点？

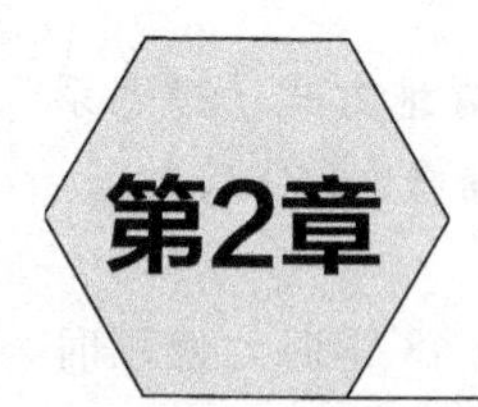

80C51单片机的基本结构与工作原理

2.1 80C51 单片机的基本组成

80C51 单片机的基本组成结构如图 2-1 所示。

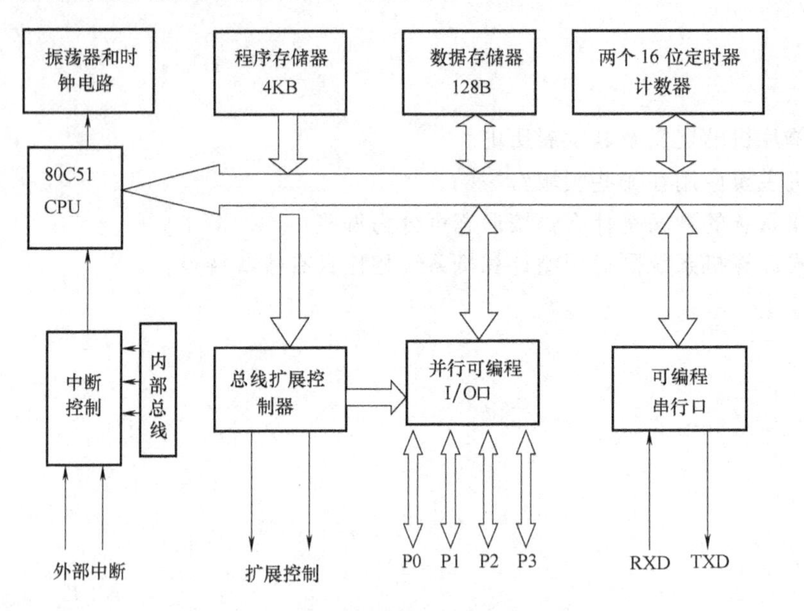

图 2-1 80C51 单片机的基本组成结构

1. 中央处理器

中央处理器（CPU）主要包括控制器、运算器和工作寄存器及时序电路。80C51 单片机中的中央处理器和通用微处理器基本相同，只是增设了“面向控制”的处理功能，例如：位处理、状态检测、中断处理等，增强了实时性。

2. 存储器

单片机的存储器有两种基本结构：一种是在通用计算机中采用的将程序和数据合用一个存储器空间的结构，称为普林斯顿（Princeton）结构；另一种是将程序存储器和数据存储器分开，分别寻址的结构，称为哈佛（Harvard）结构。由于单片机“面向控制”的应用特点，一般需要较大的程序存储器，因此，大多单片机以采用程序存储器和数据存储器分开的结构，80C51 系列单片机就是如此。

（1）程序存储器

程序存储器通常是只读存储器（ROM），用于保存应用程序代码，同时还可以用于保存程序执行时用到的一些不变数据。

1）片内只读存储器。单片机的片内程序存储器有以下3种结构形式：

片内掩膜ROM：程序必须在做单片机时写入，工厂掩膜一次性固化，用户不能修改。这种结构形式只适用于程序已成熟、定型、批量很大的场合。这种单片机的价格便宜。

片内可编程EPROM：可直接由用户进行编程。有窗口型的EPROM可以通过紫外线擦除器擦除EPROM中的程序，用编程工具把新的程序代码写入EPROM，且可以多次擦除和写入，使用方便，但价格贵，适合于研制样机。无窗口的EPROM只能写一次，称为OTP型单片机。

电可擦除型E^2PROM—FLASH Memory ROM：可以进行多次电擦除和写入，给用户带来了更大的方便，特别适用于应用系统的现场调试。目前价格已经迅速下降，所以被广泛采用。

窗口EPROM和E^2PROM都是可以多次擦除和编程的，也称MTP的ROM。

2）片外只读存储器。由于受集成度的限制，片内只读存储器一般存储容量较小，给使用带来不便。此时就需要扩充片外只读（程序）存储器。

（2）数据存储器

随机存取存储器（RAM）用来存储程序在运行期间的工作变量和数据，随程序运行而随时写入或读出，当系统掉电时则会丢失，所以称为数据存储器。

一般在单片机内部设置小容量（64~256B）的RAM，以加快单片机的运行速度，而且还可以使存储器的功耗下降很多。在单片机中，常把寄存器（如工作寄存器、特殊功能寄存器、堆栈等）在逻辑上划分在片内RAM空间中，所以也可将单片机内部RAM看成是寄存器堆。

对某些应用系统，需要时还可外部扩展数据存储器。

3. 并行I/O口

为了满足“面向控制”实际应用的需要，单片机提供了数量多、功能强、使用灵活的并行I/O口。不同单片机的并行I/O电路在结构上稍有差异。有些单片机的并行I/O口不仅可灵活地选作输入或输出，而且还具有多种功能，如作为功能部件引脚、系统总线或是控制信号线等。

4. 串行I/O口

为提供与某些终端设备进行串行通信或者和一些特殊功能的器件相连，甚至用多个单片机相连构成多机系统，80C51单片机增设了全双工串行I/O口，使单片机的功能更强且应用更广。

5. 定时器/计数器

在单片机的实际应用中，往往需要精确的定时，或者需对外部事件进行计数。为了减少软件开销和提高单片机的实时处理能力，在单片机内部设置定时器/计数器电路，通过中断或查询，实现定时/计数的自动处理。

6. 振荡器和时钟电路

单片机的整个工作是在时钟信号的驱动下，按照严格的时序有规律地一个节拍一个节拍地执行。为此单片机内部需要设有时钟振荡电路，它只需外接振荡元件即可工作。外接振荡元件一般选用晶体振荡器或用价廉的 *RC* 振荡器。时钟也可用外部时钟源，作为振荡器输入。

7. 中断控制电路

中断指当出现需要时，CPU 暂时停止当前程序的执行转而处理新程序的过程。在实际应用中，常常需要用到中断。80C51 单片机设有中断控制电路，控制中断处理。

8. 总线扩展控制器

当单片机内部存储器、I/O 口等资源不够用时，应用系统需要扩展外部芯片。此时，需要使用外部总线来连接内部 CPU 与外部芯片，总线扩展控制器起到管理协调外部总线作用。

2.2 80C51 单片机的基本特性与引脚功能

2.2.1 80C51/80C52 的基本特性

80C51/80C52 的基本特性如下：

- 8 位的 CPU，片内有振荡器和时钟电路，工作频率为 0~40MHz。
- 片内有 128/256B RAM。
- 片内有 0K/4K/8KB 程序存储器 ROM。
- 可寻址片外 64KB 数据存储器 RAM。
- 可寻址 64KB（含片内 ROM）程序存储器 ROM。
- 片内 21/26 个特殊功能寄存器 SFR。
- 4 个 8 位的并行 I/O 口（PIO）。
- 1 个全双工串行口（SIO/UART）。
- 2/3 个 16 位定时器/计数器（TIMER/COUNTER）。
- 可处理 5/6 个中断源，两级中断优先级。
- 内置 1 个布尔处理器和 1 个布尔累加器 CY。
- 指令集含 111 条指令。

2.2.2 引脚功能

80C51 有 40 引脚双列直插（DIP）和 44 引脚（QFP）的封装形式，如图 2-2 所示。

（1）电源和晶振：共 4 根

V_{DD}——运行和程序校验时加+5V。

V_{SS}——接地。

XTAL1——输入到振荡器的反相放大器。

XTAL2——反相放大器的输出，输入到内部时钟发生器。

当用外部振荡器时，XTAL2 不用，XTAL1 接收外部振荡器信号。

（2）并行 I/O 口：4 个，32 根 I/O 口线

1）P0——8 位漏极开路的双向 I/O 口。当系统扩充片外存储器（ROM 及 RAM）时，作低 8 位地址和数据总线分时复用，能驱动 8 个 LSTTL 负载。

2）P1——8 位准双向 I/O 口，具有内部上拉电阻。P1 口可以驱动 4 个 LSTTL 负载。

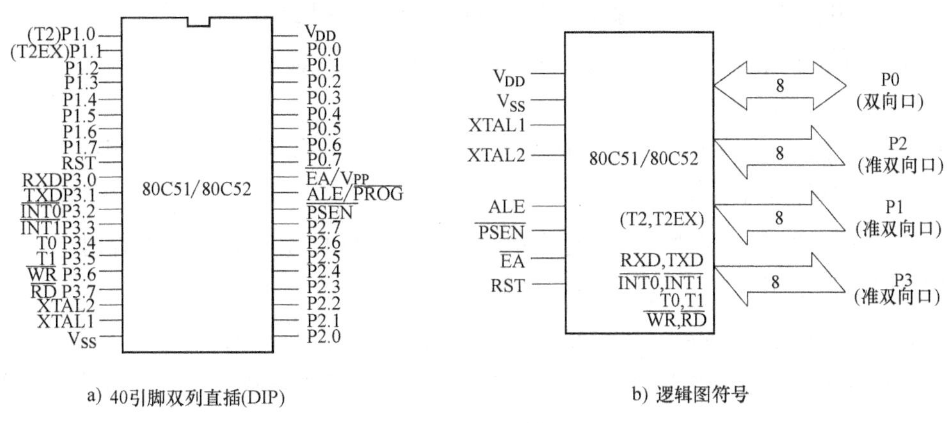

a) 40引脚双列直插(DIP)　　b) 逻辑图符号

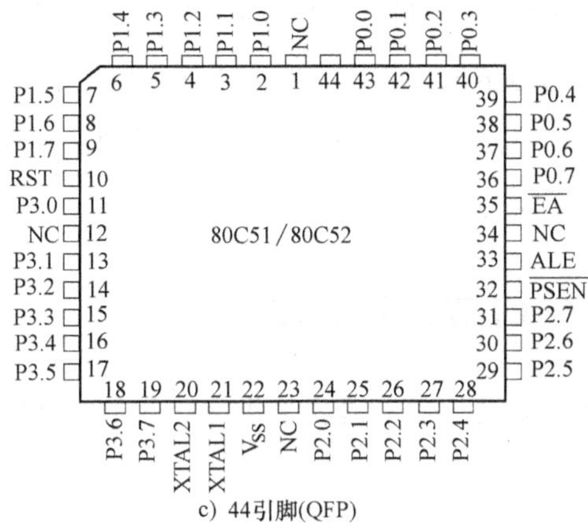

c) 44引脚(QFP)

图 2-2　80C51 的封装形式

对于 80C52：P1.0——T2，是定时器 T2 的外部计数输入端；P1.1——T2EX，是定时器 T2 的外部控制信号输入端，此时，读这两个特殊引脚的输出锁存器前，应由程序置 1。

3）P2——8 位准双向 I/O 口，具有内部上拉电阻。当系统扩充片外存储器时，输出高 8 位地址。P2 口可以驱动 4 个 LSTTL 负载。

4）P3——8 位准双向 I/O 口，具有内部上拉电阻。P3 口可以驱动 4 个 LSTTL 负载，还提供各种替代功能。在提供这些功能时，其输出锁存器应由程序置 1。

• 串行口：

P3.0——RXD（串行输入口），输入。

P3.1——TXD（串行输出口），输出。

• 中断：

P3.2——$\overline{\text{INT0}}$，外部中断 0，输入。

P3.3——$\overline{\text{INT1}}$，外部中断 1，输入。

• 定时器/计数器：

P3.4——T0，定时器/计数器 0 的外部输入。

P3.5——T1，定时器/计数器 1 的外部输入。

• 片外数据存储器选通：

P3.6——$\overline{WR}$，低电平有效，输出，片外数据存储器写选通。

P3.7——$\overline{RD}$，低电平有效，输出，片外数据存储器读选通。

(3) 控制线：共4根

RST——复位信号，输入，高电平有效。当振荡器工作时，在RST上作用两个机器周期以上的高电平，可将单片机复位。

$\overline{EA}/V_{PP}$——片外程序存储器访问允许信号，输入，低电平有效。在编程时，其上施加21V或12V的编程电压。

ALE/$\overline{PROG}$——地址锁存允许信号，输出。用做片外存储器访问时，低字节地址锁存。ALE以1/6的振荡频率稳定速率输出，可用做对外输出的时钟或用于定时。在EPROM编程期间作输入，输入编程脉冲（$\overline{PROG}$）。ALE可以驱动8个LSTTL负载。

$\overline{PSEN}$——片外程序存储器选通信号，输出，低电平有效。在从片外程序存储器取指期间，在每个机器周期中，当$\overline{PSEN}$有效时，片外程序存储器的内容被送上P0口（数据总线）。$\overline{PSEN}$可以驱动8个LSTTL负载。

2.3 80C51单片机CPU的结构和时序

中央处理器CPU主要包括控制器、运算器和工作寄存器及时序电路。

2.3.1 中央控制器

中央控制器作用是识别指令，并根据指令性质控制计算机各组成部件进行工作。在80C51单片机中，控制器包括程序计数器PC、数据指针DPTR、指令寄存器IR、指令译码器、条件转移逻辑电路及定时控制逻辑电路。其功能是控制指令的读出、译码和执行，对指令的执行过程进行定时控制，并根据执行结果决定是否分支转移。

1. 程序计数器PC和数据指针DPTR

(1) 程序计数器PC

程序计数器PC是中央控制器中最基本的寄存器，是一个独立的计数器，存放着下一条将要从程序存储器中取出的指令的地址。其基本的工作过程是：读指令时，程序计数器将其中的数作为所取指令的地址输出给程序存储器，然后程序存储器按此地址输出指令字节，同时程序计数器本身自动加1，指向下一条指令地址。

程序计数器PC变化的轨迹决定程序的流程，宽度决定程序存储器可以直接寻址的范围。在80C51中，程序计数器PC是一个16位的计数器，故而可对64KB程序存储器进行寻址。程序计数器PC的输出与P0、P2口之间的关系如图2-3所示。

(2) 数据指针DPTR

数据指针DPTR是80C51中一个功能比较特殊的寄存器。从结构上说，DPTR是一个16位的特殊功能寄存器，主要功能是作为片外数据存储器寻址用的地址寄存器（间接寻址），故称为数据指针。

在80C51中，两个地址寄存器，即程序计数器PC与数据指针DPTR有相同之处，也有

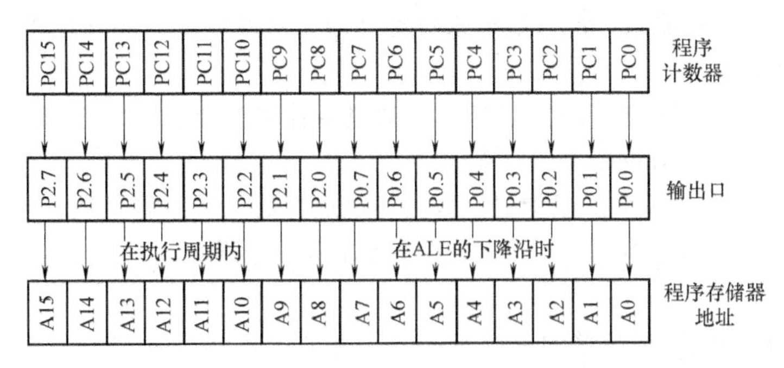

图 2-3　程序计数器 PC 的输出与 P0、P2 口之间的关系

差别：

相同点：都是与地址有关的 16 位寄存器；都是通过 P0（低 8 位）、P2（高 8 位）口输出地址。

不同点：PC 对应程序存储器，输出与 ALE 和$\overline{\text{PSEN}}$有关；DPTR 对应数据存储器，输出与 ALE、$\overline{\text{WR}}$、$\overline{\text{RD}}$有关；PC 只能作为 16 位的寄存器，DPTR 可以作为 16 位寄存器也可作为两个 8 位的寄存器；PC 不能指令访问，DPTR 可以指令访问。

DPTR 的输出与 P0、P2 口之间的关系如图 2-4 所示。

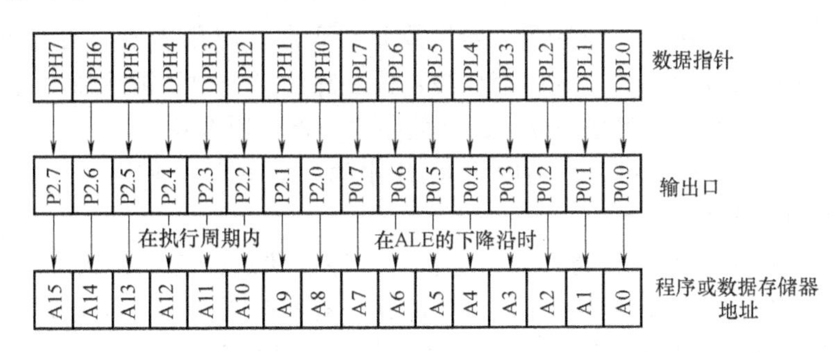

图 2-4　DPTR 的输出与 P0、P2 口之间的关系

2. 指令寄存器 IR、指令译码器及控制逻辑

指令寄存器 IR 是用来存放指令操作码的专用寄存器。执行程序时，首先读程序存储器，也就是根据程序计数器给出的地址从程序存储器中取出指令，送指令寄存器 IR。IR 的输出送指令译码器，然后由指令译码器对该指令进行译码。译码结果送定时控制逻辑电路，定时控制逻辑电路根据指令性质发出定时控制信号，控制单片机动作，执行指令。

2.3.2　运算器

运算器主要用来实现对操作数的算术逻辑运算和位操作的。主要包括算术逻辑运算单元 ALU、累加器 ACC（A）、暂存寄存器、寄存器 B、程序状态标志寄存器 PSW 以及 BCD 码运算修正电路等。

1. 算术逻辑运算单元 ALU

算术逻辑运算单元 ALU 是计算机中必不可少的数据处理单元之一，主要是对数据进行算术/逻辑运算。从结构上看，该单元实质是一个全加器。输入有两个：

1）通过暂存器1的输入：输入数据来自寄存器、立即数、直接寻址单元（含I/O口）、内部RAM及寄存器B。

2）通过暂存器2或累加器ACC的输入：通过暂存器2的运算如有：ANL direct，#data、ORL direct，#data、XRL direct，#data等。

全加器有两个输出：一个是累加器，数据经过运算后，其结果又通过内部总线送回到累加器中；另一个是程序状态字PSW，即程序状态标志寄存器。

2. 累加器A

累加器是CPU中使用最频繁的一个寄存器，简称ACC或寄存器A，为8位寄存器。累加器的功能较多，地位重要：

- 累加器用于存放操作数，是ALU数据输入的一个重要来源，大部分单操作数指令的操作数取自累加器，很多双操作数指令中的一个操作数也取自累加器。
- 累加器是ALU运算结果的暂存单元和输出单元，用于存放运算的中间和最终结果。
- 累加器是数据传送的中转站，单片机中的大部分数据传送都通过累加器进行。
- 在变址寻址方式中把累加器作为变址寄存器使用。

3. 寄存器B

B是一个8位的寄存器，寄存器B在乘法和除法指令中作为ALU的输入之一，主要用于乘除运算，也可以作为通用寄存器存放各种数据。

在乘除法指令中，乘法指令中的两个操作数分别取自累加器A和寄存器B，B为乘数，乘法操作后，低8位存放于A中，B中存放高八位。除法指令中，被除数取自累加器A，除数取自寄存器B，结果商存放于累加器A，余数存放于寄存器B中。

在其他情况下，B寄存器可以作为内部RAM中的一个单元来使用。

4. 程序状态字PSW

程序状态字PSW是一个8位寄存器，它包含程序的状态信息。在状态字中，有些位状态是根据指令执行结果，由硬件自动完成设置的，而有些状态位则必须通过软件方法设定。PSW中的每个状态位都可由软件读出，PSW的各位定义见表2-1。

表2-1　PSW的各位定义

位序	PSW.7	PSW.6	PSW.5	PSW.4	PSW.3	PSW.2	PSW.1	PSW.0
位标志	CY	AC	F0	RS1	RS0	OV	/	P

- CY——进位标志位

执行加法（减法）运算指令时，如运算结果最高位（D7）向前有进位（借位），CY=1；否则，CY=0。

在布尔（位）操作指令中，CY位是布尔累加器，用C表示。运算前应存放一位操作数，运算后自动存放运算结果。

- AC——辅助进位标志位

进行加、减运算时，当有低4位向高4位进位或借位时，AC由硬件置位，否则被清零。在进行十进制数运算时需要十进制调整，此时要用到AC位状态进行判断。

- F0——用户标志位

为通用的“位”存储器，由用户自由定义的状态标志，可用软件置位或复位，如控制程序的执行顺序，复位时该位为“0”。

• RS1、RS0——寄存器组选择控制位

由用户用软件改变 RS0 和 RS1 的值，以切换当前选用的工作寄存器组。上电复位时，RS0 = RS1 = 0，CPU 选择第 0 组为当前工作寄存器组。

• OV——溢出标志位

主要反映带符号数运算的结果是否正确。带符号加减运算中，按照符号数的原则，超出了累加器 A 所能表示的符号数有效范围（-128 ~ +127）时，即产生溢出，OV = 1，表明运算结果错误；如果 OV = 0，表明运算结果正确，即无溢出产生。在加法指令中，当位 6 向位 7 进位，而位 7 不向 CY 进位时，OV = 1；当位 6 不向位 7 进位，而位 7 向 CY 进位时，同样 OV = 1。在乘法指令中，当乘积超过 255 时，OV = 1，乘积在寄存器 B、A 中；若 OV = 0，则说明乘积没有超过 255，乘积应在寄存器 A 中。在除法指令中，OV = 1 表示除数为 0，运算不被执行；否则 OV = 0。

• P——奇偶校验位

声明累加器 A 中 1 的奇偶性，每个指令周期都由硬件来置位或清零，当 A 中有奇数个 1 时，P = 1，否则为 0。常作为串行通信时数据的奇偶校验位。

2.3.3　时钟电路及 CPU 的工作时序

时钟电路用于产生单片机工作所需要的时钟信号，而时序所研究的是指令执行中各时钟信号之间的相互关系。

1. 时钟电路

80C51 单片机的时钟电路如图 2-5 所示。由图可见，时钟电路由下列几部分组成：振荡器、晶振、时钟发生器、3/6 分频器、地址锁存允许信号 ALE、机器周期信号等。

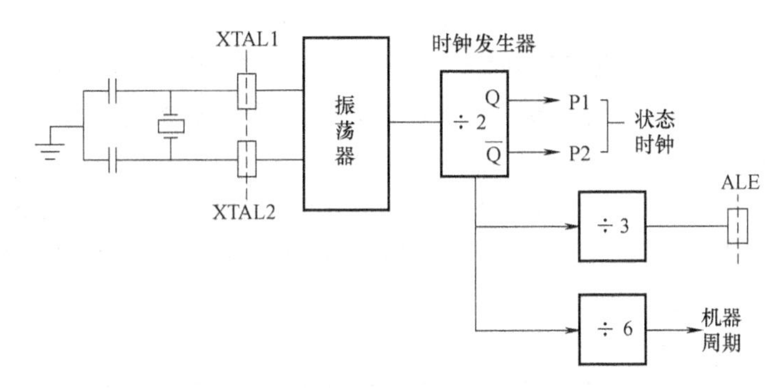

图 2-5　80C51 单片机的时钟电路

在 80C51 芯片内部有一个高增益反相放大器，只需要在片外通过 XTAL1 和 XTAL2 引脚接入定时控制元件（晶体振荡器和电容），即可构成一个稳定的自激振荡器。XTAL1 和 XTAL2 之间跨接晶体振荡器和微调电容。

（1）振荡器

振荡器的核心电路是一个高增益反相放大器，其输入端为引脚 XTAL1，其输出端为引脚 XTAL2。只要在片外跨接石英晶体和微调电容，形成反馈电路，振荡器就可以工作。实质上反相放大器和石英晶体、微调电容构成的振荡器相当于一个电容三点式振荡电路，而石

英晶体和微调电容是该振荡器的选频网络。

振荡器的工作频率一般在0~24MHz。C_1 和 C_2 虽然没有严格要求，但电容的大小会影响振荡器振荡的稳定性和起振的快速性，通常选择在10~30pF左右。在设计电路板时，晶振、电容等均应尽可能靠近芯片，以减小分布电容，保证振荡器振荡的稳定性。

当使用外部输入时钟信号时，信号接入XTAL1端，XTAL2悬空不用。外部输入时钟信号占空比不做要求，但高低电平持续时间不小于20ns。

（2）内部时钟发生器

本质为2分频的触发器。其输入由振荡器引入，输出为两个节拍的时钟信号。输出的前一周期为节拍1（P1），后一周期为节拍2（P2）。每一对P1、P2构成一个CPU的状态周期。

（3）ALE信号

一般来说，状态时钟信号经过3分频后送给ALE引脚，形成了ALE引脚上的信号输出。它的频率是晶振频率6分频。

（4）机器周期信号

状态时钟信号经过6分频后形成机器周期信号输出。它的频率是晶振频率12分频。

2. 时序定时单位

80C51包括4个定时单位，它们分别是：振荡周期（节拍）、状态周期、机器周期和指令周期。

（1）振荡周期

振荡周期也叫节拍，用P表示，振荡周期是指为单片机提供定时信号振荡源的周期。是时序中最小的时间单位。例如：若某单片机时钟频率为2MHz，则它的振荡周期应为0.5μs。

（2）状态周期

状态周期用S表示。是振荡周期的二倍，其前半周期对应的节拍叫P1拍，后半周期对应的节拍叫P2。P1节拍通常完成算术、逻辑运算，P2节拍通常完成传送指令。

（3）机器周期

机器周期是指CPU实现特定功能所需的时间周期。80C51的一个机器周期是固定不变的，宽度均由6个状态周期（12个振荡周期）组成，并依次表示为S1~S6，分别记作S1P1、S1P2、…、S6P1、S6P2。

（4）指令周期

指CPU执行一条指令占用的时间（用机器周期表示）。80C51执行各种指令时间是不一样的，可分为3类：单机器周期指令、双机器周期指令和四机器周期指令。其中四机器周期指令只有2条（乘法和除法指令）。

若80C51单片机外接晶振为12MHz时，则单片机的4个周期的具体值为：振荡周期=1/12MHz=1/12μs=0.0833μs；状态周期=1/6μs=0.167μs；机器周期=1μs，指令周期=1、2或4μs。

3. 80C51指令时序

80C51共有111条指令，全部指令按其长度可分为单字节指令、双字节指令和三字节指令。执行这些指令所需要的机器周期数目是不同的，概括起来共有以下6种情况：单字节单机器周期指令、单字节双机器周期指令、双字节单机器周期指令和双字节双机器周期指令，三字节指令都是双机器周期的，而单字节乘除指令则均为四机器周期的。指令时序如图 2-6 所示。

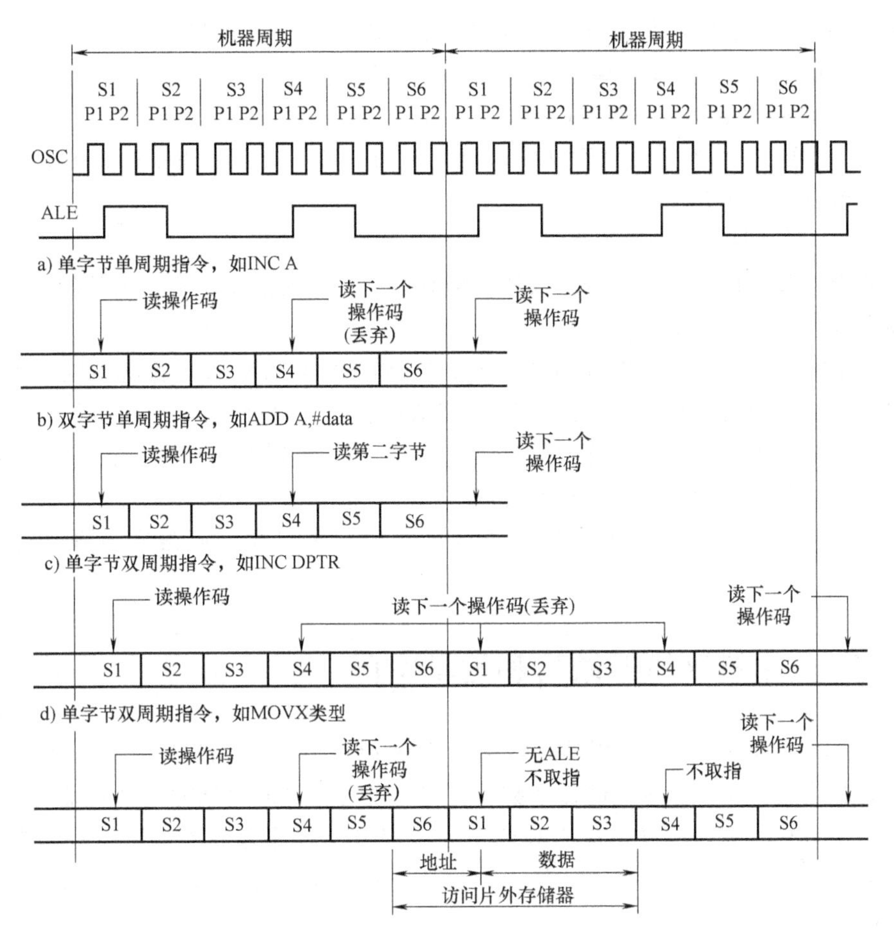

图 2-6　80C51 的指令时序

1）单机器周期指令时序，如图 2-6a、b 所示。单字节时，执行在 S1P2 开始，操作码被读入指令寄存器；在 S4P2 时仍有读操作，但被读入的字节（即下一操作码）被忽略，且此时 PC 并不增量。双字节时，执行在 S1P2 开始，操作码被读入指令寄存器；在 S4P2 时，再读入第二个字节。以上两种情况均在 S6P2 时结束操作。

2）双机器周期指令，如图 2-6c、d 所示。单字节时，执行在 S1P2 开始，在两个完整的机器周期中，共发生四次读操作，但是后三次操作都无效。MOVX 类双机器周期指令，执行在 S1P2 开始，操作码被读入指令寄存器；在 S4P2 时，再读入的字节被忽略。由 S5 开始送出外部数据存储器的地址，随后是读或写的操作。在读、写期间，ALE 不输出有效信号。第二个机器周期，片外数据存储器也寻址和选通，但不产生取指操作。

一般地，算术/逻辑操作发生在节拍 1 期间，内部寄存器之间的传送发生在节拍 2 期间。图中的 ALE 信号是为地址锁存而定义的，该信号每有效一次对应单片机进行的一次读指令操作。ALE 信号以振荡脉冲六分之一的频率出现，因此在一个机器周期中，ALE 信号两次有效，第一次在 S1P2 和 S2P1 期间，第二次在 S4P2 和 S5P1 期间，有效宽度为一个状态。现对几个典型指令的时序作如下说明：

（1）单字节单周期指令（例如 INC A）

由于是单字节指令，因此只需进行一次读指令操作。当第二个 ALE 有效时，由于 PC 没有加 1，所以读出的还是原指令，属于一次无效的操作。

（2）双字节单周期指令（例如 ADD A，#data）

这种情况下对应于 ALE 的两次读操作都是有效的，第一次是读指令操作码，第二次是读指令第二字节（本例中是立即数）。

（3）单字节双周期指令（例如 INC DPTR）

两个机器周期共进行四次读指令的操作，但其中后三次的读操作全是无效的。

（4）MOVX 类双周期指令

如前述每个机器周期内有两次读指令操作，但 MOVX 类指令情况有所不同。因为执行这类指令时，先在 ROM 读取指令，然后对外部 RAM 进行读/写操作。第一机器周期时，与其他指令一样，第一次读指令（操作码）有效，第二次读指令操作无效。第二机器周期时，进行外部 RAM 访问，此时与 ALE 信号无关，因此不产生读指令操作。

此外还应说明，时序图中只表现了取指令操作的有关时序，而没有表现指令执行的内容。

2.4 80C51 单片机存储器结构和地址空间

80C51 单片机系列的存储器采用的是哈佛（Harvard）结构，如图 2-7 所示。将程序存储器和数据存储器截然分开，程序存储器和数据存储器各有自己的寻址方式、寻址空间和控制系统。在 80C51 单片机中，不仅在片内驻留了一定容量的程序存储器和数据存储器及众多的特殊功能寄存器，而且还具有极强的外部存储器扩展能力，寻址范围分别可达 64KB，寻址和操作简单方便。

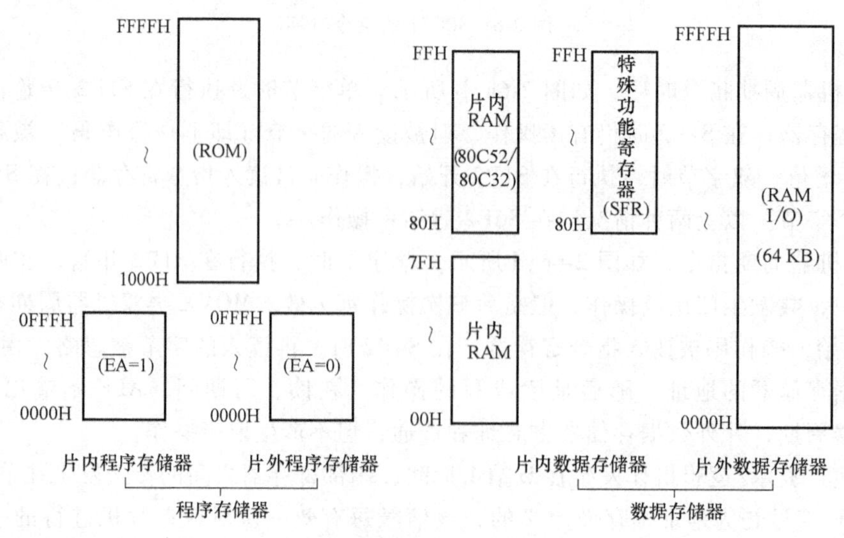

图 2-7　存储器的哈佛结构

（1）在物理上设有4个存储器空间

- 程序存储器：片内程序存储器；片外程序存储器。
- 数据存储器：片内数据存储器；片外数据存储器。

（2）在逻辑上设有3个存储器地址空间

- 片内、片外统一的64KB程序存储器地址空间。
- 片内256B（或384B）数据存储器地址空间。
- 片外64KB的数据存储器地址空间。

1）内部程序存储器（ROM）：用来存放程序和不变的表格和常数。8051为4KB、8052为8KB。

2）内部数据存储器（RAM）：用来存放运算过程中的数据。包括各种寄存器在内，80C51为256B、80C52为384B。

3）外部程序存储器（ROM）：用来存放程序。最大可扩展64KB空间（包括内部ROM）。

4）外部数据存储器（RAM）：在数据采集系统中可存放大量的数据。最大可扩展64KB空间（不包括内部RAM）。

2.4.1　程序存储器

80C51单片机的程序存储器用于存放经调试正确的应用程序和表格之类的固定常数。由于采用16位的程序计数器PC和16位的地址总线，因此其可扩展的地址空间为64KB，且这64KB地址空间是连续、统一的。

1）整个程序存储器可以分为片内和片外两部分，CPU访问片内和片外存储器，可由EA引脚所接的电平来确定，低电平有效。

EA引脚接高电平时，程序从片内程序存储器开始执行，即访问片内存储器；对于有片内ROM的单片机，应将引脚接高电平，当PC值超出片内ROM容量时，会自动转向片外程序存储器空间执行。

EA引脚接低电平时，迫使系统全部执行片外程序存储器程序。对于片内无ROM的单片机，应将EA引脚固定接低电平，以迫使系统全部执行片外程序存储器程序。对于有片内ROM的80C51单片机，若把EA引脚接低电平，可用于调试状态，即将欲调试的程序设置在与片内ROM空间重叠的片外存储器内，CPU执行片外存储器程序进行调试。

2）程序存储器的某些单元被保留用于特定的程序入口地址。

由于系统复位后的PC地址为0000H，故系统从0000H单元开始取址并执行程序，它是系统的启动地址。从0003H～002BH单元被保留用于6个中断源的中断服务程序的入口地址，这7个特定地址如下：

复位地址	0000H
外部中断0中断入口地址	0003H
计时器T0溢出中断入口地址	000BH
外部中断1中断入口地址	0013H
计时器T1溢出中断入口地址	001BH
串行口中断入口地址	0023H

计时器 T2/T2EX 下降沿中断入口地址　　　　002BH

从 0000H 到 0003H 只有 3B，根本不可能安排一个完整的系统程序，而 80C51 又是依次读 ROM 字节的，因此，这 3B 只能用来安排一条无条件跳转指令（长度刚好 3B），跳转到其他合适的地址范围去执行入口地址真正的主程序。同理，在中断服务程序设计时，从该中断入口地址处到下一中断入口地址处只有 8B，也不可能安排一个完整的服务程序。通常在这些中断入口处也设置一条无条件转移指令，使之转向对应的真正中断服务程序段处执行。

2.4.2 数据存储器

在 80C51 单片机中，数据存储器又分片内数据存储器（Internal data memory）和片外数据存储器（External data memory）两部分。

片内数据存储器（IRAM）最高地址只有 8 位，因此最大寻址范围为 256B。

在 80C51 单片机中，片外数据存储器地址总线共有 16 根，并设置有一个专门的数据存储器的地址指示器——数据指针 DPTR，用于访问片外数据存储器（ERAM）。数据指针 DPTR 也是 16 位的寄存器，这样，就使 80C51 单片机具有 64KB 的数据存储器扩展能力。

1. 片内数据存储器

片内数据存储器是最灵活的地址空间。它在物理上又分成两个独立的功能不同的区，如图 2-8 所示。

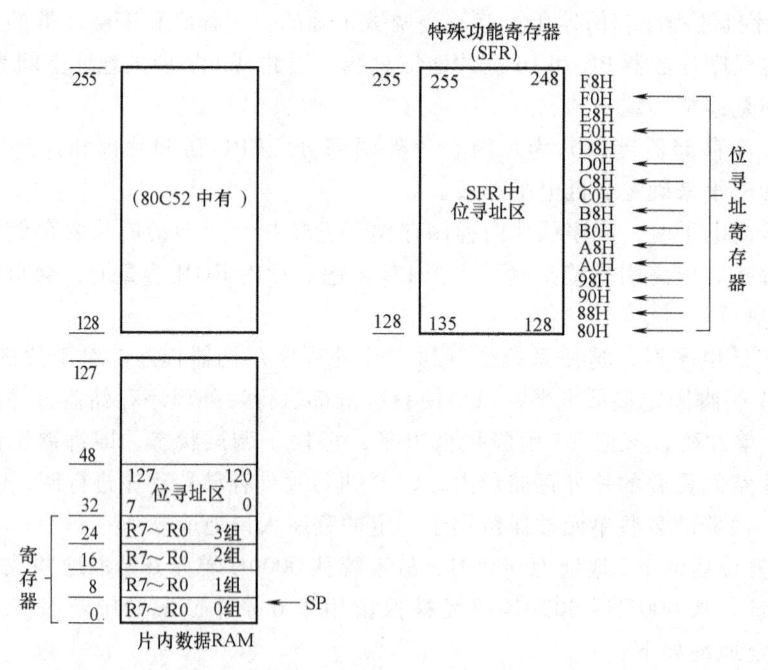

图 2-8　片内数据存储器各部分的地址空间分布

片内数据 RAM 区：对 80C51 型单片机，为地址空间的低 128B；对 80C52 型单片机，为地址空间的 0~255B。

特殊功能寄存器 SFR 区：对 80C51 型单片机，为地址空间的高 128B。对于 80C52 型单片机，高 128B 的 RAM 区和 SFR 区的地址空间是重叠的，究竟是访问哪一个区是通过不同的寻址方式来加以区别，即访问高 128B RAM 区时，选用间接寻址方式；访问 SFR 区，则应选用直接寻址方式。

（1）片内数据 RAM 区

1）工作寄存器区：这是一个用寄存器寻址的区域，指令的数量最多，执行的速度最快。从图 2-8 中可知，其中片内数据 RAM 区的 0~31（00H~1FH），共 32 个单元，是 4 个通用工作寄存器组，见表 2-2，每个组包含 8 个 8 位寄存器，编号为 R0~R7。在某一时刻，只能选用一个工作寄存器组使用。其选择是通过软件对程序状态字（PSW）中的 RS0、RS1 位的设置来实现的。例如，若 RS0、RS1 均为 0，则选用工作寄存器 0 组（或称 0 体）为当前工作寄存器。现需选用工作寄存器组 1，则只需将 RS0 改成 1，可用位寻址方式（SETB PSW.3，其中 PSW.3 为 RS0 位的符号地址）来实现。

表 2-2　片内 RAM 区

地址区域		功能名称
00H~1FH	00H~07H	工作寄存器 0 区
	08H~0FH	工作寄存器 1 区
	10H~17H	工作寄存器 2 区
	18H~1FH	工作寄存器 3 区
20H~2FH		位寻址区
30H~7FH		数据缓冲区

2）位寻址区：片内数据 RAM 区的 32~47（20H-2FH）的 16 个字节单元，共包含 128 位，是可位寻址的 RAM 区。这 16 个字节单元，既可进行字节寻址，又可实现位寻址。字节地址与位地址之间的关系见表 2-3。这 16 个位寻址单元，再加上可位寻址的特殊功能寄存器一起构成了布尔（位）处理器的数据存储器空间。在这一存储器空间所有位都是可直接寻址的。

表 2-3　字节地址与位地址之间的关系

字节地址	位地址							
	D7	D6	D5	D4	D3	D2	D1	D0
2FH	7FH	7EH	7DH	7CH	7BH	7AH	79H	78H
2EH	77H	76H	75H	74H	73H	72H	71H	70H
2DH	6FH	6EH	6DH	6CH	6BH	6AH	69H	68H
2CH	67H	66H	65H	64H	63H	62H	61H	60H
2BH	5FH	5EH	5DH	5CH	5BH	5AH	59H	58H
2AH	57H	56H	55H	54H	53H	52H	51H	50H
29H	4FH	4EH	4DH	4CH	4BH	4AH	49H	48H
28H	47H	46H	45H	44H	43H	42H	41H	40H
27H	3FH	3EH	3DH	3CH	3BH	3AH	39H	38H
26H	37H	36H	35H	34H	33H	32H	31H	30H
25H	2FH	2EH	2DH	2CH	2BH	2AH	29H	28H
24H	27H	26H	25H	24H	23H	22H	21H	20H
23H	1FH	1EH	1DH	1CH	1BH	1AH	19H	18H

（续）

字节地址	位地址							
	D7	D6	D5	D4	D3	D2	D1	D0
22H	17H	16H	15H	14H	13H	12H	11H	10H
21H	0FH	0EH	0DH	0CH	0BH	0AH	09H	08H
20H	07H	06H	05H	04H	03H	02H	01H	00H

3）字节寻址区：从片内数据 RAM 区的 30H~7FH，共 80 个字节单元，可以采用直接字节寻址的方法访问。对于 80C52 型单片机，还有高 128 B 的数据 RAM 区，这一区域只能采用间接字节寻址的方法访问。

4）堆栈区及堆栈指示器：堆栈是在片内数据 RAM 区中，数据先进后出或后进先出的区域。在 80C51 中设计有一个 8 位寄存器，存放着当前的堆栈栈顶所指存储单元地址，称为堆栈指示器 SP（Stack Pointer）。80C51 单片机的堆栈是向上生成的：进栈时，SP 的内容增加；出栈时，SP 的内容减少。

堆栈是为子程序调用和中断操作而设立的，其具体功能有两个：保护断点和保护现场。在 80C51 单片机中，既有与子程序调用和中断程序相伴随的自动进栈和出栈，还有对堆栈的进栈和出栈的指令（PUSH、POP）操作。不论是数据进栈还是数据出栈，都是针对栈顶单元进行的，即对栈顶单元的写和读操作。80C51 的堆栈区域可用软件设置 SP 的值在片内数据 RAM 区中予以定义。系统复位后，SP 内容为 07H。如不重新定义，则以 07H 为栈底，压栈的内容从 08H 单元开始存放。通过软件对 SP 的内容重新定义，使堆栈区设定在片内数据 RAM 区中的某一区域内，堆栈深度以不超过片内 RAM 空间为限。

（2）特殊功能寄存器 SFR

特殊功能寄存器 SFR 是 80C51 单片机中各功能部件所对应的寄存器，是用以存放相应功能部件的控制命令、状态或数据的区域。现在所有 80C51 系列功能的增加和扩展几乎都是通过增加特殊功能存器来达到的。

80C51 设有 128 B 片内 RAM 结构的特殊功能寄存器空间区。除程序计数器 PC 和 4 个通用工作寄存器组外，其余所有的寄存器都在这个地址空间之内，见表 2-4。

表 2-4　特殊功能寄存器地址映像表

SFR 名称	符号	位地址/位定义/位编号								字节地址
		D7	D6	D5	D4	D3	D2	D1	D0	
寄存器 B	B	F7H	F6H	F5H	F4H	F3H	F2H	F1H	F0H	F0H
累加器 A	Acc	E7H	E6H	E5H	E4H	E3H	E2H	E1H	E0H	E0H
程序状态字寄存器	PSW	D7H	D6H	D5H	D4H	D3H	D2H	D1H	D0H	D0H
		Cy	AC	F0	RS1	RS0	OV	F1	P	
中断优先级控制寄存器	IP	BFH	BEH	BDH	BCH	BBH	BAH	B9H	B8H	B8H
		—	—	—	PS	PT1	PX1	PT0	PX0	
I/O 端口 3	P3	B7H	B6H	B5H	B4H	B3H	B2H	B1H	B0H	B0H
中断允许控制寄存器	IE	AFH	AEH	ADH	ACH	ABH	AAH	A9H	A8H	A8H
		EA	—	—	ES	ET1	EX1	ET0	EX0	

（续）

SFR 名称	符号	位地址/位定义/位编号								字节地址
		D7	D6	D5	D4	D3	D2	D1	D0	
I/O 端口 2	P2	A7H	A6H	A5H	A4H	A3H	A2H	A1H	A0H	A0H
		P2.7	P2.6	P2.5	P2.4	P2.3	P2.2	P2.0	P2.0	
串行数据缓冲器	SBUF	—								99H
串行控制寄存器	SCON	9FH	9EH	9DH	9CH	9BH	9AH	99H	988H	98H
		SM0	SM1	SM2	REN	TB8	RB8	TI	RI	
I/O 端口 1	P1	97H	96H	95H	94H	93H	92H	91H	90H	90H
		P1.7	P1.6	P1.5	P1.4	P1.3	P1.2	P1.1	P1.0	
定时器/计数器 1(高字节)	TH1	—	—	—	—	—	—	—	—	8DH
定时器/计数器 0(高字节)	TH0	—	—	—	—	—	—	—	—	8CH
定时器/计数器 1(低字节)	TL1	—	—	—	—	—	—	—	—	8BH
定时器/计数器 0(低字节)	TL0	—	—	—	—	—	—	—	—	8AH
定时器/计数器方式选择	TMOD	GATE	$C/\overline{T}$	M1	M0	GATE	$C/\overline{T}$	M1	M0	89H
定时器/计数器控制寄存器	TCON	8FH	8EH	8DH	8CH	8BH	8AH	89H	88H	88H
		TF1	TR1	TF0	TR0	IE1	IT1	IE0	IT0	
电源控制及波特率选择	PCON	SMOD	—	—	—	GF1	GF0	PD	IDL	87H
数据指针(高字节)	DPH	—								83H
数据指针(低字节)	DPL	—								82H
堆栈指针	SP	—								81H
I/O 端口 0	P0	87H	86H	85H	84H	83H	82H	81H	80H	80H
		P0.7	P0.6	P0.5	P0.4	P0.3	P0.2	P0.1	P0.0	

注意：

- 在 26 个特殊功能寄存器中，唯一一个不可寻址的 PC 不占据 RAM 单元，它在物理上是独立的。
- 其他 25 个可字节寻址的特殊功能寄存器不连续地分散在内部 RAM 高 128 单元之中，其中有 12 个特殊功能寄存器还可以位寻址。尽管还剩余许多空闲单元，但用户并不能使用。
- 对特殊功能寄存器只能使用直接寻址方式，书写时既可使用寄存器符号，也可使用寄存器单元地址。

2. 片外数据存储器

片外数据存储器是在单片机外部存放数据的区域，这一区域用寄存器间接寻址的方法访问，所用的寄存器为 DPTR、R1 或 R0。当用 R1、R0 寻址时，由于 R0、R1 为 8 位寄存器，因此最大寻址范围为 256B；当用 DPTR 寻址时，由于 DPTR 为 16 位寄存器，因此最大寻址范围为 64KB。

2.5 80C51 单片机布尔（位）处理器

在 80C51 单片机系统中，与字节处理器相对应，还特别设置了一个结构完整、功能极强的布尔（位）处理器。这是80C51系列单片机的突出优点之一，给“面向控制”的实际应用带来了极大的方便。

利用位逻辑操作功能进行随机逻辑设计，可把逻辑表达式直接变换成软件执行，方法简便，免去了过多的数据往返传送、字节屏蔽和测试分支，大大简化了编程，节省存储器空间，加快了处理速度，增强了实时性能。

布尔（位）处理器主要特性有：

1）位处理中的累加器CY（借用进位标志位）。在布尔运算中，CY是数据源之一，又是运算结果的存放处及位数据传送的中心。

2）位寻址RAM：RAM区中的0~127位（包含在20H~2FH地址单元中）。

3）位寻址寄存器：特殊功能寄存器中的可以位寻址的位。

4）位寻址并行I/O口：并行I/O口中的可以位寻址位。

5）位操作指令系统：共有17条指令，位操作指令可实现对位的置位、清0、取反、位状态判跳转、传送、位逻辑运算、位输入/输出等操作。

2.6 80C51单片机的工作方式

80C51单片机共有复位、程序执行、低功耗以及编程和校验四种工作方式。在此主要介绍复位与低功耗工作方式。

2.6.1 复位方式

复位是对单片机进行初始化操作，其主要功能是把PC初始化为0000H，使单片机从0000H单元开始执行程序。

除了正常初始化之外，当由于程序运行出错或操作错误使系统进入死机时，为摆脱困境，也需复位以重新启动单片机。

1. 复位作用

除PC初始化为0000H之外，复位操作对其他一些特殊功能寄存器也有影响，它们的复位状态见表2-5。复位操作还对单片机的个别引脚信号有影响。例如在复位期间，ALE和$\overline{PSEN}$信号变为无效状态，即ALE=1，$\overline{PSEN}$=1。

表2-5 单片机复位后特殊功能寄存器的状态

特殊功能寄存器	初始状态	特殊功能寄存器	初始状态
A	00H	TMOD	00H
B	00H	TCON	00H
PSW	00H	TH0	00H
SP	07H	TL0	00H
DPL	00H	TH1	00H
DPH	00H	TL1	00H
P0~P3	FFH	SBUF	XXXXXXXXB
IP	XXX00000B	SCON	00H
IE	0XX00000B	PCON	0XXXXXXXB

2. 复位信号与复位操作

（1）复位信号

RST引脚是复位信号的输入端，复位信号高电平有效，高电平有效时间应持续两个机器周期以上。若使用频率为12MHz晶振，则复位信号持续时间应超过2μs才能完成复位操作。

（2）复位操作

复位操作有上电自动复位、按键电平复位和外部脉冲复位三种方式，如图2-9所示。R_1，C的选择应注意保证RST引脚高电平有效时间应持续两个机器周期以上。

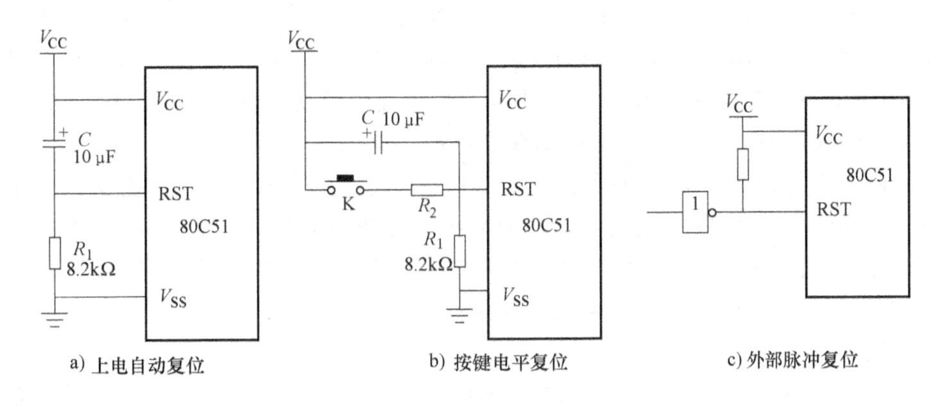

图2-9 复位操作方式

2.6.2 低功耗工作方式

随着社会节能环保要求提高以及对电子产品EMC能力要求的提升，低功耗单片机以及单片机低功耗工作方式已成为单片机的发展趋势。80C51设有两种低功耗工作方式，即待机方式和掉电方式。低功耗工作方式所涉及的硬件如图2-10所示。

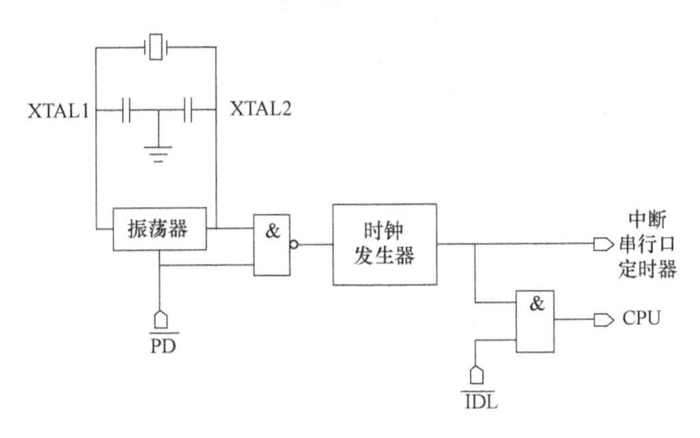

图2-10 低功耗工作方式所涉及的硬件

待机方式和掉电方式都是由非逐位访问电源控制寄存器PCON有关位来控制的。其格式如下：

SMODB				GF1	GF0	PD	IDL

SMODB：波特率倍增位，在串行通信时使用。

GF1：通用标志位1。

GF0：通用标志位0。

PD：掉电方式位，PD=1，则进入掉电方式。

IDL：待机方式位，IDL=1，则进入待机方式。

要想使单片机进入待机或掉电方式，只要执行一条能使IDL或PD位为1的指令即可。

1. 待机方式

1）待机方式的进入：如果使用指令使PCON寄存器IDL位置1，则80C51即进入待机方式。这时振荡器仍然运行，并向中断逻辑、串行口和定时器/计数器电路提供时钟，但向CPU提供时钟的电路被阻断，因此CPU不能工作，而中断功能继续存在，但与CPU有关的如SP、PC、PSW、ACC以及全部通用寄存器都被“冻结”在原状态。

2）待机方式的退出：采用中断方法退出待机方式。在待机方式下，若引入一个外中断请求信号，在单片机响应中断的同时，PCON.0位（即IDL位）被硬件自动清“0”，单片机就退出待机方式而进入正常工作方式。在中断服务程序中只需安排一条RETI指令，就可以使单片机恢复正常工作后，返回断点继续执行程序。

2. 掉电方式

1）掉电方式的进入：PCON寄存器的PD位控制单片机进入掉电方式。当80C51单片机，需要进入掉电方式时，如在检测到电源故障时，除进行信息保护外，还应把PCON.1位置“1”，使之进入掉电方式。此时单片机一切工作都停止，只有内部RAM单元的内容被保存。

2）掉电方式的退出：80C51单片机备用电源由V_{CC}端引入。当V_{CC}恢复正常后，只要硬件能使复位信号RST维持10ms，就能使单片机退出掉电方式。

本章小结

本章介绍了单片机的基本结构与工作原理。着重介绍了80C51单片机的基本组成、内部结构、基本特性、引脚功能、中央处理器CPU、工作时钟与时序、存储器结构、布尔处理器、单片机复位与单片机低功耗工作方式等内容，为后续学习打下基础。

习题

1. 80C51系列单片机在片内集成了哪些主要逻辑功能部件？各个逻辑部件的最主要功能是什么？

2. 单片机“面向控制”应用的特点，在硬件结构方面有哪些体现？

3. 80C51系列单片机有哪些信号需要芯片引脚以替代功能的方式提供？

4. 程序计数器PC作为不可寻址寄存器有哪些特点？数据指针DPTR又有哪些特点？两者有何异同？

5. 80C51单片机的时钟周期、状态周期、机器周期、指令周期是如何设置的？当主频为12MHz时，一个机器周期等于多少微秒？执行一条最长的指令需要多少微秒？

6. 80C51存储器结构上有何特点？在物理上和逻辑上各有哪几种地址空间？访问片内RAM和片外RAM的指令格式有何区别？

7. 片内RAM低128单元划分为哪三个主要部分？各部分主要功能是什么？

8. 80C51设有4个通用工作寄存器组，有什么特点？如何选用？如何实现工作寄存器现场保护？

9. 堆栈有哪些功能？堆栈指示器SP的作用是什么？程序设计时，为什么还要对SP重新进行定义？

10. 80C51具有很强的布尔处理功能，共有多少字节可以位寻址？采用布尔处理器有哪些优点？

11. 为什么单片机要进行复位？复位有几种方式？复位后机器各寄存器及RAM中的状态如何？

12. 举例说明单片机在工业控制系统中低功耗工作方式的意义及方法。

第3章 80C51单片机指令系统、汇编语言及C51程序设计

3.1 80C51单片机程序设计概述

3.1.1 指令和指令系统的概念

指令是指计算机内部执行的一种操作，提供给用户编程使用的一种命令。计算机只能识别二进制代码，以二进制代码来描述指令功能的语言称之为机器语言。

计算机能够执行的全部操作所对应的指令集合，称为这种计算机的指令系统。从指令是反映计算机内部的一种操作来看，指令系统全面展示出了计算机的操作功能，也就是它的工作原理；从用户使用的角度来看，指令系统是提供给用户使用计算机功能的软件资源。要让计算机处理问题，首先要编写程序。编写程序实际上是从指令系统中挑选一个指令子集的过程。因此，学习指令系统既要从编程使用的角度掌握指令的使用格式及每条指令的功能，又要掌握每条指令在计算机内部的微观操作过程，即工作原理，从而进一步加深对硬件组成原理的理解。

指令一般有功能、时间和空间三种属性。功能属性是指每条指令都对应一个特定的操作功能；时间属性是指一条指令执行所用的时间，一般用机器周期来表示；空间属性是指一条指令在程序存储器中存储所占用的字节数。这三种属性在使用中最重要的是功能，但时间、空间属性在有些场合也要用到。如一些实时控制应用程序中，当需要计算一个程序段的确切执行时间或编写软件延时程序时，就要用到每条指令的时间属性；在程序存储器的空间设计或相对转移指令的偏移量计算时，就要用到指令的空间属性。

指令的描述形式有三种：机器语言形式、汇编语言形式及高级语言形式。现在描述计算机指令系统及实际应用中主要采用汇编语言形式和高级语言形式。采用机器语言编写的程序称之为目标程序，采用汇编语言或高级语言形式编写的程序称之为源程序。计算机能够直接识别并执行的只有机器语言程序。汇编语言程序和高级语言程序都不能被计算机直接识别并执行，必须经过一个中间环节把它翻译成机器语言程序，这个中间过程叫作汇编或编译。

3.1.2 80C51汇编语言程序设计概述

由于机器语言不便被人们识别、记忆、理解和使用，因此给每条机器语言指令赋予助记符号来表示，这就形成了汇编语言。也就是说，汇编语言是便于人们识别、记忆、理解和使用的一种指令形式，它和机器语言指令一一对应，是由计算机的硬件特性所决定的。

MCS-51 单片机汇编语言指令具有功能强、指令短、执行快等特点，共有 111 条指令。从功能上可划分成数据传送、算术操作、逻辑操作、程序转移及位操作等五大类；从空间属性上分为单字节指令（49 条）、双字节指令（46 条）和最长的三字节指令（只有 16 条）。从时间属性上可分成单机器周期指令（64 条）、双机器周期指令（45 条）和只有乘、除法两条 4 个机器周期的指令。MCS-51 单片机指令系统在存储空间和执行时间方面具有较高的效率。

3.1.3　Keil C51 语言程序设计概述

80C51 单片机 Keil C51 语言是由 C 语言继承而来的，为单片机高级语言形式。和普通 C 语言不同的是，Keil C51 语言运行于单片机平台，而 C 语言则运行于普通的桌面平台。

Keil C51 语法结构和标准 C 语言基本一致，语言简洁、便于学习、可移植性好，具有高级语言的特点，可减少底层硬件寄存器的操作。对于兼容的 8051 系列单片机，只要将一个硬件型号下的程序稍加修改，甚至无需改变，就可移植到另一个不同型号的单片机中运行。

Keil C51 语言提供了完备的数据类型、运算符及函数供使用。C51 语言是一种结构化程序设计语言，可以使用一对花括号“{}”将一系列语句组合成一个复合语句，程序结构清晰明了。Keil C51 语言代码执行的效率方面十分接近汇编语言，且比汇编语言的程序易于理解，便于代码共享。采用 Keil C51 语言设计单片机应用系统程序时，首先要尽可能地采用结构化的程序设计方法，这样可使整个应用系统程序结构清晰，易于调试和维护。对于一个较大的程序，可将整个程序按功能分成若干个模块，不同的模块完成不同的功能。对于不同的功能模块，分别指定相应的入口参数和出口参数，而经常使用的一些程序最好编成函数，这样既不会引起整个程序管理的混乱，还可增强可读性，移植性也好。

在程序设计过程中，要充分利用 Keil C51 语言的预处理命令。对于一些常用的常数，如 TRUE、FALSE、PI 以及各种特殊功能寄存器，或程序中一些重要的依据外界条件可变的常量，可采用宏定义“#define”或集中起来放 Keil C51 一个头文件中进行定义，再采用文件包含命令“#include”将其加入到程序中去。这样当需要修改某个参量时，只需修改相应的包含文件或宏定义，而不必对使用它们的每个程序文件都做修改，从而有利于文件的维护和更新。

3.2　80C51 汇编语言指令系统与程序设计

3.2.1　80C51 汇编语言指令格式

指令系统中的指令描述了不同的操作，不同操作对应不同的指令。但结构上，每条指令通常由操作码和操作数两部分组成。操作码表示计算机执行该指令将进行何种操作，操作数表示参加操作的数的本身或操作数所在的地址。MCS-51 单片机的指令有无操作数、单操作数、双操作数三种情况。汇编语言指令有如下的格式：

［标号:］操作码助记符［目的操作数］［，源操作数］［；注释］

为便于后面的学习，在这里先对描述指令的一些符号的约定意义作以下说明：

1）Ri 和 Rn：表示当前工作寄存器区中的工作寄存器。i 取 0 或 1，表示 R0 或 R1；n

取 0-7，表示 R0-R7。

2）#data：表示包含在指令中的 8 位立即数。

3）#data16：表示包含在指令中的 16 位立即数。

4）rel：以补码形式表示的 8 位相对偏移量，范围为-128~127，主要用在相对寻址的指令中。

5）addr16 和 addr11：分别表示 16 位直接地址和 11 位直接地址。

6）direct：表示直接寻址的字节地址。

7）bit：表示可位寻址的直接位地址。

8）(X)：表示 X 单元中的内容。

9）((X))：表示以 X 单元的内容为地址的存储器单元内容，即（X）作地址，该地址单元的内容用（(X)）表示。

10）“/”和“→”符号：“/”表示对该位操作数取反，但不影响该位的原值；“→”表示操作流程，将箭尾一方的内容送入箭头所指另一方的单元中去。

3.2.2 80C51 汇编语言指令系统

1. 数据传送类指令

(1) 访问片内数据存储器的一般数据传送指令

访问片内数据存储器的一般数据传送指令的格式如下：

MOV 〈目的操作数〉,〈源操作数〉；目的操作数单元←源操作数（或单元）

操作码助记符都是“MOV”，目的操作数和源操作数不同寻址方式的组合就派生出该类的全部指令。因此，记忆这类指令的关键在于掌握两个操作数的各种寻址方式的组合关系。访问片内 RAM 的一般传送指令见表 3-1。

表 3-1 访问片内 RAM 的一般传送指令

助记符	操作功能	字节/B	机器周期数
MOV A,#data	(A)←data	2	1
MOV Rn,#data	(Rn)←data n=0,1,…,7	2	1
MOV @Ri,#data	((Ri))←data i=0,1	2	1
MOV direct,#data	(direct)←data	3	2
MOV DPTR,#data16	DPTR←data16	3	2
MOV A,Rn	(A)←(Rn) n=0,1,…,7	1	1
MOV Rn,A	(Rn)←(A)	1	1
MOV A,@Ri	(A)←((Ri)) i=0,1	1	1
MOV @Ri,A	(Ri)←(A)	1	1
MOV A,direct	(A)←(direct)	2	1
MOV direct,A	(direct)←(A)	2	1
MOV Rn,direct	(Rn)←(direct) n=0,1,…,7	2	2
MOV direct,Rn	(direct)←(Rn)	2	2
MOV @Ri,direct	(Ri)←(direct) i=0,1	2	2
MOV direct,@Ri	(direct)←(Ri)	2	2
MOV direct,direct	(direct)←(direct)	3	2

例 3.1 设内部 RAM(30H)= 40H，(40H)= 10H，(10H)= 00H(P1)= CAH，分析以下程序执行后各单元及寄存器、P2 口的内容。

```
MOV   R0,#30H          ;(R0)←30H
MOV   A,@ R0           ;(A)←((R0))
MOV   R1,A             ;(R1)←(A)
MOV   B,@ R1           ;(B)←((R1))
MOV   @ R1,P1          ;((R1))←(P1)
MOV   P2,P1            ;(P2)←(P1)
MOV   10H,#20H         ;(10H)←20H
```

执行后的结果为：(R0)= 30H，(R1)=(A)= 40H，(B)= 10H，(40H)=(P1)=(P2)= CAH，(10H)= 20H。

（2）片内特殊传送指令

1）堆栈操作指令。堆栈操作有进栈和出栈，即压入和弹出数据，常用于保存或恢复现场。进栈指令用于保存片内 RAM 单元（低 128B）或特殊功能寄存器 SFR 的内容；出栈指令用于恢复片内 RAM 单元（低 128B）或特殊功能寄存器 SFR 的内容。

该类指令共有如下两条指令：

PUSH direct; $\begin{cases}(SP)\leftarrow(SP)+1 & \text{修改指针，使其指向栈顶上的一个存数单元}\\(direct)\rightarrow(SP) & \text{把直接寻址单元数据压入栈顶}\end{cases}$

POP direct; $\begin{cases}(direct)\leftarrow(SP)+1 & \text{把栈顶的数据弹出到直接寻址单元中去}\\(SP)\leftarrow(SP)-1 & \text{修改指针，指向新栈顶}\end{cases}$

例 3.2 若在外部程序存储器中 2000H 单元开始依次存放 0~9 的二次方值，数据指针(DPTR)= 3A00H，用查表指令取得 2003H 单元的数据后，要求保持 DPTR 中的内容不变。

完成上述功能的程序如下：

```
MOV   A,#03H               ;(A)←03H
PUSH  DPH                  ;保护 DPTR 高 8 位入栈
PUSH  DPL                  ;保护 DPTR 低 8 位入栈
MOV   DPTR,#2000H          ;(DPTR)←2000H
MOVC  A,@ A+DPTR           ;(A)←(2000H+03H)
POP   DPL                  ;弹出 DPTR 低 8 位
POP   DPH                  ;弹出 DPTR 高 8 位
```

执行结果为：(A)= 09H，(DPTR)= 3A00H。

2）数据交换指令

数据传送指令一般都是将操作数自源地址单元传送到目的地址单元，指令执行后，源地址单元的操作数不变，目的地址单元的操作数则修改为源地址单元的操作数。交换指令数据做双向传送，涉及传送的双方互为源地址、目的地址，指令执行后每方的操作数都修改为另一方的操作数。因此，两操作数均未冲掉、丢失。数据交换指令共有如下 5 条指令：

指令助记符	操作功能注释
XCH A,direct;	(A)↔(direct)
XCH A,@ Ri	(A)↔(Ri)
XCH A,Rn	(A)↔(Rn)
XCHD A,@ Ri	$(A_{3\text{-}0})\leftrightarrow(Ri)_{3\text{-}0}$
SWAP A	$(A_{7\text{-}4})\leftrightarrow(A_{3\text{-}0})$

例 3.3 设 (R0)=30H，30H=4AH，(A)=28H，则

执行 XCH A，@R0 后，结果为 (A)=4AH，(30H)=28H。

执行 XCHD A，@R0 后，结果为 (A)=2AH，(30H)=48H。

执行 SWAP A 后，结果为 (A)=82H。

(3) 片外数据存储器数据传送指令

MCS-51 单片机 CPU 对片外扩展的数据存储器 RAM 或 I/O 口进行数据传送，必须采用寄存器间接寻址的方法，通过累加器 A 来完成。这类指令共有以下 4 条单字节指令，指令操作码助记符都为 MOVX。

```
指令助记符                    操作功能注释
MOVX  A,@DPTR               ;(A)←((DPTR))
MOVX  A,@Ri                 ;(A)←((Ri))
MOVX  @DPTR,A               ;((DPTR))←(A)
MOVX  @Ri,A                 ;((Ri))←(A)
```

例 3.4 设外部 RAM (0203H)=FFH，分析以下指令执行后的结果。

```
MOV   DPTR,#0203H           ;(DPTR)←0203H
MOVX  A,@DPTR               ;(A)←((DPTR))
MOV   30H,A                 ;(30H)←(A)
MOV   A,#0FH                ;(A)←0FH
MOVX  @DPTR,A               ;((DPTR))←(A)
```

执行结果为：(DPTR)=0203H，(30H)=FFH，(0203H)=(A)=0FH。

(4) 访问程序存储器的数据传送指令

访问程序存储器的数据传送指令又称作查表指令，采用基址寄存器加变址寄存器间接寻址方式，把程序存储器中存放的表格数据读出，传送到累加器 A。共有如下两条单字节指令，指令操作码助记符为 MOVC。

```
指令助记符                    操作功能注释
MOVC  A,@A+DPTR             ;(A)←((A)+(DPTR))
MOVC  A,@A+PC               ;(PC)←(PC)+1,(A)←((A)+(PC))
```

前一条指令采用 DPTR 作基址寄存器，因此可以很方便地把一个 16 位地址送到 DPTR，实现在整个 64KB 程序存储器单元到累加器 A 的数据传送，即数据表格可以存放在程序存储器 64KB 地址范围的任何地方。

后一条指令以 PC 作为基址寄存器，CPU 取完该指令操作码时 PC 会自动加 1，指向下一条指令的第一个字节地址，即此时是用 (PC) +1 作为基址的。另外，由于累加器 A 中的内容为 8 位无符号数，这就使得本指令查表范围只能在 256B 范围内 (即 (PC)+1H~(PC)+100H)，使表格地址空间分配受到限制。同时编程时还需要进行偏移量的计算，即 MOVC A，@A+PC 指令所在地址与表格存放首地址间的距离字节数的计算，并需要一条加法指令进行地址调整。偏移量计算公式为：

偏移量=表首地址-(MOVC 指令所在地址+1)

例 3.5 从片外程序存储器 2000H 单元开始存放 0~9 的二次方值，以 PC 作为基址寄存器进行查表得 9 的二次方值。

设 MOVC 指令所在地址 (PC)=1FF0H，则偏移量=2000H-(1FF0H+1)=0FH。

相应的程序如下：

```
MOV  A,#09H              ;(A)←09H
ADD  A,#0FH              ;用加法指令进行地址调整
MOVC A,@ A+PC            ;(A)←((A)+(PC)+1)
```

执行结果为：(PC)= 1FF1H，(A)= 51H。

如果用以 DPTR 为基址寄存器的查表指令，其程序如下：

```
MOV DPTR, 2000H          ;置表首地址
MOV A,09H
MOVC A,@ A+DPTR
```

2. 算术运算类指令

算术运算类指令都是通过算术逻辑运算单元 ALU 进行数据运算处理的指令。它包括各种算术操作，其中有加、减、乘、除四则运算指令共有 24 条。除了加 1 和减 1 指令之外，算术运算结果将使进位标志（CY）、半进位标志（AC）、溢出标志（OV）置位或复位。

（1）加、减法指令

MCS-51 系列单片机的加减法指令见表 3-2。加法指令分为 ADD 和 ADDC 两类，包括加法、带进位的加法、加 1 以及二～十进制调整 4 组指令。其中操作符为 ADD 的指令为不带进位的加法，其功能是将 A 的内容与源操作数相加，所得之和再存入 A 中。操作符为 ADDC 的指令为带进位的加法，其功能是将 A 的内容、当前 CY 标志位的内容与源操作数三者相加，所得之和再存入 A 中，带进位加法运算指令常用于多字节加法运算。两种加法指令都会影响 CY、AC、OV、P 这几个标志位。带借拉减法指令 SUBB 功能是将 A 的内容减去源操作数与当前 CY 标志位的内容，所得之差存入 A 中。SUBB 指令执行结果会影响 PSW 中的标志位 CY、AC、OV 和 P。加 1 和减 1 指令通常用作加减计数、地址指针顺序移动等用途。其中操作符为 INC 指令为自加 1 指令，操作符为 DEC 指令为自减 1 指令。表中指令执行过程不影响 P 外标志位。

表 3-2 加、减法指令

助 记 符	操 作 功 能	字节/B	机器周期数
ADD A,#data	(A)←(A)+data	2	1
ADD A,Rn	(A)←(A)+(Rn) n=0,1,…,7	1	1
ADD A,@ Ri	(A)←(A)+((Ri)) i=0,1	1	1
ADD A,direct	(A)←(A)+(direct)	2	1
ADDC A,#data	(A)←(A)+data+CY	2	1
ADDC A,Rn	(A)←(A)+(Rn)+CY n=0,1,…,7	1	1
ADDC A,@ Ri	(A)←(A)+((Ri))+CY i=0,1	1	1
ADDC A,direct	(A)←(A)+(direct)+CY	2	1
ADD A,#data	(A)←(A)+data-CY	2	1
ADD A,Rn	(A)←(A)+(Rn)-CY n=0,1,…,7	1	1
ADD A,@ Ri	(A)←(A)+((Ri))-CY i=0,1	1	1
ADD A,direct	(A)←(A)+(direct)-CY	2	1
SUBB A,Rn	(A)-(Rn)-(CY)→A	1	1
SUBB A,direct	(A)-(direct)-(CY)→A	2	1
SUBB A,@ Ri	(A)-((Ri))-(CY)→A	1	1
SUBB A,#data	(A)-data-(CY)→A	2	1

(续)

助 记 符	操 作 功 能	字节/B	机器周期数
INC A,	(A)←(A)+1	1	1
INC Rn	(Rn)←(Rn)+1 n=0,1,…,7	1	1
INC @ Ri	(Ri)←((Ri))+1 i=0,1	1	1
INC direct	(direct)←(direct)+1	2	2
INC DPTR	(DPTR)←(DPTR)+1	1	1
DEC A,	(A)←(A)-1	1	1
DEC Rn	(Rn)←(Rn)-1 n=0,1,…,7	1	1
DEC @ Ri	(Ri)←((Ri))-1 i=0,1	1	1
DEC direct	(direct)←(direct)-1	2	2

例 3.6 设 (R0)=7EH，(7EH)=FFH，(7FH)=38H，(DPTR)=10FEH，分析逐条执行下列指令后各单元的内容。

```
INC  @ R0          ;使 7EH 单元内容由 FFH 变为 00H
INC  R0            ;使 R0 的内容由 7EH 变为 7FH
INC  @ R0          ;使 7FH 单元内容由 38H 变为 39H
INC  DPTR          ;使 DPL 为 FFH,DPH 不变
INC  DPTR          ;使 DPL 为 00H,DPH 为 11H
INC  DPTR          ;使 DPL 为 01H,DPH 不变
```

十进制调整指令是一条对二~十进制的加法进行调整的指令，它是一条单字节指令，机器码为 D4H。两个压缩 BCD 码按二进制相加，必须在加法指令 ADD、ADDC 后，经过本指令调整后才能得到正确的压缩 BCD 码和数，实现十进制的加法运算。

$$\text{DAA:}\begin{cases}\text{若 }(A)_{3\text{-}0}>9\text{ 或 }(AC)=1\text{，则 }(A)_{3\text{-}0}\leftarrow(A)_{3\text{-}0}+06H\\ \text{若 }(A)_{7\text{-}4}>9\text{ 或 }(CY)=1\text{，则 }(A)_{7\text{-}4}\leftarrow(A)_{7\text{-}4}+06H\end{cases}$$

若 AC=1，CY=1 同时发生，或者高 4 位虽等于 9 但低 4 位修正后有进位，则 A 应加 66H 修正。

例 3.7 对 BCD 码加法 65 + 58→DBH，进行十进制调整。

参考程序如下：

```
MOV  A,#65H        ;(A)←65
ADD  A,#58H        ;(A)←(A)+58
DA    A            ;十进制调整
```

执行结果：$(A)=(23)_{BCD}$，(CY)=1，即 65+58=123。

```
      01100101      65
   +  01011000      58
  ------------
      10111101      BDH
   +  01100110      加 66H 调整
  ------------
  [1] 00100011      123
```

使用时应注意：DA 指令不能对减法进行十进制调整。做减法运算时，可采用十进制补码相加，然后用 DA A 指令进行调整。例如：

$$70-20=70+[20]补=70+(100-20)=70+80=150$$

机内十进制补码可采用：[x]补=9AH-|x|。

（2）乘、除法指令

1）乘法指令：

$$\text{MUL}\begin{cases}(B)\leftarrow((A)(B))_{15\text{-}8}(A)\leftarrow((A)\times(B))_{7\text{-}0}\\ CY\leftarrow 0\end{cases}$$

乘法指令的功能是把累加器A和寄存器B中的两个8位无符号数相乘，将乘积16位数中的低8位存放在A中，高8位存放在B中。若乘积大于FFH（255），则溢出标志OV置1，否则OV清零。乘法指令执行后进位标志CY总是零，即CY=0。

2）除法指令：

$$\text{DIV}\begin{cases}(A)\leftarrow(A)\div(B)\text{之商，}(B)\leftarrow(A)\div(B)\text{之余数}\\ (CY)\leftarrow 0,\ (OV)\leftarrow 0\end{cases}$$

除法指令的功能是把累加器A中的8位无符号整数除以寄存器B中的8位无符号整数，所得商存于累加器A中，余数存于寄存器B中，进位标志位CY和溢出标志位OV均被清零。若B中的内容为0时，溢出标志OV被置1，即OV=1，而CY仍为0。

3. 逻辑运算类指令

逻辑运算指令包括与、或、异或、移位、清零、取反几种，见表3-3。

表3-3　逻辑运算指令

指令助记符	操作功能注释	机械码(H)	字节/B	机器周期数
ANL A,#data	(A)←(A)∧data	54 data	2	1
ANL A,Rn	(A)←(A)∧(Rn)　n=0,1,…,7	58~5F	1	1
ANL A,@Ri	(A)←(A)∧((Ri))　i=0,1	56、57	1	1
ANL A,direct	(A)←(A)∧(direct)	55 direct	2	1
ANL direct,A	(direct)←(direct)∧(A)	52 direct	2	1
ANL direct,#data	(direct)←(direct)∧data	53 direct data	3	2
ORL A,#data	(A)←(A)∨data	44 data	2	1
ORL A,Rn	(A)←(A)∨(Rn)　n=0,1,…,7	48~4F	1	1
ORL A,@Ri	(A)←(A)∨((Ri))　i=0,1	46、47	1	1
ORL A,direct	(A)←(A)∨(direct)	45 direct	2	1
ORL direct,A	(direct)←(direct)∨(A)	42 direct	2	1
ORL direct,#data	(direct)←(direct)∨data	43 direct data	3	2
XRL A,#data	(A)←(A)⊕data	64 data	2	1
XRL A,Rn	(A)←(A)⊕(Rn)　n=0,1,…,7	68~4F	1	1
XRL A,@Ri	(A)←(A)⊕((Ri))　i=0,1	66、67	1	1
XRL A,direct	(A)←(A)⊕(direct)	65 direct	2	1
XRL direct,A	(direct)←(direct)⊕(A)	42 direct	2	1
XRL direct,#data	(direct)←(direct)⊕data	63 direct data	3	2
CPL A	(A)←A 取反	F4	1	1
CLR A	(A)←0	E4	1	1
RL A 不带进位左移	C　累加器A	23	1	1
RL A 不带进位右移	C　累加器A	03	1	1
RLC A 带进位左移	C　累加器A	33	1	1
RRC A 带进位右移	C	13	1	1

例 3.8 若 (A)= B5H = 10110101B，执行下列操作：

```
XRL  A,#0F0H        ;A 的高 4 位取反,低 4 位保留,(A)=01000101B=45H
MOV  30H,A          ;(30H)=45H
XRL  A,30H          ;自身异或使 A 清零
```

用移位指令还可以实现算术运算，左移一位相当于原内容乘以 2，右移一位相当于原内容除以 2，但这种运算关系只对某些数成立（请读者自行思考)。

4. 控制转移类指令

(1) 无条件转移指令

无条件转移指令见表 3-4。

表 3-4 无条件转移指令

指令助记符	操作功能注释	机械码(H)	字节/B	机器周期数
LJMP addr16	(PC)←(PC)+3 (PC)←addr16	02 addr15-8 addr7-0	3	2
AJMP addr11	(PC)←(PC)+2 (PC)←addr1	$a_{10}a_9a_8$00001ad dr_{7-0}	2	2
SJMP rel	(PC)←(PC)+2 (PC)←(PC)+rel	80 rel	2	2
JMP @ A+DPTR	(PC)←(A)+DPTR	73	1	2

1) LJMP（长转移指令）。LJMP 指令执行后，程序无条件地转向 16 位目标地址 (addr16) 处执行，不影响标志位。由于指令中提供 16 位目标地址，所以执行这条指令可以使程序从当前地址转移到 64KB 程序存储器地址空间的任意地址，故得名为“长转移”。该指令的缺点是执行时间长，字节多。

2) AJMP（绝对转移指令）。AJMP 的机器码是由 11 位直接地址 addr11 和指令操作码 00001，按下列分布组成的：

a_{10} a_9 a_8 0 0 0 0 1	a_7 a_6 a_5 a_4 a_3 a_2 a_1 a_0

该指令执行后,程序转移的目的地址是由 AJMP 指令所在位置的地址 PC 值加上该指令字节数 2,构成当前 PC 值。取当前 PC 值的高 5 位与指令中提供的 11 位直接地址形成转移的目的地址,即转移目的地址(PC)：

PC_{15} PC_{14} PC_{13} PC_{12} PC_{11} a_{10} a_9 a_8 a_7 a_6 a_5 a_4 a_3 a_2 a_1

由于 11 位地址的范围是 00000000000～11111111111,即 2KB 范围,而目的地址的高 5 位是由 PC 当前值,所以程序可转移的位置只能是和 PC 当前值在同一 2KB 范围内。本指令转移可以向前也可以向后,指令执行后不影响状态标志位。

例如:若 AJMP 指令地址(PC)= 2300H。执行指令 AJMP 0FFH 后,结果为:转移目的地址(PC)= 20FFH,程序向前转到 20FFH 单元开始执行。

又如:若 AJMP 指令地址(PC)= 2FFFH。执行指令 AJMP 0FFH 后,结果为:转移目的地址(PC)= 30FFH,程序向后转到 30FFH 单元开始执行。

由上可见:若 addr11 相同,则 AJMP 指令的机器码相同,但转移的目的地址却可能不同,

这是因为转移的目的地址是由 PC 当前值的高 5 位与 addr11 共同决定的。

3)SJMP(相对短转指令)。指令的操作数 rel 用 8 位带符号数补码表示,占指令的一个字节。因为 8 位补码的取值范围为-128～+127,所以该指令的转移范围是:相对 PC 当前值向前转 128B,向后转 127B。即

转移目的地址=SJMP 指令所在地址+2+rel

如在 2100H 单元有 SJMP 指令,若 rel=5AH(正数),则转移目的地址为 215CH(向后转);若 rel=F0H(负数),则转移目的地址为 20F2H(向前转)。

用汇编语言编程时,指令中的相对地址 rel 往往用欲转移至的地址的标号(符号地址)表示。机器汇编时,能自动算出相对地址值;但手工汇编时,需自己计算相对地址值 rel。rel 的计算公式如下:

向前转移:rel=FEH-(SJMP 指令地址与目的地址差的绝对值)

向后转移:rel=FEH-(SJMP 指令地址与目的地址差的绝对值)-2

若 rel=FEH,即目的地址就是 SJMP 指令的地址,在汇编指令中的偏移地址可用 $ 符号表示。若在程序的末尾加上 SJMP　$(机器码为 80 FEH),则程序就不会再向后执行,造成单指令的无限循环,进入等待状态。

4)JMP @ A+DPTR(相对长转移指令)。它是以数据指针 DPTR 的内容为基址,以累加器 A 的内容为相对偏移量,在 64KB 范围内无条件转移。该指令的特点是转移地址可以在程序运行中加以改变。例如,当 DPTR 为确定值,根据 A 的不同值就可以实现多分支的转移。该指令在执行后不会改变 DPTR 及 A 中原来的内容。

例 3.9　根据累加器 A 的值,转不同处理程序的入口。

```
MOV   DPTR,#TABLE          ;表首地址送 DPTR
JMP   @ A+DPTR             ;根据 A 值转移
          ⋮
TABLE:AJMP   TAB1          ;当(A)=0 时转 TAB1 执行
AJMP   TAB2                ;当(A)=2 时转 TAB2 执行
AJMP   TAB3                ;当(A)=4 时转 TAB3 执行
```

(2)条件转移指令

条件转移指令是当某种条件满足时，程序转移执行；条件不满足时，程序仍按原来顺序执行。转移的条件可以是上一条指令或更前一条指令的执行结果（常体现在标志位上），也可以是条件转移指令本身包含的某种运算结果。由于该类指令采用相对寻址，因此程序可在以当前 PC 值为中心的-128～+127 范围内转移。该类指令共有 8 条，可以分为累加器判零条件转移指令、比较条件转移指令和减 1 条件转移指令三类。表 3-5 中列出了这些指令。

表 3-5　条件转移指令

	指令助记符	操作功能注释	字节/B	机器周期数
判零条件	JZ rel	若(A)=0,则(PC)←(PC)+2+rel 若(A)≠0,则(PC)←(PC)+2	2	2
	JNZ rel	若(A)≠0,则(PC)←(PC)+2+rel 若(A)=0,则(PC)←(PC)+2	2	2

（续）

	指令助记符	操作功能注释	字节/B	机器周期数
比较条件	CJNE A,#data,rel	若(A)≠data,则(PC)←(PC)+3+rel, 若(A)= data,则(PC)←(PC)+3	3	2
	CJNE A,direct,rel	若(A)≠direct,则(PC)←(PC)+3+rel 若(A)= direct,则(PC)←(PC)+2	3	2
	CJNE @ Ri,#data,rel	若((Ri))≠data,则(PC)←(PC)+3+rel 若((Ri))=data,则(PC)←(PC)+3	3	2
	CJNE Rn,#data,rel	若(Rn)≠data,则(PC)←(PC)+3+rel 若(Rn)=data,则(PC)←(PC)+3	3	2
减1条件	DJNZ direct,rel	若(direct)-1≠0,则(PC)←(PC)+3+rel 若(direct)-1=0,则(PC)←(PC)+3	3	2
	DJNZ Rn,rel	若(Rn)-1≠0,则(PC)←(PC)+2+rel 若(Rn)-1=0,则(PC)←(PC)+2	2	2

1）判零条件转移指令。判零条件转移指令以累加器A的内容是否为0作为转移的条件。JZ指令是为0转移，不为0则顺序执行；JNZ指令是不为0转移，为0则顺序执行。累加器A的内容是否为0，是由这条指令以前的其他指令执行的结果决定的，执行这条指令不作任何运算，也不影响标志位。

例3.10 将片外RAM首地址为DATA1的一个数据块转送到片内RAM首地址为DATA2的存储区中，当判别到转送数据为零时结束。

外部RAM向内部RAM的数据转送一定要经过累加器A，利用判零条件转移正好可以判别是否要继续传送或者终止。完成数据传送的参考程序如下：

```
MOV   R0,#DATA1          ;R0 作为外部数据块的地址指针
MOV   R1,#DATA2          ;R1 作为内部数据块的地址指针
LOOP: MOVX  A,@ R0       ;取外部 RAM 数据送入 A
HERE: JZ   HERE          ;数据为零则终止传送
MOV   @ R1,A             ;数据传送至内部 RAM 单元
INC   R0                 ;修改指针,指向下一数据地址
INC   R1
SJMP  LOOP               ;循环取数
```

2）比较转移指令。比较转移指令共有4条。这组指令是先对两个规定的操作数进行比较，根据比较的结果来决定是否转移。若两个操作数相等，则不转移，程序顺序执行；若两个操作数不等，则转移。比较是进行一次减法运算，但其差值不保存，两个数的原值不受影响，而标志位要受到影响。利用标志位CY作进一步的判断，可实现三分支转移。

例3.11 当从P1口输入数据为01H时，程序继续执行，否则等待，直到P1口出现01H。参考程序如下：

```
MOV  A,#01H              ;立即数 01H 送 A
WAIT: CJNE  A,P1,WAIT    ;(P1)≠01H,则等待
```

3）减1条件转移指令。减1条件转移指令有两条。每执行一次这种指令，就把第一操作数减1，并把结果仍保存在第一操作数中，然后判断是否为零。若不为零，则转移到指定的地址单元，否则顺序执行。这组指令对于构成循环程序是十分有用的，可以指定任何一个

工作寄存器或者内部 RAM 单元作为循环计数器。每循环一次，这种指令被执行一次，计数器就减 1。预定的循环次数不到，计数器不会为 0，转移执行循环操作；到达预定的循环次数，计数器就被减为 0，顺序执行下一条指令，也就结束了循环。

例 3.12　将内部 RAM 从 DATA 单元开始的 10 个无符号数相加，相加结果送 SUM 单元保存。

设相加结果不超过 8 位二进制数，则相应的程序如下：

```
MOV  R0,#0AH             ;设置循环次数
MOV  R1,#DATA            ;R1 作地址指针,指向数据块首地址
CLR  A                   ;A 清零
LOOP: ADD  A,@ R1        ;加一个数
INC  R1                  ;修改指针,指向下一个数
DJNZ  R0,LOOP            ;R0 减 1,不为 0 循环
MOV  SUM,A               ;存 10 个数相加的和
```

（3）子程序调用与返回指令

1）调用指令。子程序调用指令有长调用 LCALL 和绝对调用 ACALL 两条，它们都是双周期指令。类似于转移指令 LJMP 和 AJMP，不同之处在于它们在转移前要把执行完该指令的 PC 内容自动压入堆栈后，才将子程序入口地址 addr16（或 addr11）送 PC，实现转移。

LCALL 与 LJMP 一样提供 16 位地址，可调用 64KB 范围内的子程序。由于该指令为 3B，所以执行该指令时首先应执行（PC)←C(PC)+3，以获得下一条指令地址，并把此时的 PC 内容压入堆栈（先压入低字节，后压入高字节）作为返回地址，堆栈指针 SP 加 2 指向栈顶，然后把目的地址 addr16 送入 PC。该指令执行不影响标志位。

ACALL 与 AJMP 一样提供 11 位地址，只能调用与 PC 在同一 2KB 范围内的子程序。由于该指令为 2B 指令，所以执行该指令时应执行（PC）←（PC）+2 以获得下一条指令地址，并把该地址压入堆栈作为返回地址。该指令机器码的构成也与 AJMP 类似，被调用子程序的目的地址也是由执行 ACALL 指令的当前 PC 值的高 5 位与指令中提供的 11 位直接地址形成。

2）返回指令。返回指令共两条：一条是对应两条调用指令的子程序返回指令 RET，另一条是对应从中断服务程序的返回指令 RETI。两条返回指令都是从堆栈中弹出返回地址送 PC，堆栈指针减 2，但它们是两条不同的指令。其有下面两点不同：

• 从使用上，RET 指令必须作子程序的最后一条指令；RETI 必须作中断服务程序的最后一条指令。

• RETI 指令除恢复断点地址外，还恢复 CPU 响应中断时硬件自动保护的现场信息。执行 RETI 指令后，将清除中断响应时所置位的优先级状态触发器，使得已申请的同级或低级中断申请可以响应；而 RET 指令只能恢复返回地址。

3）空操作指令。NOP；(PC)←(PC)+1。空操作指令是一条单字节单周期指令。它控制 CPU 不做任何操作，仅仅是消耗这条指令执行所需要的一个机器周期的时间，不影响任何标志位，故称为空操作指令。NOP 指令在设计延时程序、拼凑精确延时时间及在程序等待或修改程序等场合是很有用的。

5. 布尔（位）操作类指令

位操作类指令在单片机指令系统中占有重要地位，这是因为单片机在控制系统中用于控

制线路通、断，继电器的吸合与释放等场合非常多，见表3-6。

表3-6 布尔（位）操作类指令

	指令助记符	操作功能注释	字节/B	周期数
位传送指令	MOV C,bit	(CY)←(bit)	2	1
	MOV bit,C	(bit)←(CY)	2	1
位逻辑操作指令	CPL C	$(CY)\leftarrow(\overline{CY})$	1	1
	CLR C	(CY)←0	1	1
	SETB C	(CY)←1	1	1
	CPL bit	$(CY)\leftarrow(\overline{bit})$	2	1
	CLR bit	(bit)←0	2	1
	SETB bit	(bit)←1	2	1
	ANL C,bit	(CY)←(CY)∧(bit)	2	2
	ORL C,bit	(CY)←(CY)∨(bit)	2	2
	ANL C,/bit	$(CY)\leftarrow(CY)\wedge(\overline{bit})$	2	2
	ORL C,/bit	$(CY)\leftarrow(CY)\vee(\overline{bit})$	2	2
位条件转移指令	JC rel	若(CY)=1,则(PC)←(PC)+2+rel 转移 若(CY)=0,则(PC)←(PC)+2 顺序执行	2	2
	JNC rel	若(CY)=0,则(PC)←(PC)+2+rel 转移 若(CY)=1,则(PC)←(PC)+2 顺序执行	2	2
	JB bit,rel	若(bit)=1,则(PC)←(PC)+3+rel 转移 若(bit)=0,则(PC)←(PC)+3 顺序执行	3	2
	JNB bit,rel	若(bit)=0,则(PC)←(PC)+3+rel 转移 若(bit)=1,则(PC)←(PC)+3 顺序执行	3	2
	JBC bit,rel	若(bit)=1,则(PC)←(PC)+3+rel 转移,(bit)=0 若(bit)=0,则(PC)←(PC)+3 顺序执行	3	2

位操作也称布尔操作，它是以位（bit）作为单位来进行运算和操作的。MCS-51单片机内部有一个功能相对独立的布尔处理机，它借用了进位标志CY作为位累加器，有位存储器（即位寻址区中的各位），指令系统中有17条专门进行位处理的指令集。位处理指令可以完成以位为对象的数据转送、运算、控制转移等操作。

在位操作指令中，位地址的表示有以下不同的方法（以下均以程序状态字寄存器PSW的第5位F0标志为例说明）：

1）直接位地址表示，如D5H。

2）点表示（说明是什么寄存器的什么位），如PSW.5，说明是PSW的第5位。

3）位名称表示，如直接用F0表示。

4）用户定义名称表示，如用户定义用FLG这一名称来代替F0，则在指令中允许用FLG表示F0标志位。

例3.13 利用位操作指令，模拟图3-1所示硬件逻辑电路的功能。参考程序如下：

```
PR2:MOV  C,P1.1          ;(CY)← (P1.1)
ORL  C,P1.2              ;(CY)← (P1.1)∨(P1.2)
CPL  C                   ;/(CY)=A
ANL  C,P1.0              ;(CY)←(P1.0)∧A
CPL  C                   ;/(CY)=B
```

```
MOV  F0,C             ;F0 内暂存 B
MOV  C,P1.3           ;(CY)←(P1.3)
ANL  C,/P1.4          ;(CY)←(P1.3)∧(P1.4)
CPL  C                ;/(CY)=D
ORL  C,F0             ;(CY)←B∨D
MOV  P1.5,C           ;运算结果送入 P1.5
RET
```

3.2.3 80C51 汇编语言程序设计

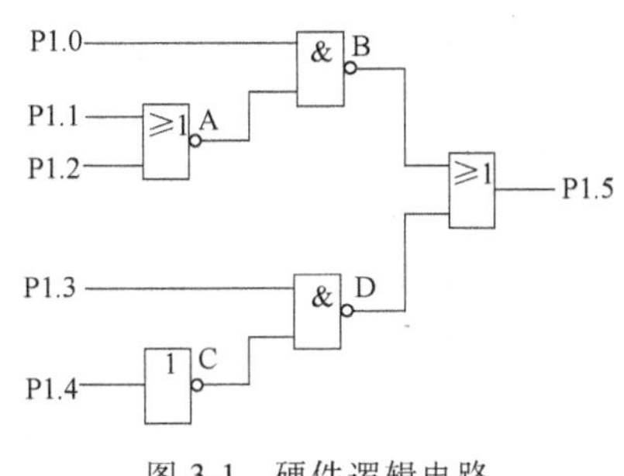

图 3-1 硬件逻辑电路

1. 汇编语言程序格式

汇编程序是指令系统的一个子集，只要指令按格式书写就构成了程序的基本格式。在程序中指令书写具有如下格式：

[标号:] 操作码助记符 [源操作数] [，目的操作数] [；注释]

标号用在指令的前边，必须跟“:”，表示符号地址。一般在程序中有特定用途的地方加标号，如转移目标执行指令，但并不是所有指令前面都需要加标号。

2. 伪指令

伪指令不要求计算机做任何操作，也没有对应的机器码，不产生目标程序，不影响程序的执行，仅仅是能够帮助进行汇编的一些指令。它主要用来指定程序或数据的起始位置，给出一些连续存放数据的地址或为中间运算结果保留一部分存储空间以及表示源程序结束等等。不同版本的汇编语言伪指令的符号和含义可能有所不同，但基本用法是相似的。

(1) 设置目标程序起始地址伪指令 ORG

格式：[符号:] ORG 地址（十六进制表示）

该伪指令的功能是规定其后面的目标程序或数据块的起始地址。它放在一段源程序（主程序、子程序）或数据块的前面，说明紧跟在其后的程序段或数据块的起始地址就是 ORG 后面给出的地址。例如：

```
ORG  2000H
START:MOV  A,#7FH
        ⋮
```

(2) 结束汇编伪指令 END

格式：[符号:] END

END 是汇编语言源程序的结束标志，表示汇编结束。在 END 以后所写的指令，汇编程序都不予处理。一个源程序只能有一个 END 命令，否则就有一部分指令不能被汇编。如果 END 前面加标号的话，则应与被结束程序段的起始点的标号一致，以表示结束的是哪一个程序段。

(3) 定义字节伪指令 DB

格式：[标号:] DB 项或项表

其中项或项表指一个字节数据，用逗号分开的字节数据串，或以引号括起来的字符串。

该伪指令的功能是把项或项表的数据（字符串按字符顺序以 ASCII 码）存入从标号地址开始的连续存储单元中。例如：

```
ORG  2000H
TAB1: DB  30H,8AH,7FH,73
DB  '5','A','BCD'
```

由于 ORG 2000H，所以 TAB1 的地址为 2000H，因此，以上伪指令经汇编后，将对 2000H 开始的连续存储单元赋值：

```
(2000H)=30H
(2001H)=8AH
(2002H)=7FH
(2003H)=49H                ;十进制数 73 以十六进制数存放
(2004H)=35H                ;35H 是数字 5 的 ASCII 码
(2005H)=41H                ;41H 是字母 A 的 ASCII 码
(2006H)=42H                ;42H 是字符串'BCD'中 B 的 ASCII 码
(2007H)=43H                ;43H 是字符串'BCD'中 C 的 ASCII 码
(2008H)=44H                ;44H 是字符串'BCD'中 D 的 ASCII 码
```

（4）定义字伪指令 DW

格式：[标号:] DW 项或项表

DW 伪指令与 DB 相似，但用于定义字的内容。项或项表指所定义的一个字（两个字节）或用逗号分开的字串。汇编时，机器自动按高 8 位先存入，低 8 位在后的格式排列。例如：

```
ORG  1500H
TAB2: DW  1234H,80H
```

汇编以后：(1500H)=12H,(1501H)=34H,(1502H)=00H, (1503H)=80H

（5）预留存储空间伪指令 DS

格式：[标号:] DS 表达式

该伪指令的功能是从标号地址开始，保留若干个字节的内存空间以备存放数据。保留的字节单元数由表达式的值决定。例如：

```
ORG  1000H
DS  20H
DB  30H,8FH
```

汇编后从 1000H 开始，预留 32（20H）个字节的内存单元，然后从 1020H 开始，按照下一条 DB 指令赋值，即（1020H）= 30H，（1021H）= 8FH。

（6）等值伪指令 EQU

格式：标号：EQU 项

该伪指令的功能是将指令中的项的值赋予 EQU 前面的标号。项可以是常数、地址标号或表达式。例如：

```
TAB1: EQU  1000H
TAB2: EQU  2000H
```

汇编后 TAB1、TAB2 分别具有值 1000H、2000H。

用 EQU 伪指令对某标号赋值后，该标号的值在整个程序中不能再改变。

(7) 位地址定义伪指令 BIT

格式：标号：BIT 位地址

该伪指令的功能是将位地址赋予 BIT 前面的标号，经赋值后可用该标号代替 BIT 后面的位地址。例如：

```
PLG:BIT  F0
AI: BIT  P1.0
```

经以上伪指令定义后，在程序中就可以把 FLG 和 AI 作为位地址来使用。

3. 汇编语言程序设计

80C51 程序存储器设置有固定的中断入口地址，如 0003H、000BH、0013H、001BH、0023H 等。而 80C51 复位后，程序从 0000H 开始依次读 ROM 字节，因此，从 0000H 到 0003H 只有 3B 长度，根本不可能安排一个完整的主程序，这 3B 只能用来安排一条无条件跳转指令（长度刚好 3B），跳转到其他合适的地址范围去执行真正的主程序。同理，在中断服务程序设计时，从该中断入口地址处到下一中断入口地址处只有 8B，也不可能安排一个完整的中断服务子程序，通常在这些中断入口处也设置一条无条件转移指令，使之转向对应的真正中断服务程序段处执行。一般的汇编语言程序结构（含中断）如下：

```
       ORG 0000H
       LJMP MAIN
       ORG 0003H
       LJMP SINT0
       ------
       ORG 0050H
MAIN:  MOV SP,#6FH
       ----
SINT0:----
       ----
       RETI
       ----
       END
```

(1) 顺序结构程序

例 3.14 双字节加法程序。

设被加数存放于片内 RAM 的 addr1（低位字节）、addr2（高位字节），加数存放于 adddr3（低位字节）和 addr4（高位字节），运算结果和数存于 addr1 和 addr2 中。其程序如下：

```
ORG 0000H
LJMP MAIN
ORG  0050H
MAIN: PUSH  ACC          ;将 A 中内容进栈保护
MOV  R0,#addr1           ;将 addr1 地址值送 R0
MOV  R1,#addr3           ;将 addr3 地址值送 R1
MOV  A,@ R0              ;被加数低字节内容送 A
ADD  A,@ R1              ;低字节数相加
```

```
MOV  @ R0,A           ;低字节数和存 addr1 中
INC  R0               ;指向被加数高位字节
INC  R1               ;指向加数高位字节
MOV  A,@ R0           ;被加数高位字节送 A
ADDC  A,@ R1          ;高字节数相加
MOV  @ R0,A           ;高字节数和存 addr2 中
POP  ACC              ;恢复 A 原内容
END
```

(2) 选择结构程序

选择结构程序的主要特点是程序执行流程必然包含有条件判断，选择符合条件要求的处理路径。编程的主要方法和技术是合理选用具有逻辑判断功能的指令。由于选择结构程序不像顺序结构程序那样，程序走向单一，因此，在程序设计时，可以借助程序框图来描述。

例 3.15 存放于 addr1 和 addr2 中的两个无符号二进制数，求其中的大数并存于 addr3 中，程序段如下：

```
ORG 0000H
LJMP MAIN
ORG 0050H
MAIN:MOV A,addr1              ;将 addr1 中内容送 A
CJNE A,addr2,LOOP1            ;两数比较,不相等则转 LOOP1
MOV  addr3,A
LOOP3:NOP                     ;结束
END
LOOP1: JC  LOOP2              ;当 CY=1,转 LOOP2
MOV  addr3,A                  ;CY=0,(A)>(addr2)
SJMP  LOOP3                   ;转结束
LOOP2: MOV addr3,addr2        ;CY=1,(addr2)>(A)
SJMP  LOOP3
```

(3) 循环结构程序

用汇编语言进行循环程序的设计，允许从循环体外部直接进入循环体内，但必须在进入循环之前设置好循环参数、变量。

例 3.16 采用循环程序进行软件延时，延时子程序。

```
DELAY: MOV  R2,#data          ;预置循环控制常数
DELAY1:DJNZ  R2,DELAY1        ;当(R2)≠0,转向本身
RET
```

根据 R2 的不同初值，可实现 3~513 个机器周期的延时（第一条为单周期指令，第二条为双周期指令）。

例 3.17 工作单元清 0 子程序。

设 R1 中存放被清 0 低字节单元地址，R3 中存放欲清 0 的字节数，程序如下：

```
START: MOV  R3,#data          ;清 0 的字节数送 R3
       MOV  R1,#addr          ;被清 0 字节的首地址
       CLR  A                 ;清 0 累加器
```

```
LOOP:MOV  @ R1,A          ;指定单元清 0
     INC  R1
     DJNZ R3,LOOP         ;(R3)-1≠0,继续清 0
     RET
```

例 3.18 设某系统的 ADC0809 的转换结束信号 EOC 与 80C51 的 P1.7 相连。当 EOC（P1.7）的状态由低变高，则结束循环等待，读取转换结果值，其子程序如下：

```
START:MOV   DPTR,#addr        ;0809 端口地址送 DPTR
      MOV   A,#00H            ;启动 0809 的 0 号通道
      MOVC  @ DPTR,A
LOOP: JNB   P1.7,LOOP         ;检测 P1.7 状态
      MOVX  A,@ DPTR          ;读取转换结果值送 A
      RET
```

例 3.19 实现较长时间的延时。设 R2 为内层循环控制计数器，R3 为外层控制计数器。延时子程序如下：

```
START:MOV   R3,#data1         ;外层循环计数初值
LOOP1:MOV   R2,#data2         ;内层循环计数初值
LOOP2:NOP
      NOP
      DJNZ     R2,LOOP2       ;(R2)-1≠0,转 LOOP2
      DJNZ     R3,LOOP1       ;(R3)-1≠0,转 LOOP1
      RET
```

此例是最典型的双重循环程序。根据实际延时需要，分别对 R2 和 R3 预置合适的初值。如果需延时更长时间，可扩充多层循环。多重循环的执行过程是从内向外逐层展开的。内层执行完全部循环后，外层则完成一次循环，逐次类推。因此，每执行一次外层循环，内层必须重新设置初值，故每层均包含完整的循环程序结构。层次必须分明，层次之间不能有交叉，否则将产生错误。

（4）子程序

在实际的程序设计中，将那些需多次应用的、完成相同的某种基本运算或操作的程序段从整个程序中独立出来，单独编制成一个程序段，尽量使其标准化，并存放于某一存储区域。需要时通过指令进行调用。这样的程序段，称为子程序。调用子程序的程序称为主程序或调用程序。

使用子程序的过程称为子程序调用，可由专门的指令来实现，这种指令称为子程序调用指令（如 ACALL 或 LCALL）。子程序执行完后，返回到原来程序的过程称为子程序返回，也由专门的指令来实现，这种指令称为子程序返回指令（RET）。

例 3.20 单字节无符号二进制整数转换成三位压缩型 BCD 码。

采用 80C51 的除法指令，可以很方便地实现单字节二进制整数转换成三位压缩型 BCD 码。三位 BCD 码需占用 2B，将百位 BCD 码存于高位地址字节单元，十位和个位 BCD 码存于低地址字节单元中。

入口参数：8 位无符号二进制整数存于 R4 中。出口参数：三位 BCD 码存于 R4、R5 中。

转换方法：采用除法指令。

子程序如下：

```
BINBCD:PUSH    PSW
       PUSH    ACC        ;现场保护
       PUSH    B
       MOV     A,R4       ;二进制整数送 A
       MOV     B,#100     ;十进制数 100 送 B
       DIV     AB         ;(A)/100,以确定百位数
       MOV     R5,A       ;商(百位数)存于 R5 中
       MOV     A,#10      ;将 10 送 A 中
       XCH     A,B        ;将 10 和 B 中余数互换
       DIV     AB         ;(A)/10 得十、个位数
       SWAP    A          ;将 A 中商(十位数)移入高 4 位
       ADD     A,B        ;将 B 中余数(个位数)加到 A 中
       MOV     R4,A       ;将十、个位 BCD 码存入 R4 中
       POP     B
       POP     ACC        ;恢复现场
       POP     PSW
       RET                ;返回
```

（5）中断服务程序

在 80C51 单片机中，共有 5 个中断源：外部中断请求 INT0、INT1，定时器/计数器溢出中断请求 TF0、TF1 和串行接口中断请求 TI/RI。

这 5 个中断源由 4 个特殊功能寄存器 TCON、SCON、IE 和 IP 进行管理和控制。其中：

1）TCON 是定时器/计数器控制寄存器，SCON 是串行接口控制寄存器，这两个寄存器用来锁存 5 个中断源的中断请求信号。

2）IE 是中断请求允许寄存器，用来控制 CPU 和 5 个中断源的中断请求允许和禁止（屏蔽）。

3）IP 是中断请求优先寄存器，用来对 5 个中断源的优先级别进行管理。另外，还有特殊功能寄存器 TCON 的第 0 位（IT0）和第 2 位（IT1），用来控制外部中断请求为边沿触发方式还是电平触发方式。

80C52/80C32 单片机增加了一个 16 位的定时器/计数器 T2。由特殊功能寄存器 T2CON 进行控制，中断请求标志位是 T2CON 的第 7 位（TF2）和第 6 位（EXF2），中断允许控制是 IE 寄存器的第 5 位（ET2），中断优先级控制是 IP 寄存器的第 5 位（PT2）。

中断程序一般包含中断控制程序和中断服务程序两部分。中断控制程序（即中断初始化程序）一般不独立编写，而是包含在主程序中，根据需要通过几条指令来实现。

中断服务程序是一种为中断源的特定事态要求服务的独立程序段，以中断返回指令 RETI 结束。中断服务完后返回到原来被中断的地方（即断点），继续执行原来的程序。在程序存储器中设置有 5 个固定的单元作为中断服务程序的入口，即 003H、00BH、013H、01BH 及 023H 单元。

中断服务程序和子程序一样，在调用和返回时，也有一个保护断点和现场的问题。

在中断响应过程中，断点的保护主要由硬件电路自动实现。它将断点压入堆栈，再将中断服务程序的入口地址送入程序计数器 PC，使程序转向中断服务程序，即为中断源的请求服务。

中断时，现场保护却要由中断服务程序来进行。因此在编写中断服务程序时必须考虑保护现场的问题。在 80C51 单片机中，现场一般包括累加器 A、工作寄存器 R0~R7 以及程序状态字 PSW 等。保护的方法与子程序相同。

80C51 单片机具有多级中断功能（即多重中断嵌套）。为了不至于在保护现场或恢复现场时，由于 CPU 响应其他中断请求而使现场被破坏，一般规定在保护和恢复现场时，CPU 不响应外界的中断请求，即关中断。因此，在编写程序时，应在保护现场和恢复现场之前，关闭 CPU 中断；在保护现场和恢复现场之后，再根据需要使 CPU 开中断。

例 3.21 试编写串行接口以工作方式 2 发送数据的中断服务程序。

串行接口发送数据时由 TXD 端输出。工作方式 2 发送的一帧信息为 11 位：1 位起始位，8 位数据位，1 位可编程为 1 或 0 的第 9 位（可用做奇偶校验位或数据/地址标志位）和 1 位停止位。在串行数据传送时，设工作寄存器区 2 的 R0 作为发送数据区的地址指示器。因此，在编写中断服务程序时，除了保护和恢复现场之外，还涉及寄存器工作区的切换、奇偶校验位的传送、发送数据区地址指示器的加 1 以及清除 SCON 寄存器中的发送中断请求 TI 位。

奇偶校验位的发送是在将发送数据写入发送缓冲器 SBUF 之前，先将奇偶标志写入 SCON 的 TB8 位。另外，假设中断响应之前，CPU 选择在寄存器工作组 0。其程序设计如下：

```
ORG    0023H
SPINT:CLR 0AFH         ;关中断
PUSH   PSW             ;保护现场
PUSH   ACC
SETB   0AFH            ;开中断
SETB   PSW.4           ;设工作寄存器区 2
CLR    TI              ;清除发送中断请求标志
MOV    A,@ R0          ;取数据,且置奇偶标志位
MOV    C,P             ;送奇偶校验位
MOV    TB8,C
MOV    SBUF,A          ;数据写入发送缓冲器,启动发送
INC    R0              ;数据地址指针 R0 加 1
CLR    0AFH            ;恢复现场
POP    ACC
POP    PSW
SETB   0AFH
CLR    PSW.4           ;切换寄存器工作组
RETI                   ;中断返回
```

需要注意的是，中断服务程序必须以 RETI 为返回指令。

3.3 Keil C51 程序设计

3.3.1 Keil C51 基础

1. 常数、变量与数据类型

在 C 语言里，常数（Constant）和变量（Variables）都是为了某个数据指定存储器空间，其中常数是固定不变的，而变量是可变的。声明常数或变量的格式如下：

数据类型 常数/变量名称 [=默认值]；

其中的“[=默认值]”并非必要项目，而“;”是结束符号。例如，要声明一个整型类型的 x 变量，其默认值为 50，语句如下：

```
int  x=50;
```

若不要默认值，则为

```
int  x;
```

若要同时声明 x，y，z 三个整型类型的变量，则变量名称之间以“,”分隔，语句如下：

```
int  x,y,z;
```

（1）数据类型

既然常数或变量的声明是让编译程序为常数或变量保留存储空间，就要说明应该保留多大的空间，这与常量或变量的数据类型有关。在声明常量或变量的格式中，一开始就要指明数据类型，可见数据类型的重要性。Keil C51 所提供的数据类型可分为下列几类。

1）通用数据类型。通用数据类型可用于一般 C 语言之中，如 ANSI C 等，包括字符（char）、整型（int）、浮点数（float）与无（void），其中字符与整型又分为有符号（signed）与无符号（signed）两类，见表 3-7。

表 3-7　位数通用数据类型

英文名	中文名	位数	范围
char	字符	8	-128~127
unsigned char	无符号字符	8	0~255
enum	枚举	8/16	-128~127/-32768~32767
short	短整型	16	-32768~32767
unsigned short	无符号短整型	16	0~65535
unsigned int	无符号整型	16	0~65535
long	长整型	32	$-2^{31}\sim2^{31}-1$
unsigned long	无符号长整型	32	$0\sim2^{32}-1$
float	浮点数	32	$\pm1.175494\times10^{-38}\sim3.402823\times10^{38}$
double	双倍精度浮点数	64	$\pm1.7\times10^{308}$
void	空	0	无

2）数组。数组是一种将同类型数据集合管理的数据结构。一般来说，数组也是一种变量，将一堆相同数据形态的变量以一个相同的变量名称来表示。既然是一种变量，使用之前必须声明，其格式如下：

数据类型 数组名“数组大小”;

例如，声明一个拥有9个字符数组的语句如下：

```
char LCM[9] ;
```

这个数组包括 LCM [0]~LCM [8] 9个字符，字符的数组相当于我们所说的“字符串”，只是 Keil C51 没有“字符串”这种数据类型，所以用字符数组来代替字符串。声明数组的时候，也可以给它赋初始值，例如：

```
char LCM[9]=“Testing.”
```

这代表 LCM [0] 的初始内容为T，LCM [1] 的初始内容为e，……，LCM[7] 的初始内容为.，而程序会自动在字符串的最后面加上“\0”作为结束，故需要9个字符。若不知道数组大小，可以不指定数组的长度，例如：

```
char string1[]=“welcome to Taiwan.”
```

若声明整型（int）或浮点数（float）数组时也要指定其默认值，则可利用大括号，例如：

```
int Num[6]={30,21,1,45,26,37};
```

上面所介绍的是一维数组，也可以声明多维数组。声明n维数组的格式如下：

```
数据类型 数组名[数组大小1][数组大小2]…[数组大小n]
```

以一个二维3×2整型数组为例：

```
int num[3][2]={{10.11),(12,13},(14,15)}
```

代表 Num[0][0]的初始内容为10，代表 Num[0][1]的初始内容为11，代表 Num[2][1]的初始内容为15。完成声明后，就可像一般变量样的操作。例如：

```
a=num[0][1]+3;
```

执行后a的内容为14。

3）指针。指针是用来存放存储器地址的变量，其声明格式如下：

数据类型 * 变量名称；

通常指针都采用整型数据类型，例如，要声明一个名为ptr的指针，格式如下：

```
int * ptr;
```

也可把同类型的变量与指针放在一起声明，例如：

```
int * ptr1, * ptr2 , a , b ,c;
```

与指针息息相关的运算符是“&”，这个运算符的功能是取得变量的地址。常利用这个运算符将制定的变量地址放入指针变量，以便后续操作，例如：

```
ptr1=&a;
```

上述语句说明，a变量的地址被放入了ptr1指针变量。当然，这些操作主要是针对数组的，通常会先取得数组中第一个元素的地址，例如：

```
ptr1=&num[0][0];
```

则 Num 数组的第一个地址将被放入 ptr1 指针变量。若要将 Num [0] [0] 的内容输出到P2，代码如下：

```
P2=Num[0][0];
```

或使用指针变量的方式，代码如下：

```
P2=* ptr1;
```

同理，若要将 Num [1] [1] 的内容输出到P2，代码如下：

```
P2=Num[1][1];
```

或使用指针变量的方式，代码如下：

```
P2=*(ptr1+3);
```

4）80C51特有的数据类型。专为80C51硬件装置所设置的数据类型有bit、sbit、sfr及sfr16共4种，见表3-8。

表3-8　80C51特有的数据类型

名称	位元数	范围
bit	1	0、1
sbit	1	0、1
sfr	8	0~255
sfr16	16	0~65535

① bit数据类型是定义一个位的变量，将会被指定到0x20~0x2f的数据地址。

② 通常sbit数据类型用于存取内部可位寻址的数据存储器，即0x20~0x2f的存储器或存储可位寻址的特殊功能寄存器（SFR），即0x80~0xff的存储器。若要使用sbit数据类型，则其数据存储方式有以下几种：

• 先声明一个bdata存储器形式（存储器形式稍后介绍）的变量，再声明该变量的sbit变量，例如：

```
char bdata scan;             /*声明 scan 为可位寻址存储器类型的字符*/
sbit input_0=scan^0;         /*声明 input_0 为 scan 变量的 bit0*/
```

若要指定（声明）某个变量的第n位，则可在该变量名称右边加上“^n”即可，例如P0的bit3为P0^3。

• 先声明一个sfr变量，再声明属于该变量的sbit变量，例如：

```
sfr P0=0x80;                 /*声明 P0 为 0x80 存储器位置,即 Port 0*/
sbit P0_0=P0^0;              /*声明 P0_0 为 P0 变量的 bit0*/
```

这种方法最方便，因为8051内部特殊功能寄存器的声明都在reg51. h里，而程序的开头已经将这个文件包含进来了。

• 直接指定存储器位置，例如要声明P0的bit 0，则

```
sbit P0_0=0x80^0;            /*声明 P0_0 为 0x80 地址的 bit0*/
```

不过，我们必须熟记每个地址才行。

③ 通常sfr数据类型是用于8051内部特殊功能寄存器（寄存器名称使用大写），即0x80~0xff，与内部存储器的地址相同。不过特殊功能寄存器与内部存储器是两个独立的区域，必须以不同的存取方式来区分。特殊功能寄存器采用直接寻址方式存取，而内部存储器采用间接寻址方式存取。在Keil C51里，所谓直接寻址，就是直接指定其地址，以P0的声明为例，示例如下：

```
sfr P0=0x80;                 /*声明 P0 为 0x80 存储器位置,即 Port 0*/
```

所谓间接寻址，就是声明为idata存储形式（存储器形式稍后介绍），例如：

```
char idata BCD;              /*声明 BCD 变量为间接寻址的存储器位置*/
```

由于reg51. h里已声明了8051内部特殊功能寄存器，不需要再声明，如果不亲自手动配置存储器（交给编译程序处理），程序里就会较少出现sfr数据类型声明。

④ 通常 sfr16 数据类型是用于 8051 内部 16 位的特殊功能寄存器（寄存器名称使用大写），如 Timer2 的捕捉寄存器（RCAP2L、RCAP2H）、Timer2 的计数器（TH2、TL2）、数据指正寄存器（DPL、DPH）等，以数据指针寄存器为例，如下：

```
sfr16 DPTR=0x82;              /* 声明 DPTR 变量为数据指针寄存器 */
sfr P0=0x80;                  /* 声明 P0 为 0x80 存储器位置,即 Port 0 */
char idata BCD;               /* 声明 BCD 变量为间接寻址的存储器位置 */
sfr16 DPTR=0x82;              /* 声明 DPTR 变量为数据指针寄存器 */
```

（2）变量名称与保留字

由上述声明常数或变量的格式中可知，在数据类型之后就是变量名称，变量名称的指定除了容易判读外，还要遵守下列规则：

1）可使用大/小写字母、数字或下划线（_）。

2）第一个字符不可为数字。

3）不可使用保留字。

所谓“保留字”是指编译程序将该字符串保留其他特殊用途，ANSI C 的保留字（小写）见表 3-9。当然，Keil C 也有其特殊的保留字，见表 3-10。

表 3-9　ANSI C 保留字

asm	auto	break	case	char	const
continue	default	do	double	else	entry
enum	extern	float	for	fortran	goto
int	long	register	return	short	signed
sizeof	static	struct	switch	typedef	union
unsigned	void	volatile	while		

表 3-10　Keil C 保留字

_at_	_priority_	_task_	alien	bdata	bit
code	compact	data	far	idata	interrupt
large	pdata	reentrant	sbit	sfr	Sfr16
small	using	sdata			

（3）变量的作用范围

变量的使用范围或有效范围与该变量是在哪里声明的有关，大致可分为两种，说明如下。

1）全局变量。若在程序开头的声明区或者没有大括号限制的声明区所声明的变量，其适用范围为整个程序，称为全局变量，如图 3-2 所示，其中的 LED、SPEAKER 就是全局变量。

2）局部变量。若在大括号内的声明区所声明的变量，其适用范围将受限于大括号，称为局部变量，图 3-3 中的 i、j 就是局部变量。若在主程序与各函数之中都有声明相同名称的变量，则脱离主程序或函数时，该变量将自动无效，又称之为自动变量。

图 3-3 中，主程序与 delay 子程序各自声明了 i、j 变量，但主程序的 i、j 与 delay 子程序中的 i、j 各自独立（无关）。

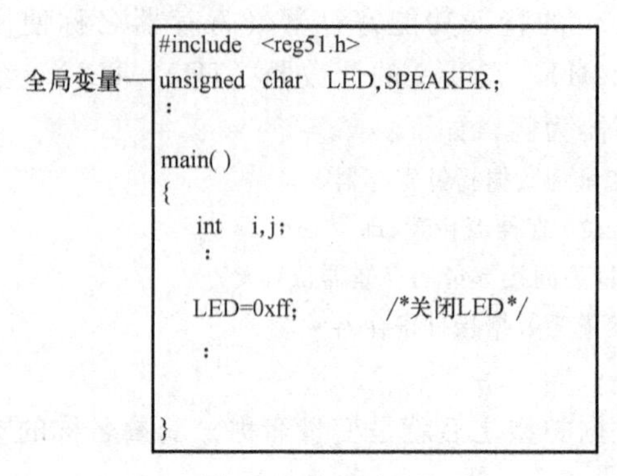

图 3-2 全局变量

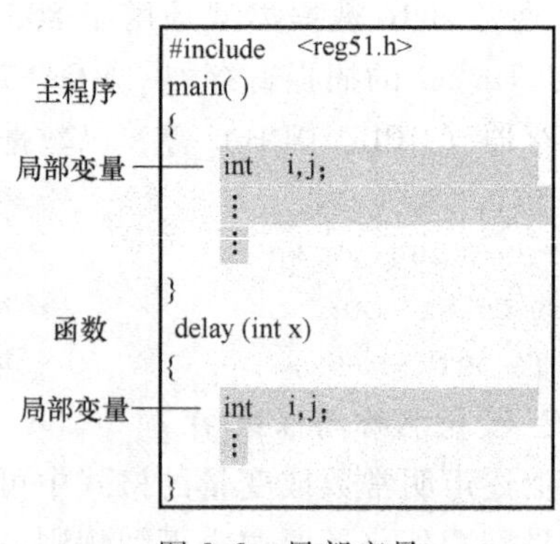

图 3-3 局部变量

2. 存储器的形式与模式

C51 的程序设计以 80C51 的硬件为基础，所以与 80C51 内部结构息息相关，特别是存储器。

(1) 存储器的形式

Keil C 对于存储器的管理是将存储器分成 6 种形式，见表 3-11，其中各种形式说明如下（使用小写）。

表 3-11 存储器形式

存储器形式	说明	适用范围
code	程序存储器	0x0000~0xffff
data	直接寻址的内部数据存储器	0x00~0x7f(128)
idata	间接寻址的内部数据存储器	0x80~0xff(128)
bdata	位寻址的内部数据存储器	0x20~0x2f(16)
xdata	以 DPTR 寻址的外部数据存储器	64k bytes 之内
pdata	以 R0、R1 寻址的外部数据存储器	256 bytes 之内
far	扩展的 ROM 或 RAM 外部存储器，仅适用于少数的芯片，如 PHILIPS 80C51MX、Dallas390 等	最大可达 16MB

1）程序存储器。程序存储器就是用来存放程序代码的存储器，是一种只能读取不能写入的只读存储器，除了用来存放程序代码外，也可存放固定的数据，例如七段数码显示器的驱动信号、LED 点阵的显示信号、音乐的驱动信号、LCM 显示字符串等。如下所示就是以数组的方式存储表格：

```
char code SEG[3]={ 0x0a,0x13,0xbf };
```

2）内部数据存储器。新版或兼容性的 51 芯片，其内部数据存储器容量可为 512B、768B 等。由于 8051 内部的特殊功能寄存器与数据存储器的地址相同，必须使用不同的寻址方式才能区分出是特殊功能寄存器还是存取数据存储器。对于汇编语言而言，可以不同的指令来区分直接寻址与间接寻址。不过，Keil C 并没有直接寻址与间接寻址的语句，但可以以不同的存储器形式来区分操作的对象，因此就有 data、idata 及 bdata 3 种存储器形式。其中 data 存储器形式可直接存取 0x00~0x7f 数据存储器，例如，指定 x 为字符类型的变量：

```
char  data  x;
```

idata 存储器形式可间接寻址方式存取 0x80~0xff 数据存储器，其声明方式如下：

```
char  idata  x;
```

bdata 存储器形式可位寻址方式存取 0x20~0x2f 数据存储器，其声明方式如下：

```
bit  bdata  x;
```

3）外部数据存储器。对于外部存储器的存取方式，汇编语言提供专用的指令（即 movx），而 Keil C 并没有特别为存取外部存储器提供语句，所以必须以存储器形式来区分，若要存取 64KB 范围的外部存储器的字符变量，声明方式如下：

```
char  xdata  x;          //外部存储器 64KB
char  pdata  x;          //外部存储器 256B
```

（2）存储器的模式

Keil C 提供 SMALL、COMPACT 及 LARGE 3 种存储器模式（Memory Models），用以决定未标明存储器形式的函数的形式参数、自动变量及变量声明等预设存储器形式。这 3 种存储器模式说明如下：

① 小型模式（SMALL）：将所有变量预设为 80C51 的内部存储器，其效果就像在声明区里明确地声明 data 存储器形式一样。若指定为此种模式，变量的存取最有效率，对于我们而言无疑是最佳的选择。

② 精简模式（COMPACT）：将所有变量预设为外部存储器的一页（Page），也就是 256B。而其寻址方式，高 8 位经由 P2，必须在 startup 代码中设置，编译器并不会帮我们设置这个输入/输出端口。使用这种模式，就像在声明区里明确地声明 pdata 存储器形式一样。当然，在这种模式下，虽然变量的大小可达 256B，其存取效率不如 SMALL 模式高，但比 LARGE 模式好。

③ 大型模式（LARGE）：将所有变量预设为外部存储器，其效果就像在声明区里明确地声明 xdata 存储器形式一样。在这种模式下，虽然变量的大小可达 64KB，但其存取效率比前面两种都要差。

3.3.2　Keil C51 的运算符

运算符就是程序语句中的操作符号，Keil C51 的运算符可分为以下几种。

1. 算术运算符

顾名思义，算术运算符就是执行算术运算功能的操作符号，除了一般人所熟悉的四则运算（加减乘除）外，还有取余数运算，见表 3-12。

表 3-12　算术运算符

符号	功能	范例	说　明
+	加	A=x+y	将 x 与 y 变量的值相加，其和放入 A 变量
-	减	B=x-y	将 x 变量的值减去 y 变量的值，其差放入 B 变量
*	乘	C=x*y	将 x 与 y 变量的值相乘，其和放入 C 变量
/	除	D=x/y	将 x 变量的值除以 y 变量的值，其商放入 D 变量
%	取余数	E=x%y	将 x 变量的值除以 y 变量的值，其余数放入 E 变量

（1）程序范例

```
main()
```

```
{ int A , B , C , D , E , x , y ;
x=7;
y=2;
A=x+y;B=x-y;C=x* y;D=x/y;E=x% y;
}
```

（2）程序结果

```
A=0x0009,B=0x0005,C=0x000E,D=0x0003,E=0x0001
```

2. 关系运算符

关系运算符就是处理两变量间的大小关系，见表 3-13。

表 3-13 关系运算符

符号	功能	范例	说 明
==	相等	x==y	比较 x 与 y 变量的值是否相等，相等则其结果为 1，不相等为 0
!=	不相等	x! =y	比较 x 与 y 变量的值是否相等，相等则其结果为 0，不相等为 1
>	大于	x>y	若 x 变量的值大于 y 变量的值，其结果为 1，否则为 0
<	小于	x<y	若 x 变量的小于 y 变量的值，其结果为 1，否则为 0
>=	大等于	x>=y	若 x 变量的值大于等于 y 变量的值，其结果为 1，否则为 0
<=	小等于	x<=y	若 x 变量的小于等于 y 变量的值，其结果为 1，否则为 0

（1）程序范例

```
main()
{unsigned char A , B , C , D , E,F, x , y ;
x=7;
y=2;
A=(x==y);B=( x! =y);C=(x>y);D=(x<y); E=(x>=y);F=(x<=y);
}
```

（2）程序结果

```
A=0x00,B=0x01,C=0x01,D=0x00,E=0x01,F=0x00
```

3. 逻辑运算符

逻辑运算符就是执行逻辑运算功能的操作符号，逻辑运算包括 AND（与）、OR（或）、NOT（反相），结果为 1 或 0，见表 3-14。

表 3-14 逻辑运算符

符号	功能	范例	说 明
&&	与运算	(x>y)&&(y>z)	若 x 变量的值大于 y 变量的值，且 y 变量的值也大于 z 变量的值，其结果为 1，否则为 0
||	或运算	(x>y)||(y>z)	若 x 变量的值大于 y 变量的值，或 y 变量的值也大于 z 变量的值，其结果为 1，否则为 0
!	反相运算	!(x>y)	若 x 变量的值大于 y 变量的值，其结果为 1，否则为 0

（1）程序范例

```
main()
{unsigned char A , B , C , x , y, z;
```

```
x=7;
y=2;
z=5;
A=( x>y)&&(y<z);
B=( x==y)||(y<=z);
C=!(x>z);
}
```

(2) 程序结果

```
A=0x01,B=0x01,C=0x00
```

4. 布尔运算符

布尔运算符与逻辑运算符非常相似，其最大的差异在于布尔运算符针对变量中的每一个位，逻辑运算符则是对整个变量操作。布尔运算符见表3-15。

表3-15　布尔运算符

符号	范例	说　明
&	A=x&y	将x与y变量的每个位,进行AND运算,其结果放入A变量
|	B=x&y	将x与y变量的每个位,进行OR运算,其结果放入B变量
^	C=x^y	将x与y变量的每个位,进行XOR运算,其结果放入C变量
~	D=~x	将x变量的值,进行NOT运算,其结果放入D变量
<<	E=x<<n	将x变量的值左移n位,其结果放入E变量
>>	E=x>>n	将x变量的值右移n位,其结果放入F变量

(1) 程序范例

```
main()
{char A , B , C , D , E,F, x , y ;
char a1,a2,a3,a4,a5,a6;
x=0x25;        //00100101
y=0x73;        //01110011
A=x&y;B=x |y;
C=x^y;D=~x;
E=x<<3;F=x>>4;
a1=A;a2=B;a3=C;a4=D;a5=E;a6=F;//辅助观察运算状态
}
```

(2) 程序结果

```
A=0x21;B=0x77;C=0x56;D=0xda;E=0x28;F=0x02;
```

5. 赋值运算符

赋值运算符是一种很有效率而且特殊的操作符号，包括最常见的“=”，还有将算术运算、逻辑运算变形的操作符号，见表3-16。

(1) 程序范例

```
main()
{unsigned char A=0x52,B=0x3a,C=0x01,D=0x01,E=0xaa,f=0x11,G=0xf0,H=0x1f,
I=0x55,
```

```
J=0x68,k=0x75,x=0x96;
A=x;B+=x;C-=x;D* =x;E/=x;
F% =x;G&=x;H|=x;I^=x;J<<2;K>>=3;
}
```

（2）程序结果

```
A=0x96,B=0xd0,C=0x6b,D=0x96,E=0x01,F=0x11,
G=0x90,H=0x9f,I=0xc3,J=0xa0,K=0x0e;
```

表 3-16　赋值运算符

符号	功能	范例	说　明
=	赋值	A=x	将 x 变量的值,放入 A 变量
+=	相加	B+=x	将 B 变量的值与 x 变量的值相加,其和放入 B 变量,与 B=B+x 相同
-=	相减	C-=x	将 C 变量的值与 x 变量的值相减,其差放入 C 变量,与 C=C-x 相同
*=	相乘	D*=x	将 D 变量的值与 x 变量的值相乘,其积放入 D 变量,与 D=D*x 相同
/=	相除	E/=x	将 E 变量的值与 x 变量的值相除,其商放入 E 变量,与 E=E/x 相同
%=	取余数	F%=x	将 F 变量的值与 x 变量的值相除,其余数放入 F 变量,与 E=E%x 相同
&=	及运算	G&=x	将 G 变量的值与 x 变量的值进行 AND 运算,其结果放入 G 变量,与 G=G&x 相同
|=	或运算	H|=x	将 H 变量的值与 x 变量的值进行 AND 运算,其结果放入 I 变量,与 H=H&x 相同
^=	互斥或	I^=x	将 I 变量的值与 x 变量的值进行 AND 运算,其结果放入 I 变量,与 I=I&x 相同
<<=	左移	J<<=x	将 J 变量的值左移 n 位,与 J=J<<n 相同
>>=	右移	K>>=x	将 K 变量的值左移 n 位,与 K=K>>n 相同

6. 自增/自减运算符

自增/自减运算符也是一种很有效率的运算符，其中包括自增与自减两个操作符号，见表 3-17。

表 3-17　自增/自减运算符

符号	功能	说　明
++	加 1	执行运算后,再将 x 变量的值加 1
--	减 1	执行运算后,再将 x 变量的值减 1

（1）程序范例

```
main()
{char x=5,y=10;
x++;
y--;
}
```

（2）程序结果

```
x=0x06,y=0x09;
```

7. 运算符的优先级

程序中的语句可能使用不止一个运算符，因此必须有一个运算规则。基本上是按照“由左而右”的顺序，除非遇到较高优先等级的运算符或操作符号，最常见的就是小括号，当然是小括号内的操作先进行。表 3-18 为 Keil C 运算符或操作符号的优先等级。

表 3-18　运算符的优先级

优先级	运算符或操作符号	说明
1	( )	小括号
2	~、!	补数、反相运算
3	++、- -	自增、自减
4	*、/、%	乘、除、取余数
5	+、-	加、减
6	<<、>>	左移、右移
7	<、>、<=、>=、==、! =	关系运算符
8	&	布尔运算符-AND
9	^	布尔运算符-XOR
10	|	布尔运算符-OR
11	&&	逻辑运算-AND
12	||	逻辑运算-XOR
13	=、*=、/=、%=、+=、-=、<<=、>>=、&=、^=、|=	赋值运算符

3.3.3 Keil C51 程序设计

1. C51 程序的基本结构

一般地，C 语言的程序可看作是由一些函数（Function，或视为子程序）所构成，其中的主程序是以“main ( )”开始的函数，而每个函数可视为独立的个体，就像是模块（Module）一样，所以 C 语言是一种非常模块化的程序语言。C 语言程序的基本结构如图 3-4 所示。

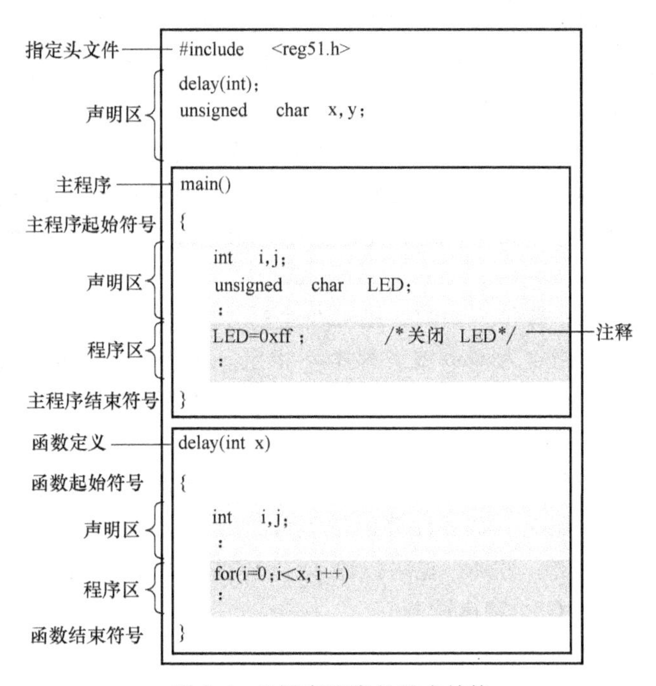

图 3-4　C 语言程序的基本结构

（1）指定头文件

“头文件”或称为包含文件（*.h），这是一种预先定义好的基本数据。在 80C51 程序里，必要的头文件是定义 80C51 内部寄存器地址的数据。

指定头文件的方式有如下两种：

1）在#include 之后，以<>包含

头文件文件名。若采用这种方式，编译程序将从 Keil μVision5 的头文件夹查找所指定的头文件。如果 Keil μVision5 安装在 C 盘的根目录上，则编译程序将从 C：\ Keil \ C51 \ INC 路径中查找。

2）在#include 之后，以“”包含头文件文件名。若采用这种方式，编译程序将从源程序所在文件夹里查找所指定的头文件。

（2）声明区

在指定头文件之后，可声明程序之中所使用的常数、变量、函数等，其作用域将扩展整个程序，包括主程序与所有函数。不过，在此建议，若程序之中有使用到函数，则可在此先声明所有使用到的函数，这样，函数放置的先后顺序将不会有所影响。换言之，函数放置在引用该函数的程序之前或之后都可以。若没有在此声明函数，则在使用函数之前必先定义该函数。

（3）主程序（主函数）

主程序的结构如图 3-5 所示。主程序（主函数）是以 main（）为开头，整个内容放置在一对大括号（即{}）里，其中分为声明区与程序区，在声明区里所声明的函数、变量等仅适用于主程序之中，而不影响其他函数。程序区就是以语句所构成的程序内容。

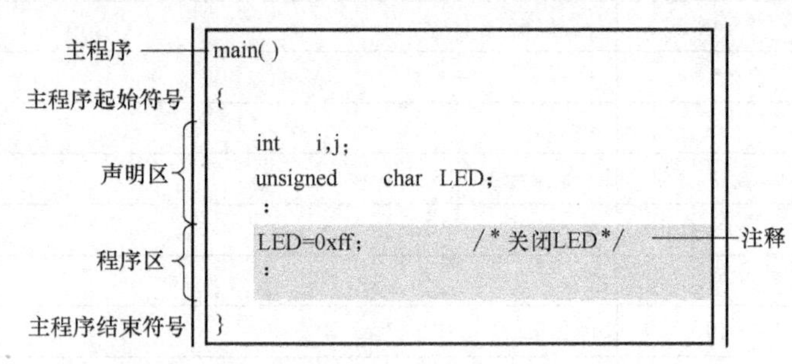

图 3-5 主程序的结构

（4）函数

函数是一种独立功能的程序，其结构与主程序类似。不过，函数可将所要处理的数据传入该函数内，称为形式参数（arguments，简称形参）；也可以将函数处理完成后的结果返回调用它的程序，称为返回值。不管是形式参数还是返回值，在定义函数的第一行里都应交代清楚。其格式如下。

返回值 数据类型 函数名称（数据类型 形式参数）

例如，要将一个无符号字符（unsigned char）实参传递给函数，函数执行完成时要返回一个类型（int），此函数的名称为 My_ func，则其函数定义为

```
int My_func(unsigned char x)
```

若不要传入函数，则可在小括号内指定为 void。同样地，若不要返回值，则可在函数名称左边指定为 void 或者根本不指定。另外，函数的起始符号、结束符号、声明区及程序区都与主程序一样。在一个 C 语言的程序里可使用多个函数，并且函数中也可以调用函数。

（5）注释

所谓“注释”就是说明，属于编译器不处理的部分。C 语言的注释以“/ *”开始以“* /”结束，放置注释的位置可接续于语句完成之后，也可独立于一行。其中的文字，可使用中文。另外，也可以输入“//”，其右边整行都是注释。

2. C51 程序控制

基本上，程序的结构是由上而下逐行执行。不过，可用流程控制的指令与语句改变程序流程，实现相应的功能要求。Keil C 所提供的流程控制指令与语句可分为 3 种，即循环指

令、选择指令及跳转指令。

(1) 循环指令

循环指令就是将程序流程控制在指定的循环里，直到符合指定的条件才脱离循环继续往下执行。Keil C51 所提供的循环指令有 for 语句、while 语句、do-while 语句。

1) 计数循环。for 语句是一个很实用的计数循环，其格式为：

```
for(表达式 1;表达式 2;表达式 3)
{  指令;
   [break;]
   ⋮
}
```

其中有 3 个表达式，说明如下：

① 表达式 1 为初始值，例如，从 0 开始则写成“i=0;”，其中的 i 必须事先声明，其中“;”是分隔符，不可缺少。

② 表达式 2 为判断条件，以此为执行循环的条件。例如“j<20;”，表示只要 j<20 就继续执行循环。若此表达式空白，只输入“;”，例如“for (i=0;;i+)”或“for (;;)”，则会无条件执行循环，不会跳出循环。

③ 表达式 3 为条件运算方式，最常见的是自增或自减，例如“i++”或“i--”，当然也可以其他运算方式，例如每次增加 2，即“i+=2”。

- 使用范例 1

```
for(i=0;i<8;i++) //循环执行 8 次
```

- 使用范例 2

```
for(x=100:x>0;x--) //循环执行 100 次。
```

- 使用范例 3

```
for ( ;; )  //无穷循环。
```

- 使用范例 4

```
for (num=0;num<99;num+=5) //循环执行 20 次。
```

紧接于 for 语句下面，可利用一对大括号将所要执行的指令逐行写入。若循环中只要执行一条指令，可不使用大括号，例如要从 0 到 9，将 table 数组中的数据顺序输出到 P2，代码如下：

```
for(i=0;i<10;i++)
P2=table[i];
```

另外，若循环未达到跳出的条件，因其他判断因素成立，而要强制跳出循环，则可在循环内添加判断条件与 break 指令，例如：

```
for(i=0;i<100;i++)
{  ⋮
   if(swl== 0) break;
   ⋮
}
```

2) 前条件循环。在 while 语句中将判断条件放在语句之前，称为前条件循环，其格式为：

```
while(表达式)
{指令;
[break;]
⋮
}
```

当其中的表达式成立时，才开始执行其下大括号内的内容。例如，要使 i 不等于 0 时才执行循环，代码如下：

```
while(i! =0)
{  ⋮
指令;
⋮
}
```

若 while 的表达式为 1，则形成无穷循环，即指同样地，若大括号内只有一行指令，则可省略大括号，例如：

```
while(i! =0)
i--;
```

另外，若循环未达到跳出的条件，因其他判断因素成立，而要强制跳出循环，则可在循环内添加判断条件与 break 指令，例如：

```
while(1)
{  ⋮
if(sw1==0) break;
⋮
}
```

3）后条件循环。do-while 语句提供先执行再判断的功能，称为后条件循环，其格式为：

```
do{
    指令;[break;]
    ⋮
}while(表达式);
```

在这个语句里，将执行一次循环后再判断表达式是否成立，若不成立，则不会再执行该循环。例如，要使 i 不等于 0 时才循环，代码如下：

```
do{
    指令;
    ⋮
    }while(i! =0);
```

若 while 的表达式永远为 1，则形成无穷循环，即永远执行 do 里指令；同样地，若大括号内只有一行指令，则可省略大括号。

另外，若循环未达到跳出的条件，因其他判断因素成立，而要强制跳出循环，则可在循环内添加判断条件与 break 指令，例如：

```
do{
    if(sw1==0) break;
    ⋮
```

```
}while (1)
```

（2）选择指令

选择指令是按条件决定程序流程。Keil C51 所提供的选择指令有 if-else 语句及 switch-case 语句。

1）条件选择。if -else 语句提供条件判断的语句，称为条件选择，其格式为：

```
if(表达式)
{
    循环体 1;
     ⋮
}
else
{
    循环体 2;
     ⋮
}
```

在这个语句里，将先判断表达式是否成立，若成立，则执行循环体 1，否则执行循环体 2。

其中 else 部分也可省略，即

if（表达式）{循环体 1;} 其他指令；

if-else 和 if 的流程图分别如图 3-6 和图 3-7 所示。

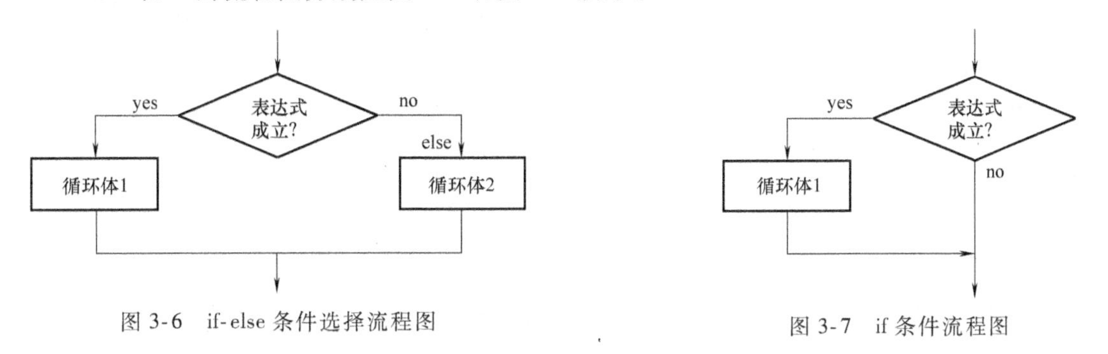

图 3-6　if-else 条件选择流程图　　图 3-7　if 条件流程图

if-else 语句也可利用 else if 指令串接为多重条件判断，其格式为：

```
if(表达式 1)
    {循环体 1;}
else if(表达式 2)
    {循环体 2;}
else if(表达式 3)
    {循环体 3;}
else{循环体 4;}
```

在这种流程（如图 3-8 所示）下，从表达式 1 开始判断，若表达式 1 成立，则表达式 2、表达式 3 都没有作用。同样，若表达式 1 不成立，而表达式 2 成立，则表达式 3 没有作用。很明显，循环体 1 的优先等级最高，然后才是循环体 2、循环体 3、循环体 4 等。

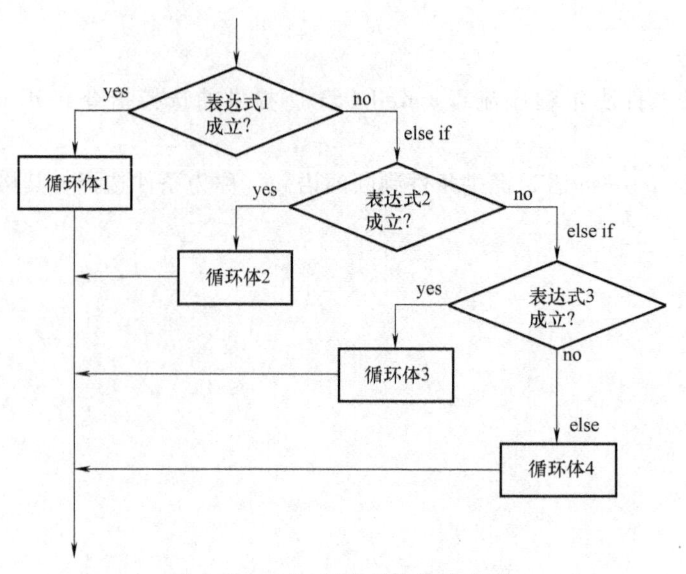

图 3-8　if-else if 条件语句流程图

2）开关式选择。switch-case 语句提供多重选择，就像是波段开关一样，称为开关式选择，这种选择方式不会有优先等级的问题，其格式为：

```
switch(表达式)
{case(常数 1):
    {循环体 1;}
    break;
case(常数 2)
    {循环体 2;}
    break;
    ⋮
default:
    {循环体 n;}
    break;
}
```

在这种流程（如图 3-9 所示）下，表达式的值决定流程，并没有优先等级的问题。若

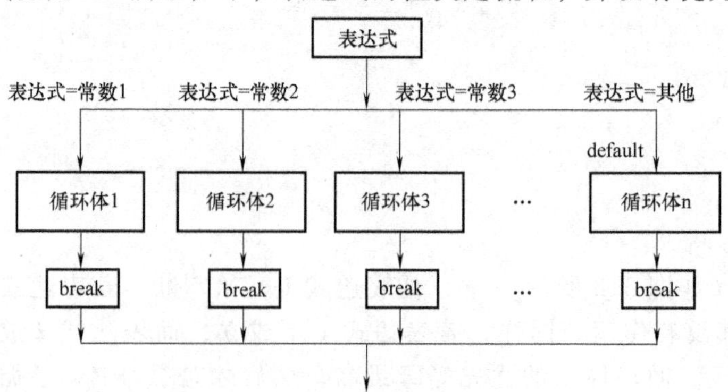

图 3-9　switch-case 多重选择流程图

没有一个路径的常数与表达式的值相同，程序将执行 default 路径下的循环体。注意，每个 case 语句块结束时必须有一个 break 指令，否则会继续执行下一个 case 循环体。

（3）跳转指令

goto 是 Keil C 所提供的无条件跳转指令，这个指令的功能是无条件地改变程序的流程，其格式为：

goto 标号；

goto 指令与汇编语言的 jmp 指令一样，其右边是一个标号（label），当执行到这个指令后，标号；将跳转有放置该标号的指令上，例如：

```
goto loop;
:
loop:指令
```

3. 函数与中断子程序

一般来说，函数（Function）、中断子程序都属于子程序，如果要称函数为子程序而称中断子程序为中断函数也是可以的。

（1）函数

函数的结构与主程序的结构类似，不过函数还能传递参数和返回值，图 3-10 所示为其基本结构。函数是一种独立功能的程序，可将所要处理的数据传递给该函数里，称为形式参数，当然，可以传递不止一个参数。另外，也可将函数处理完成后的结果返回调用它的程序，称为返回值。关于函数结构的说明，前面已经详细介绍了，在此不再赘述。

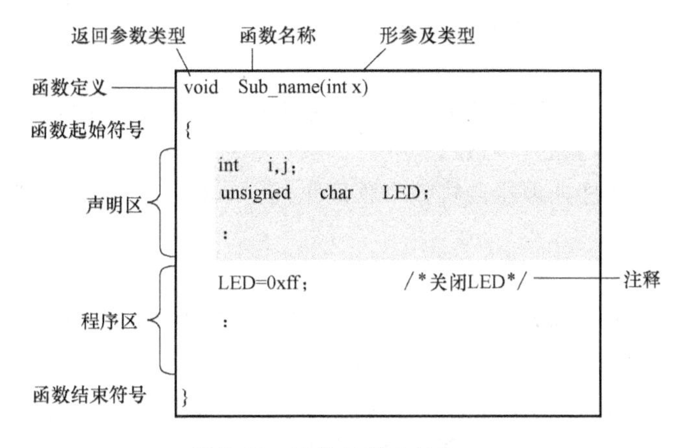

图 3-10　函数的基本结构

（2）中断子程序

中断子程序与函数的结构类似，不过中断子程序不能传递参数、返回值，并且使用中断子程序之前不需要声明，但要在主程序中进行中断的相关设置（待第 6 章再详述）。

从中断子程序的第一行就可看出其与一般函数的不同，具体格式为：

void 中断子程序名称（void）interrupt 中断编号 using 寄存器组

其中各项说明如下：

1）由于中断子程序并不传递参数，也不返回值，所以在其左边标识“void”，在中断子程序名称右边的括号里也是“void”。

2）中断子程序的命名只要是合乎规定的字符串即可。

3）Keil C51 提供 0~31 共 32 个中断编号，不过 8051 只使用 0~4，8052 则使用 0~5。例如，要声明为 INT 外部中断，则标识为“Interrupt 0”，若要声明为 T0 定时器/计数器中断，则标识为“interrupt 1”。

4）“寄存器组”表示中断子程序里要采用哪个寄存器组。8051 内部有 4 组寄存器组，即 RB0~RB3，通常主程序使用 RB0，随着需要，在子程序里使用其他寄存器组，以避免数据的冲突。若不想指定寄存器组，也可省略该项目。

例如，要定义一个 INT0 的中断子程序，其名称定义为“INT”，而在该中断子程序使用 RB1 寄存器组，则应声明为：

```
void int (void) interrupt 0 using 1
```

然后在其下的大括号内编写中断子程序的内容。

4. Keil C51 的预处理命令

所谓“预处理命令”是指先经过预处理处理器（Pre -Processor）处理过后才进行编译的命令。通常，预处理命令放置在整个程序的开头，除非是条件式编译命令。Keil C51 提供下列预处理命令。

（1）定义命令

#define 命令用来指定常数、字符串或宏函数的代名词。#define 命令的格式为：

#define 代名词 常数（字符串或宏函数）

例如，要从 P2 输出，则可将 outputs 定义为 P2：

```
#define outputs P2
```

而在程序之中，如果要输出到 P2 的指令就以 outputs 代替，即：

```
outputs=oxff;  /* 输出 11111111 */
```

进行编译时，预处理处理器会将整个程序里的“outputs”替换为“P2”，所以这个指令将改为：

```
P2=0xff;  /* 输出 11111111 */
```

这样有什么好处呢？例如，我们原先是针对某个电路所设计的程序，该电路原本是由 P2 输出，但因某些因素，电路改由 P0 输出，或其他电路不是由 P2 输出的电路，也想使用这个程序来驱动，这时只需要改这一行，而不必在程序之中寻找所有要改的地方，更不会有漏改的情况发生。当然，使用预处理命令也有助于程序的阅读与理解。另外，还可针对需要使用多行 #define 命令。

（2）包含命令

#include 命令的功能是将指定的定义或声明等文件放入程序之中，关于#include 命令的应用，详见前面的介绍。

（3）条件编译命令

C 语言是一种高度可移植性程序语言，源程序可在不同版本的 C 语言编译器下进行编译。当然，不同的 C 语言编译器提供不同的资源与指令语法，这时候，就可应用条件式编译命令，以区分不同的编译器。在 8051 的程序设计里，也可应用条件式编译命令，以适应不同的外围与控制方式。条件式编译命令的格式如下：

```
#if 表达式
程序 1
#else
程序 2
endif
```

若表达式成立，则编译程序1，否则编译程序2。

3.4　程序设计实例

设计一电路，监视某开关K，用发光二极管LED显示开关状态，如果开关闭合，LED点亮；开关打开，LED熄灭。

分析：设计电路如图3-11所示。开关接在P3.0口，LED接P0.0口，当开关断开时，P3.0为+5V，对应数字量为"1"；开关合上时，P3.0电平为0V，对应数字量为"0"。这样就可以用JB指令对开关状态进行检测。LED正偏时才能点亮，按电路接法，当P0.0输出"1"时，LED正偏而点亮；当P0.0输出"0"，LED两端电压为0时熄灭。

用汇编语言编程如下：

```
      CLR   P0.0          ;使发光二极管灭
AGA:  SETB  P3.0          ;对输入位 P3.0 写"1"
      JB    P3.0, LIG     ;开关开,转 LIG
      SETB  P0.0          ;开关合,LED 亮
      SJMP  AGA
LIG:  CLR   P0.0          ;开关开,LED 灭
      SJMP  AGA
```

用C语言编程如下：

```
#include<reg51.h>
sbit P0_0 = P0^0;
sbit P3_0 = P3^0;         //定义为变量
void main(){
{  P0_0 = 0;              //使发光二极管灭
   while(1)
   {  P3_0 = 1;           //对输入位 P1.1 写"1"
      if(p3_0 == 0)
         P0_0 = 1;        //开关闭合,二极管点亮
      else P0_0 = 0;      //开关打开,二极管熄灭
   }
}
```

程序处于监视开关状态使二极管处于亮和灭的无限循环中。程序每次在读开关状态前将P3.0置"1"，这是为了使P3.0位内部输出场效应晶体管截止，只有这样才能正确读取P3.0引脚电平。

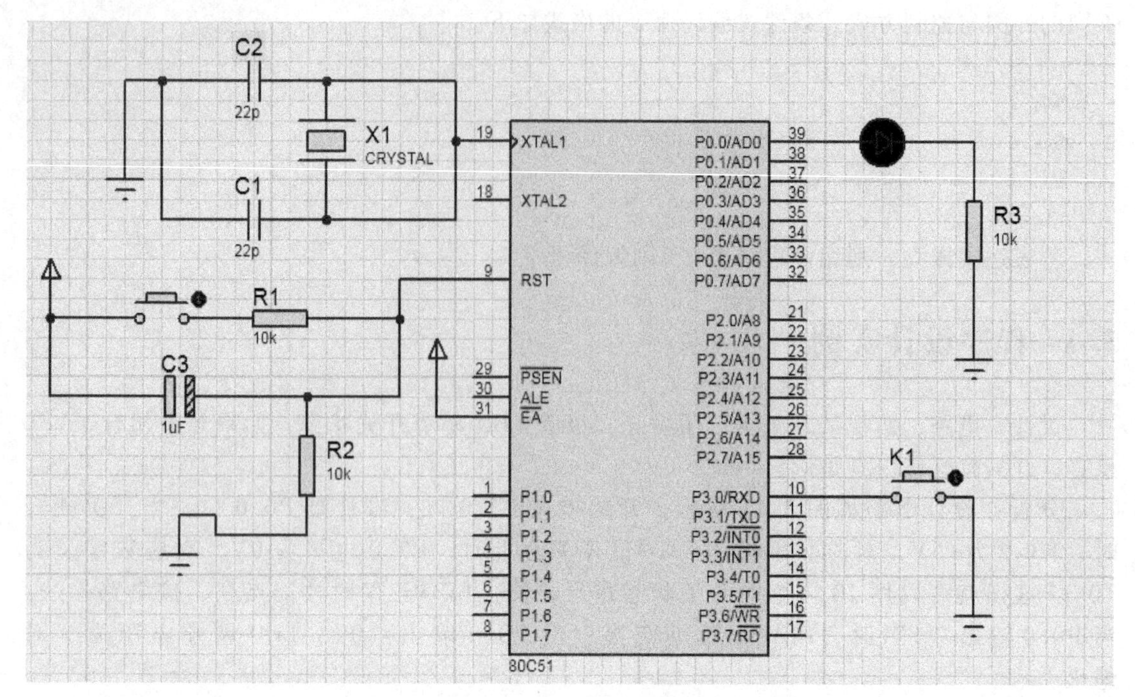

图 3-11　实例设计电路

本章小结

指令是指计算机内部执行的一种操作，提供给用户编程使用的一种命令。计算机只能识别二进制代码，以二进制代码来描述指令功能的语言，称之为机器语言。指令的描述形式有3种：机器语言形式、汇编语言形式及高级语言形式。采用机器语言编写的程序称之为目标程序。采用汇编语言或高级语言形式编写的程序称之为源程序。计算机能够直接识别并执行的只有机器语言程序。汇编语言程序和高级语言程序都不能被计算机直接识别并执行，必须经过一个中间环节把它翻译成机器语言程序，这个中间过程叫作汇编/编译。

80C51单片机指令系统共有111条指令。从功能上可划分成数据传送类、算术运算类、逻辑操作类、控制转移类及位处理类指令等；从空间属性上分为单字节指令（49条）、双字节指令（46条）和三字节指令（只有16条）。从时间属性上可分成单机器周期指令（64条）、双机器周期指令（45条）和只有乘、除法两条4个机器周期的指令。

Keil C51除了常规C包含数据类型外，还包含专为80C51硬件装置所设置的数据类型bit、sbit、sfr及sfr16。数组是一种将同类型数据集合管理的数据结构，指针（P）是存放数据存储地址的变量。Keil C51的运算符分为算术运算符、关系运算符、逻辑运算符、布尔运算符、赋值运算符、自增/自减运算符等，要注意运算符的优先级。

Keil C所提供的流程控制指令与语句可分为3种，即循环指令、选择指令及跳转指令。函数（Function）、中断子程序都是属于子程序。函数的结构与主程序的结构类似，不过函数还能传递参数和返回值。中断子程序与函数的结构类似，不过中断子程序不能传递参数和返回值，并且使用中断子程序之前不需要声明，但要在主程序中进行中断的相关设置。

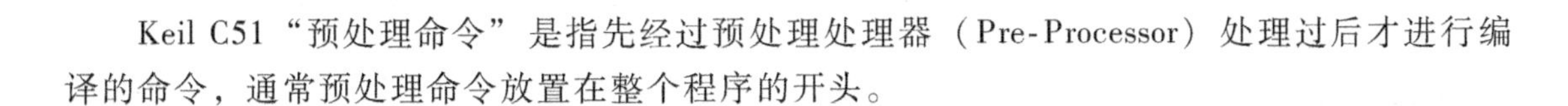

Keil C51“预处理命令”是指先经过预处理处理器（Pre-Processor）处理过后才进行编译的命令，通常预处理命令放置在整个程序的开头。

习题

1. 80C51的指令系统具有哪些特点？

2. 80C51的片内RAM中，已知（301H）= 38H，（38H）= 40H，（40H）= 48H，（48H）= 90H。分析下面各条指令，说明源操作数的寻址方式和按顺序执行各条指令后的结果。

```
mov  A,40H
mov  R0,A
mov  P1,#0F0H
mov  @ RO,30H
mov  DPTR,#3848H
mov  40H,38H
mov  R0,30H
mov  D0H,R0
mov  18H,#30H
mov  A,@ R
mov  P1,P2
```

3. 编写程序试计算片内RAM区40H~47H 8个单元中数的算术平均值，结果存放在4AH中。

4. 编写程序在起始地址为2100H，长度为64的数表中找出ASCII码“F”，将其送到1000H单元中去。

5. 在3000H为首地址的区城中，存放着14个由ASCII码表示的0~9之间的数。试编写程序，将它们转换成BCD码，并以压缩BCD码的形式，存放在2000H~2006H单元中。

6. Keil C51程序里主程序与函数最明显的差异是什么？

7. Keil C51提供哪几种存储器形式和存储器模式？

8. Keil C51提供了哪些基本的数据类型？哪些是8051特有的数据类型？

9. Keil C51的while与do-while语句有何不同？

10. Keil C51有哪些预处理命令？作用是什么？

开发环境Keil μVision5和仿真软件Proteus8.0

4.1 Keil μVision5 使用

当用户正确安装了 Keil μVision5 后，就会在桌面上建立名为“Keil μVision5”的一个快捷图标，只需双击这个快捷图标就可以启动该软件了。

Keil 软件启动后，程序窗口的左边有一个工程管理窗口，该窗口有 4 个标签，分别是 Project、Books、Functions 和 Templates，这 4 个标签页分别显示当前项目的文件结构、CPU 的寄存器及部分特殊功能寄存器的值（调试时才出现）和所选 CPU 的附加说明文件，如果是第一次启动 Keil，那么这 3 个标签页全是空的，如图 4-1 所示。

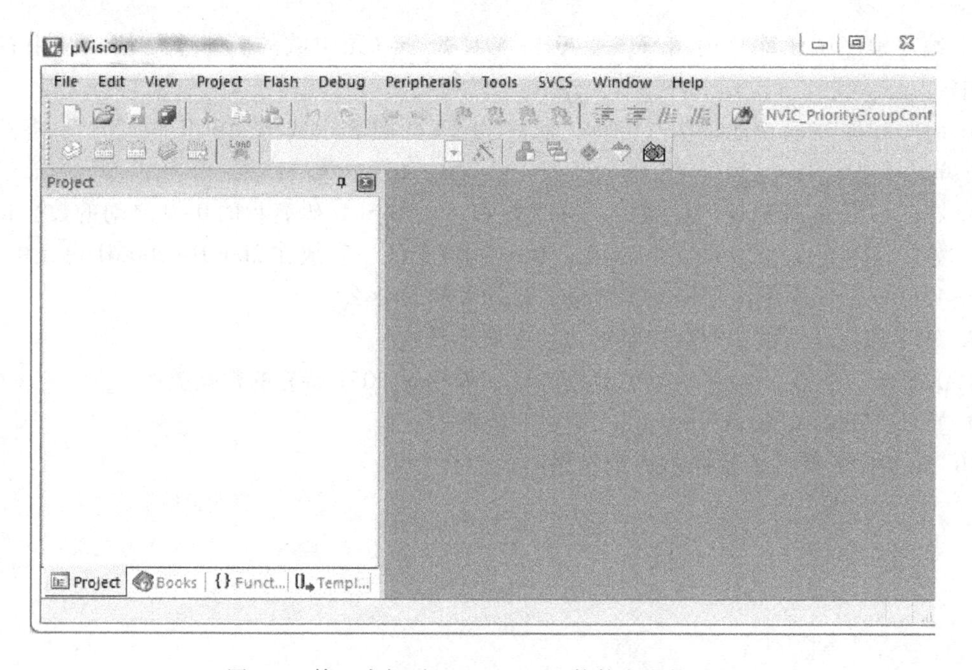

图 4-1　第一次打开 keil μVision5 软件出现的界面

1. Keil 工程的建立

在项目开发中，并不是仅有一个源程序就行了，还要为这个项目选择 CPU（Keil 支持数百种 CPU，而这些 CPU 的特性并不完全相同），确定编译、汇编、连接的参数，指定调试的方式，有一些项目还会有多个文件组成等。为管理和使用方便，Keil 使用工程

（Project）这一概念，将这些参数设置和所需的所有文件都加在一个工程中，只对工程而不能对单一的源程序进行编译（汇编）和连接等操作，下面我们就一步一步地来建立工程。

单击“Project -> New μVision Project…”菜单，如图 4-2 所示。

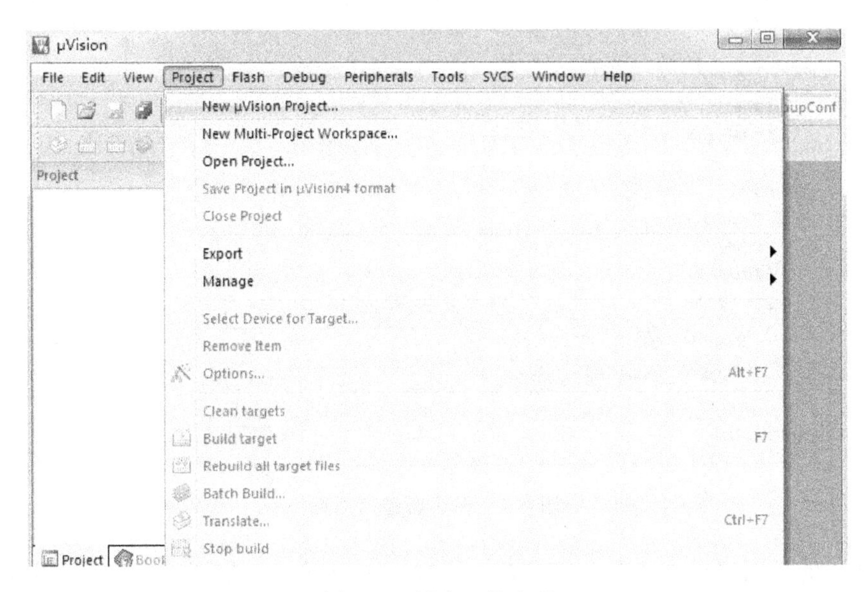

图 4-2 创建工程选项

执行上面的操作就会出现一个对话框，为了管理方便最好新建一个文件夹，因为一个工程里面会包含多个文件，一般以工程名为文件夹名来对该新建的文件夹取名，如图 4-3 所示。选择刚才建立的文件夹然后单击“打开”按钮，给将要建立的工程起一个名字，你可以在编辑框中输入一个名字（这里设为 led），不需要扩展名，如图 4-4 所示。

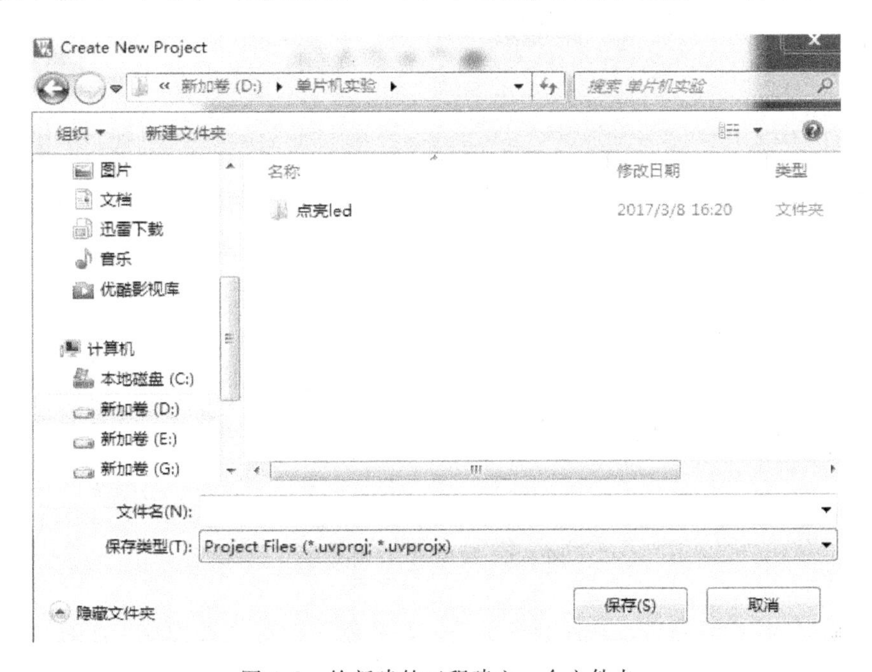

图 4-3 给新建的工程建立一个文件夹

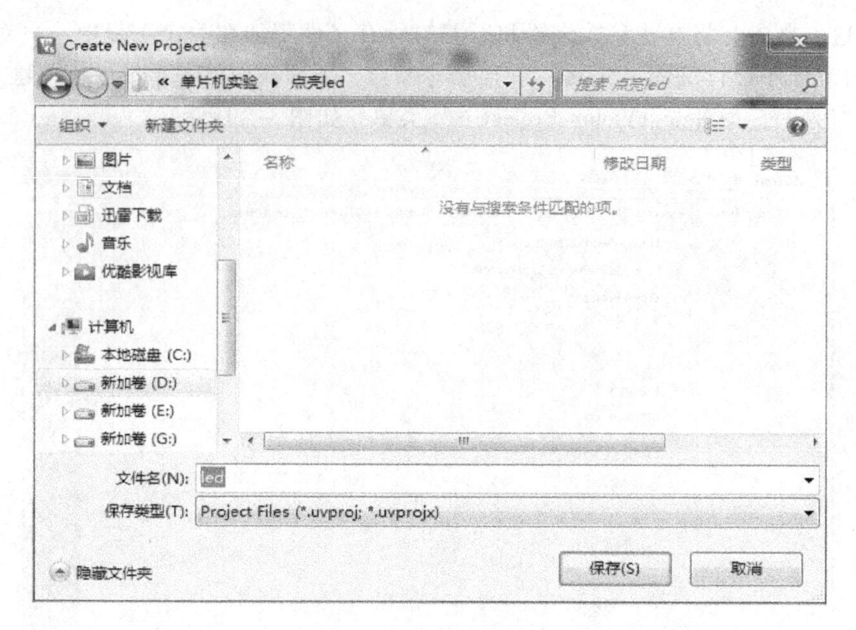

图 4-4　保存新建的工程

在图 4-4 的界面里单击“保存”按钮，出现一个对话框，如图 4-5 所示，这个对话框要求选择目标 CPU（即你所用芯片的型号）。Keil 支持的 CPU 很多，此处选择 Atmel 公司的 89C51 芯片。单击 Atmel 前面的“+”号，展开该层，单击其中的 AT89C51，如图 4-6 所示，然后再单击“OK”按钮，完成选择 MCU 型号。

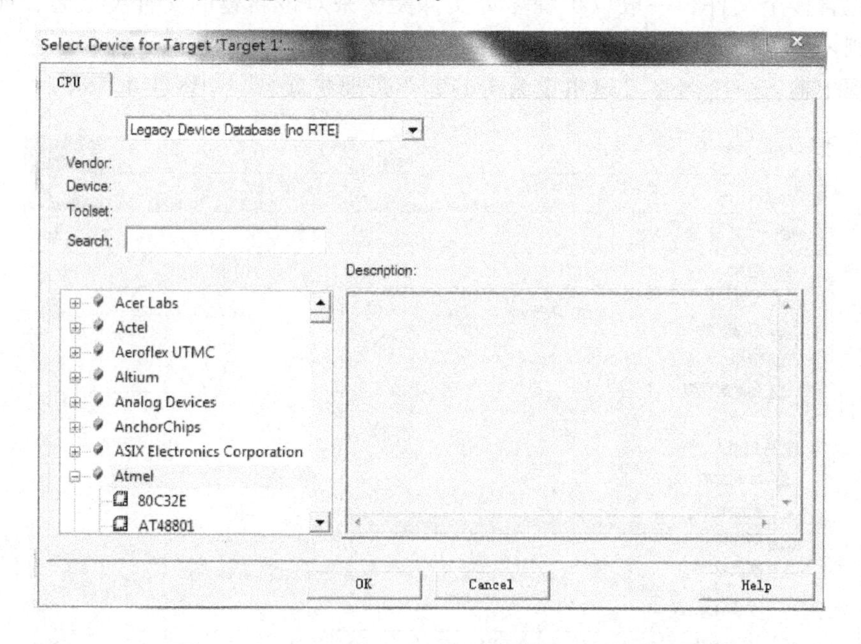

图 4-5　选择 MCU 的型号

在完成选择 MCU 型号后，软件会提示是否要复制一个源文件到这个工程中，这里选择“否”，因为要自己添加一个 C 语言或者汇编语言源文件，如图 4-7 所示。

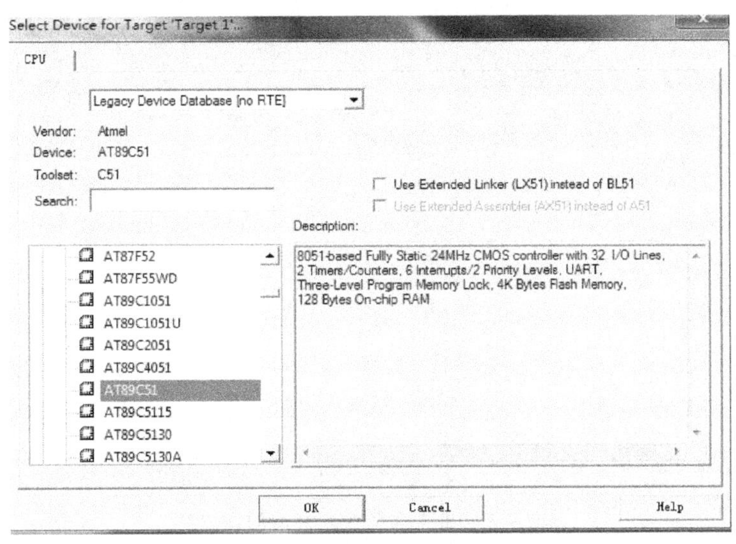

图 4-6　选择 AT89C51 单片机

图 4-7　是否复制源文件到工程中

在执行上一步后，就能在工程窗口的文件页中，出现了“Target 1”，前面有“+”号，单击“+”号展开，可以看到下一层的“Source Group1”，这时的工程还是一个空的工程，里面什么文件也没有，到这里就完整地把一个工程建立好了。

2. 源文件的建立

使用菜单“File->New”（见图 4-1）或者单击工具栏的新建文件快捷按钮，就可以在项目窗口的右侧打开一个新的文本编辑窗口，如图 4-8 所示。将文本建立好后的窗口如图4-9所示。

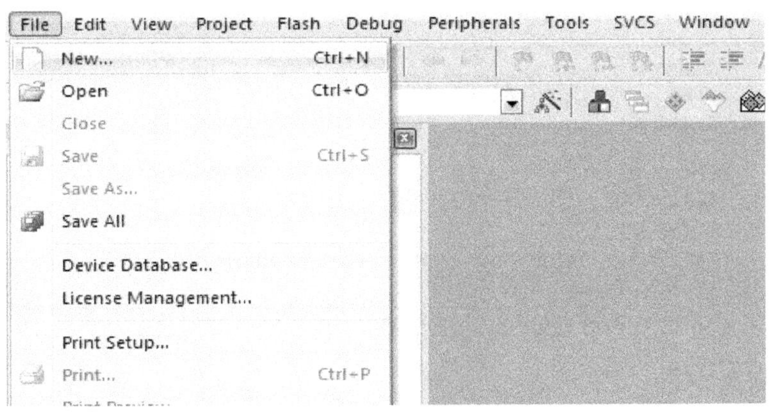

图 4-8　以菜单方式建立文本框

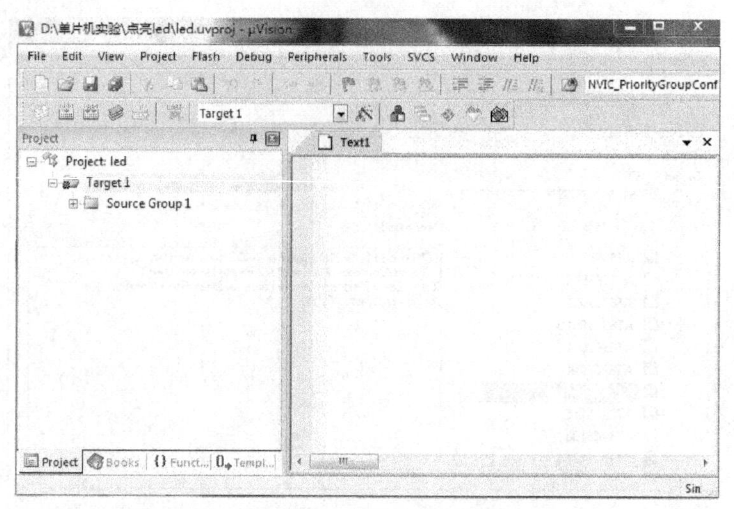

图 4-9　将文本框建立好后的窗口

在建立好文本后一定要先保存，如果你是先将程序输入到文本框中再保存的话，有时由于特殊原因导致计算机断电或者死机，那么你所花费的时间和精力就相当于白费了，因此一定要养成先保存再输入程序的好习惯。而且先保存再输入程序，在文本框中关键字就会变成其他颜色，有利于在写程序时检查所写关键字是否写错。

保存文件很简单，也有很多种方法，这里以最常用的三种来讲。第一种方法是直接单击工具条上的保存图标；第二种方法是单击菜单栏的“File->Save”；第三种方法是单击菜单栏的“File->Save As...”。其中第三种方法是最好的，因为软件每次都会提示你将这个文件保存到哪个路径里面，一定要选择保存在建立工程时建立的文件夹下，这样有利于设计者查找该文件，也有利于管理。在第一次执行上面三种方法的其中一种后都会弹出文件保存窗口，在“文件名(N)”右面的文本框中输入源文件的名字和后缀名，文件后缀名为“.asm 或 .c”，其中“.asm”代表建立的是汇编语言源文件，“.c”代表建立的是 C 语言源文件，“.h”代表建立的是头文件，由于我们是使用 C 语言编程，因此这里的后缀名为“.c”，如图 4-10 所示。

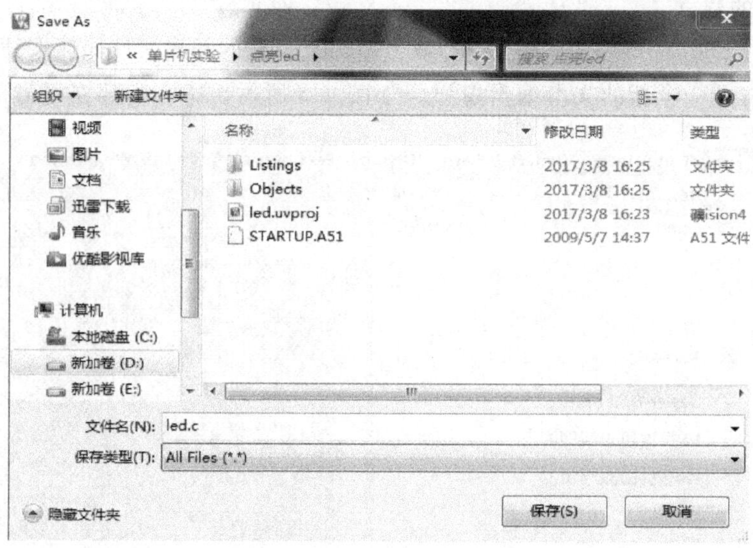

图 4-10　源文件保存对话框

在上图所示的窗口中单击“保存”按钮，就将源文件保存好了，这时又回到了软件界面。这时就可以将源文件中输入自己的程序了，这时注意经常保存，以免特殊情况导致计算机断电或者死机。

3. 将源文件加到工程中并输入源程序

建立好的工程和建立好的程序源文件相互独立，而一个单片机工程是要将源文件和工程联系到一起的，这时就需要手动把源程序加入。单击软件界面左上角的“Source Group1”使其反白显示，然后，单击鼠标右键，出现一个下拉菜单，选中其中的“Add Existing file to Group ‘Source Group1’”，如图 4-11 所示。

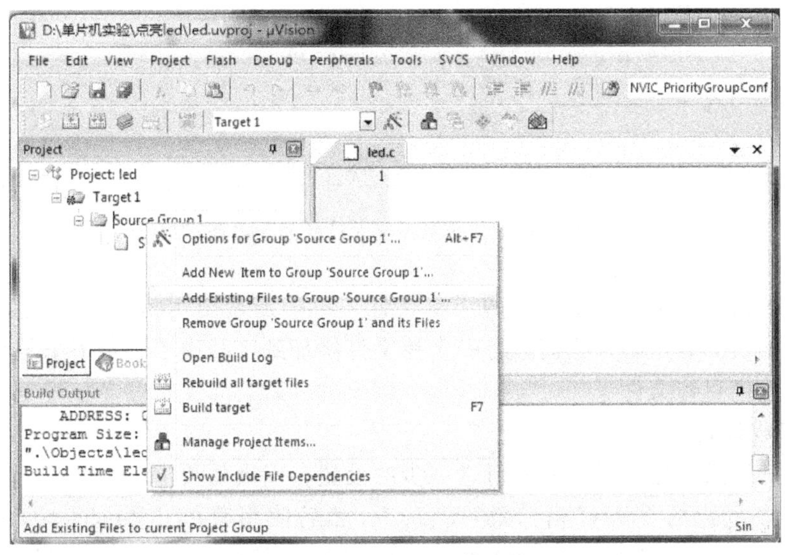

图 4-11　添加源文件步骤

在执行上面的步骤后会出现一个对话框，要求寻找源文件，该对话框下面的“文件类型”默认为 C Source file (*.c)，也就是以 C 为扩展名的文件。这样，在列表框中就可以找到 led.c 文件了，如图 4-12 所示。

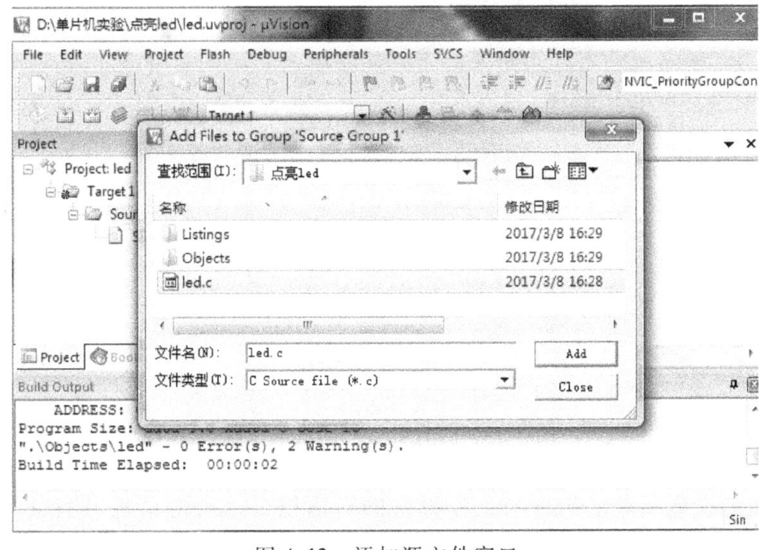

图 4-12　添加源文件窗口

在上面的窗口中双击 led. c 文件，将文件加入项目。然后单击“Close”即可返回主界面，返回后，单击“SourceGroup 1”前的加号，会发现 led. c 文件已在其中。双击文件名 led. c，即打开该源程序，如图 4-13 所示。

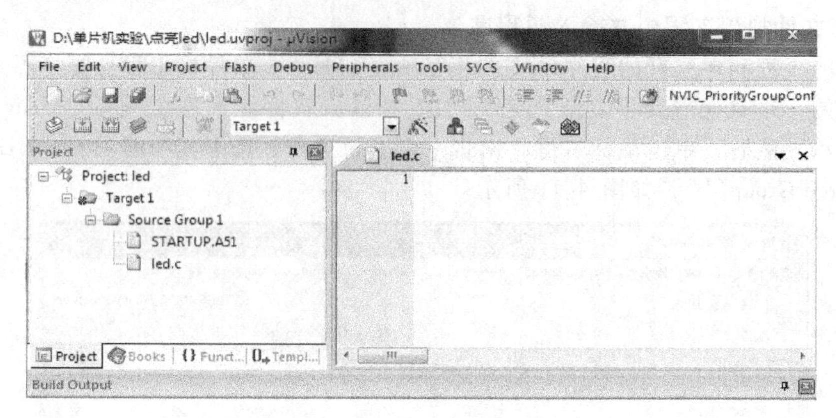

图 4-13　打开源程序文件后的主界面

需要说明的是，源文件就是一般的文本文件，不一定使用 Keil 软件编写，可以使用任意文本编辑器编写。到这里，我们就将一个源文件添加到工程中了，接下来就可以编写源程序和编译程序生产目标文件了。

4. Keil 工程设置

工程建立好以后，还要对工程进行进一步的设置，以满足要求。

首先单击左上边的 Project 窗口的 Target 1，然后使用菜单“Project->Option for Group “Source Group 1” and its Files，如图 4-14 所示，也可以按快捷键“Alt+F7”来完成，还可以单击快捷图标来完成。

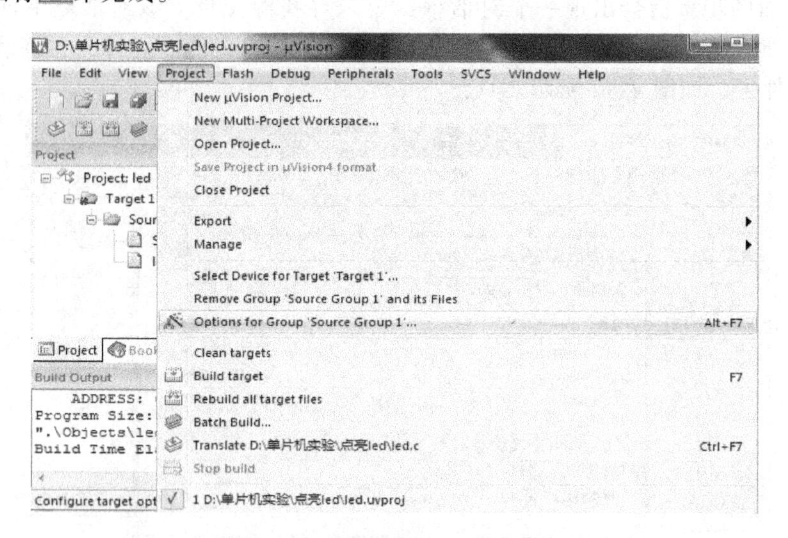

图 4-14　打开设置对话框的步骤

在进行上面的操作后就会出现对工程设置的对话框，这个对话框共有 11 个页面，绝大部分设置项取默认值即可，如图 4-15 所示。

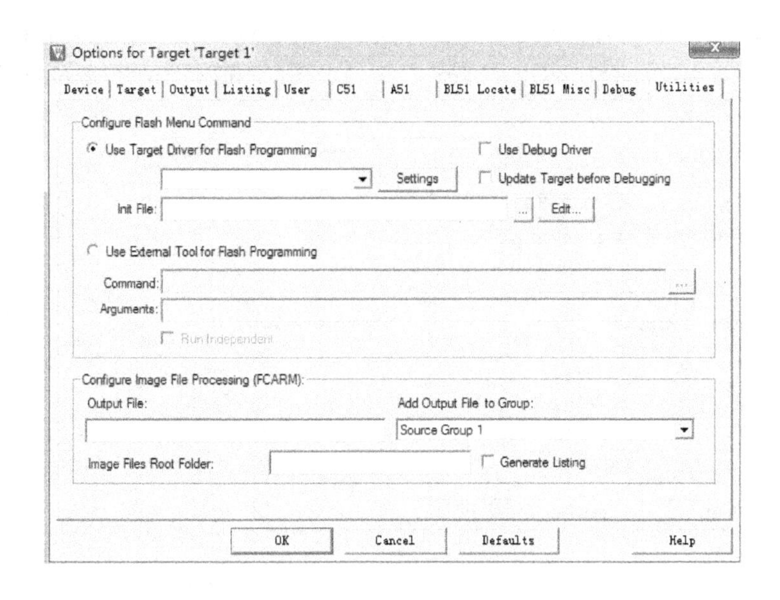

图 4-15　设置对话框的 Target 页面

选中 Target 页面，如图 4-16 所示，Xtal 后面的数值是晶振频率值，默认值是所选目标 CPU 的最高可用频率值，对于我们所选的 AT89C51 而言是 24MHz，该数值与最终产生的目标代码无关，仅用于软件模拟调试时显示程序执行时间。正确设置该数值可使显示时间与实际所用时间一致，一般将其设置成与硬件所用晶振频率相同，如果没必要了解程序执行的时间也可以不设，这里设置为 12.0，如图 4-16 所示。

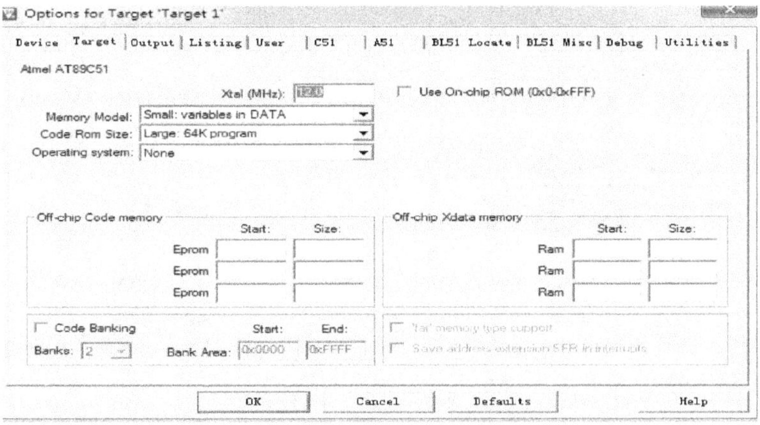

图 4-16　设置晶振频率

Memory Mode 用于设置 RAM 使用情况，有三个选择项，即 Small：variables in DATA 是所有变量都在单片机的内部 RAM 中；Compact：variables in PDATA 是可以使用一页外部扩展 RAM，而 Larget：variables in XDATA 则是可以使用全部外部的扩展 RAM，如图 4-17 所示。一般都是采用默认方式，也就 Small：variables in DATA 方式。

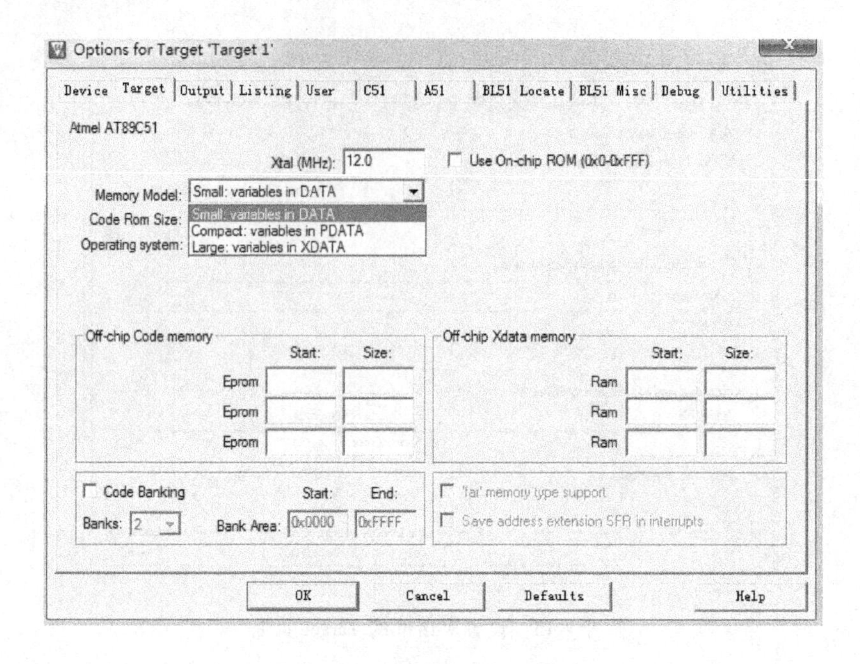

图 4-17　Memory Mode 设置项

Code Rom Size 用于设置 ROM 空间的使用，同样也有三个选择项，即 Small：program 2K or less 模式，只用低于 2KB 的程序空间；Compact：2K functions，64K program 模式，单个函数的代码量不能超过 2KB，整个程序可以使用 64KB 程序空间；Large：64K program 模式，可用全部 64KB 空间，如图 4-18 所示。一般都是采用默认方式，也就是 Large：64K program 模式。

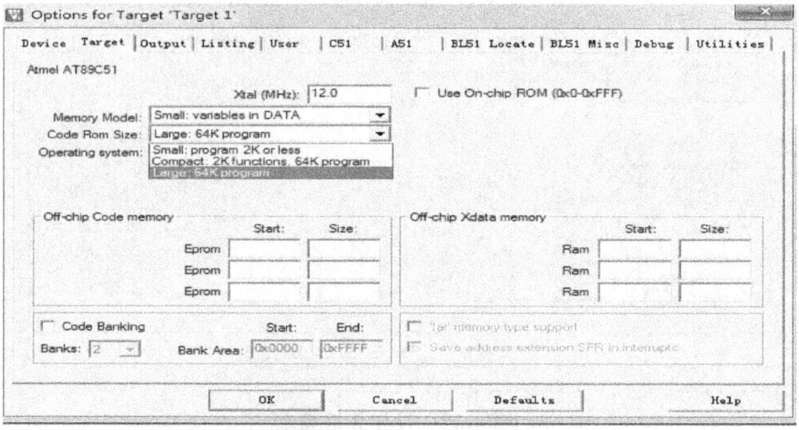

图 4-18　Code Rom Size 设置项

Operating system 是操作系统选择。Keil 提供了两种操作系统：RTX-51 Tiny 和 RTR-51 Full，关于操作系统是另外一个很大的话题了。通常不使用任何操作系统，即使用该项的默认值：None（不使用任何操作系统），如图 4-19 所示。

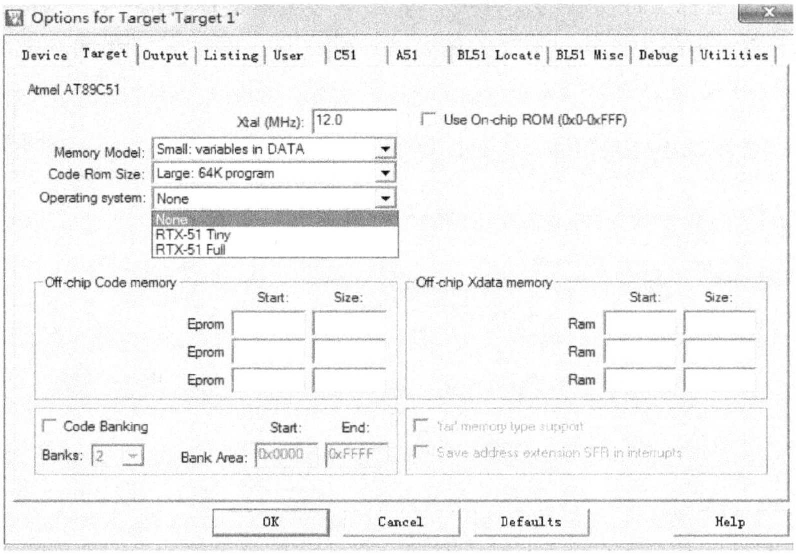

Options for Target 'Target 1'

Device | Target | Output | Listing | User | C51 | A51 | BL51 Locate | BL51 Misc | Debug | Utilities

Atmel AT89C51

Xtal (MHz): 12.0　　Use On-chip ROM (0x0-0xFFF)

Memory Model: Small: variables in DATA

Code Rom Size: Large: 64K program

Operating system: None

None

RTX-51 Tiny

RTX-51 Full

Off-chip Code memory　Start:　Size:

Eprom

Eprom

Eprom

Off-chip Xdata memory　Start:　Size:

Ram

Ram

Ram

Code Banking　Start:　End:

Banks: 2　Bank Area: 0x0000　0xFFFF

'far' memory type support

Save address extension SFR in interrupts

OK　Cancel　Defaults　Help

图 4-19　Operating system 设置项

Use on-chip ROM 选择项用于确认是否仅使用片内 ROM（注意：选中该项并不会影响最终生成的目标代码量）；Off-Chip Code memory 用于确定系统扩展 ROM 的地址范围；Off-Chip Xdata memory 组用于确定系统扩展 RAM 的地址范围，这些选择项必须根据所用硬件来决定。由于该例是单片应用，未进行任何扩展，所以均不重新选择，按默认值设置，如图 4-20 所示。

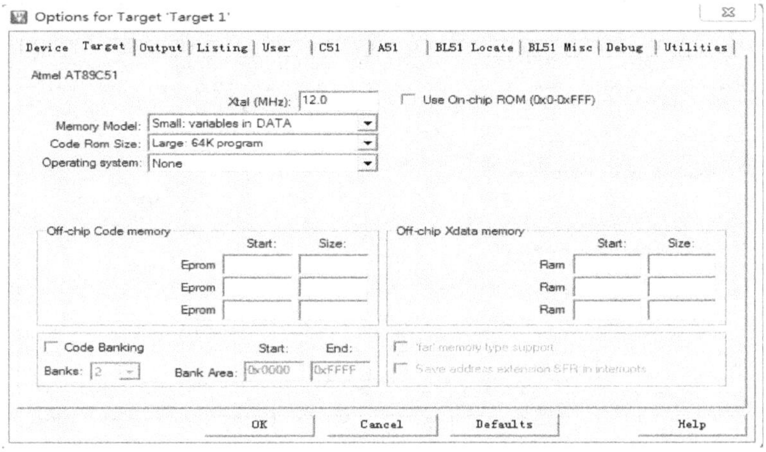

Options for Target 'Target 1'

Device | Target | Output | Listing | User | C51 | A51 | BL51 Locate | BL51 Misc | Debug | Utilities

Atmel AT89C51

Xtal (MHz): 12.0　　Use On-chip ROM (0x0-0xFFF)

Memory Model: Small: variables in DATA

Code Rom Size: Large: 64K program

Operating system: None

Off-chip Code memory　Start:　Size:

Eprom

Eprom

Eprom

Off-chip Xdata memory　Start:　Size:

Ram

Ram

Ram

Code Banking　Start:　End:

Banks: 2　Bank Area: 0x0000　0xFFFF

'far' memory type support

Save address extension SFR in interrupts

OK　Cancel　Defaults　Help

图 4-20　Target 选项卡剩下项的设置

OutPut 页面设置对话框。这里面也有多个选择项，其中 Creat Hex file 用于生成可执行代码文件（可以用编程器写入单片机芯片的 HEX 格式文件，文件的扩展名为 . HEX），默认情况下该项未被选中，如果要写片做实验，就必须选中该项，如图 4-21 所示。这一点是初学者易疏忽的，在此特别提醒注意。选中 Debug Information 将会产生调试信息，这些信息用于调试，如果需要对程序进行调试，应当选中该项。Browse Information 是产生浏览信息，该信息可以用菜单 view->Browse 来查看，这里取默认值。按钮 “Select Folder for Objects…”

是用来选择最终的目标文件所在的文件夹，默认是与工程文件在同一个文件夹中。Name of Executable 用于指定最终生成的目标文件的名字，默认与工程的名字相同，这两项一般不需要更改。

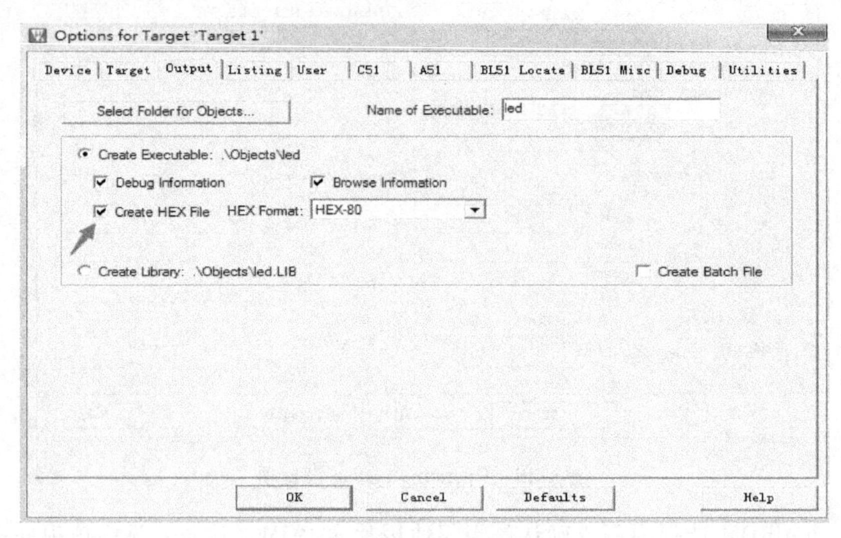

图 4-21　OutPut 页面设置对话框

Listing 标签页用于调整生成的列表文件选项，如图 4-22 所示。在汇编或编译完成后将产生（＊. lst）的列表文件，在连接完成后也将产生（＊. m51）的列表文件，该页用于对列表文件的内容和形式进行细致的调节，其中比较常用的选项是“C Compile Listing”下的“Assembly Code”项，选中该项可以在列表文件中生成 C 语言源程序所对应的汇编代码。

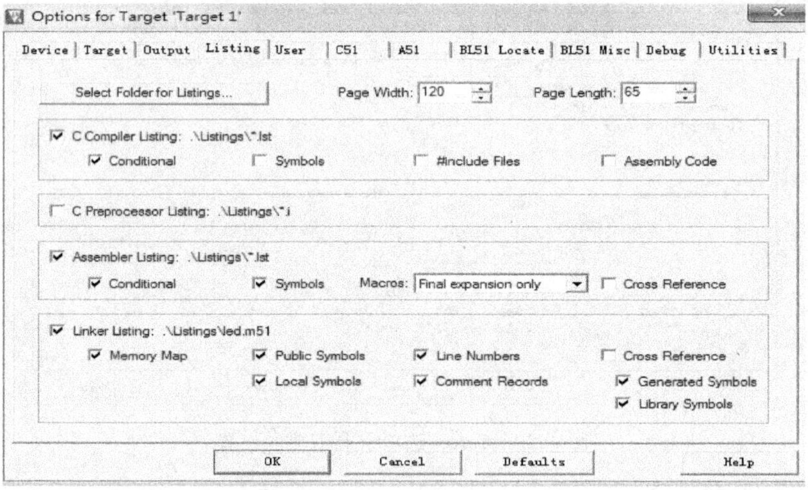

图 4-22　Listing 标签页

工程设置对话框中的其他各页面与 C51 编译选项、A51 的汇编选项、BL51 连接器的连接选项等用法有关，这里均取默认值，不做任何修改。以下仅对一些有关页面中常用的选项做一个简单介绍。

C51 标签页用于对 Keil 的 C51 编译器的编译过程进行控制，其中比较常用的是“Code

Optimization”组，如图 4-23 所示。该组中 Level 是优化等级，C51 在对源程序进行编译时，可以对代码多至 9 级优化，默认使用第 8 级，一般不必修改，如果在编译中出现一些问题，可以降低优化级别试一试。Emphasis 是选择编译优先方式，第一项是代码量优化（最终生成的代码量小）；第二项是速度优先（最终生成的代码速度快）；第三项是默认。默认的是速度优先，可根据需要更改。

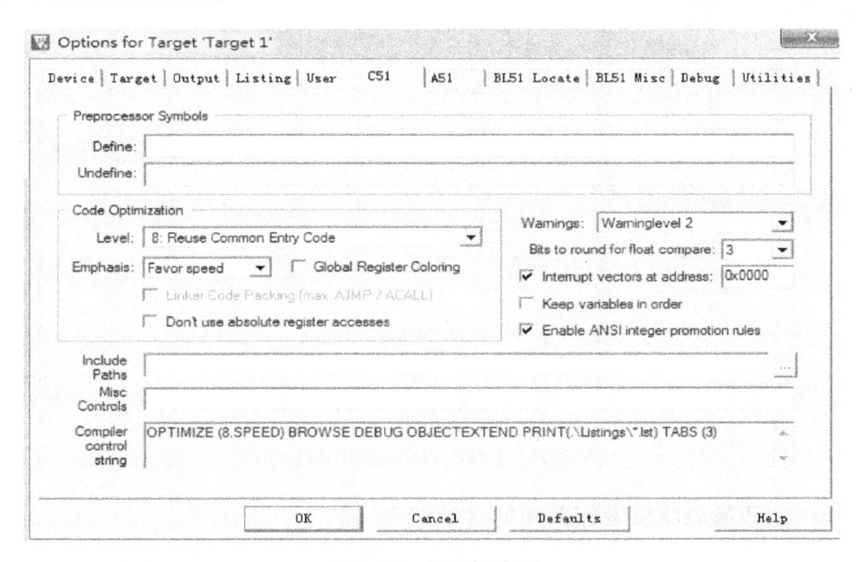

图 4-23　C51 标签页

设置完成后按“OK”返回主界面，工程文件建立、设置完毕。Keil C 软件编程、编译与调试将在 4.3 节同 Proteus 联调时再做详细介绍。

4.2　Proteus 8.0 ISIS 使用

4.2.1　Proteus 8.0 ISIS 的基本性能概述

Proteus 是英国 Labcenter 公司嵌入式系统仿真开发平台，其版本及元器件的数据库升级更新及时。本书介绍的 Proteus 8.0 Professional 是 2013 年 2 月推出的专业版，主页界面如图 4-24 所示。

1. Proteus 的电路原理图设计系统性能特点

Proteus 的元件库：有分离元件、集成器件和多种带 CPU 的可编程序器件。既有理想元件模型。还有根据各种不同厂家及时更新的实际元件模型。

2. Proteus 的电路原理图设计系统的仿真实验功能

Proteus 的电路原理图设计系统不仅能做电路基础实验、模拟电路实验与数字电路实验，而且能做单片机与接口实验。由于 Proteus 的元件库以真实生产厂家及时更新的参数建模，所以仿真分析与实验数据真实可信。在 Proteus8.0 的交互式仿真中，还能用直观地用颜色表示电压的大小，用箭头表示电流的方向。Proteus 是目前在高校的实验教学中应用较多的软件。

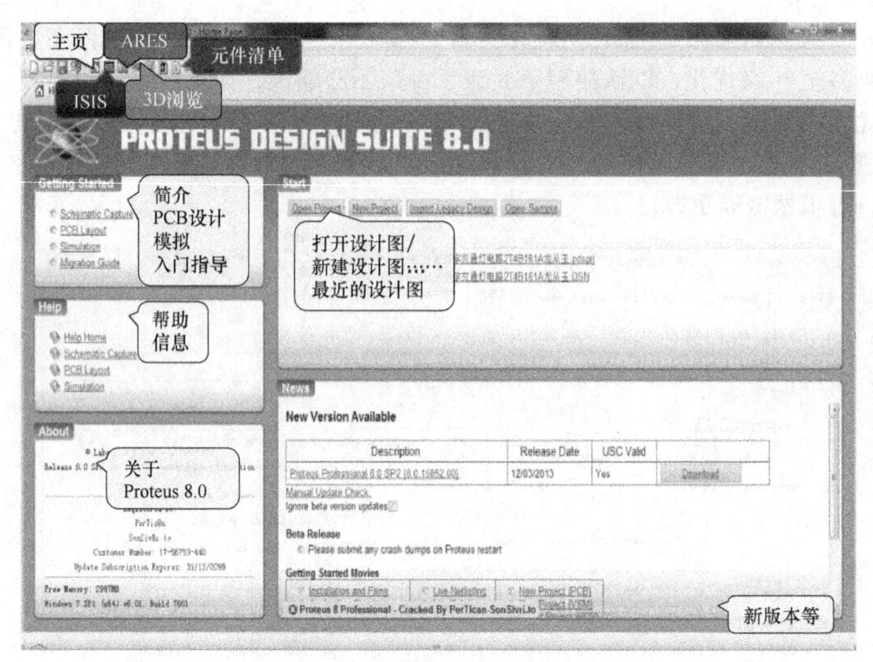

图 4-24　Proteus 8.0 的主页界面

3. Proteus 的印制电路板设计系统的性能特点

Proteus 的印制电路板设计系统同样采用年度更新升级，PCB 的功能更加完备。目前，有关国际行业的 Proteus ARES 不同等级认证考试，有利于大学生实验、实习实践及毕业就业的技术储备。

4.2.2　Proteus8.0 ISIS 的编辑环境

1. Proteus8.0 中 ISIS 的主窗口

在图 4-24 中打开 ISIS，如图 4-25 所示。三大窗口包括：①编辑窗口；②器件工具窗口；③浏览窗口。两大菜单包括：主菜单与辅助工具菜单（通用工具及专用工具）。

2. 主菜单简介

1）文件菜单：新建/加载/保存/打印。
2）编辑菜单：取消/剪切/复制/粘贴。
3）浏览菜单：图样网络设置/快捷工具选项。
4）工具菜单：实时标注/自动放线/网络表生成/电气规则检查。
5）设计菜单：设计属性编辑/添加/删除图样/电源配置。
6）图表分析菜单：传输特性/频率特性分析/编辑图形/运行分析 。
7）调试菜单：起动调试/复位调试。
8）库操作菜单：器件封装库/编辑库管理。
9）模板菜单：设置模板格式/加载模板。
10）系统菜单：设置运行环境/系统信息/文件路径。
11）帮助菜单：帮助文件/设计实例。

3. 工具按钮简介

在 ISIS 中提供了很多工具按钮，其功能如下：

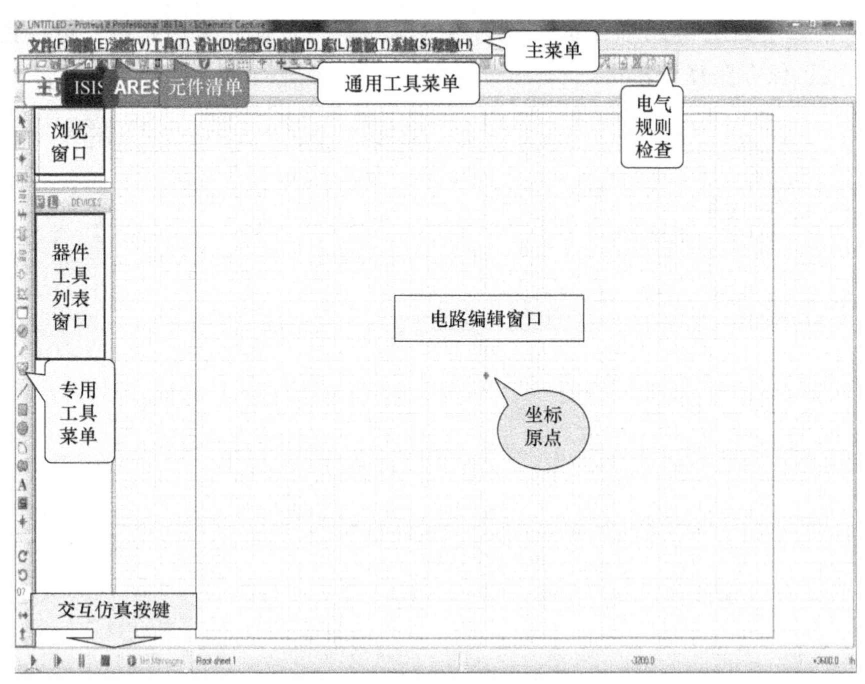

图 4-25 ISIS 主窗口示意图

选择按钮（Selection Mode）：使用户可以在原理图编辑窗口中单击任意元器件并编辑元器件的属性。

选择元器件（Components Mode）：使用户可以在元器件选择按钮中单击“P”按钮时，根据需要从库中添加元器件到列表中，也可以在列表中选择元器件。

连接点（Junction Dot Mode）：在原理图中放置连接点，也可以在不用边线工具的前提下，方便地在节点之间或节点到电路中任意点或线之间连线。

连线的网络标号（Wire Label Mode）：在绘制电路图时，使用网络标号可以使连线简单化。例如，使用网络标号可以将 51 单片机 P1.0 口和二极管的阳极连接在一起，不用再绘制一条线将它们连接起来。

插入文本（Text Script Mode）：在电路中输入脚本。

总线（Buses Mode）：总线在电路图中显示出来就是一条粗线，它是一组口线，由多根单线组成。使用总线时，总线分支线都要标注好相应的网络标号。

绘制子电路（Sub circuits Mode）：用于绘制子电路。

终端（Terminals Mode）：绘制电路图，通常会涉及各种端子，如输入、输出、电源和地等。单击此目标，将弹出“Terminals Selector”窗口，此窗口中提供了各种常用的端子供用户选择。

4.2.3 Proteus8.0 电路原理图设计

1. 新建工程

在桌面上双击 Proteus 8 图标，打开 ISIS Professional 窗口。执行菜单命令“文件”→

“新建工程”，弹出如图 4-26 所示的工程创建向导对话框。在此对话框中，可以设置工程名（Name）及项目保存路径（Path）。

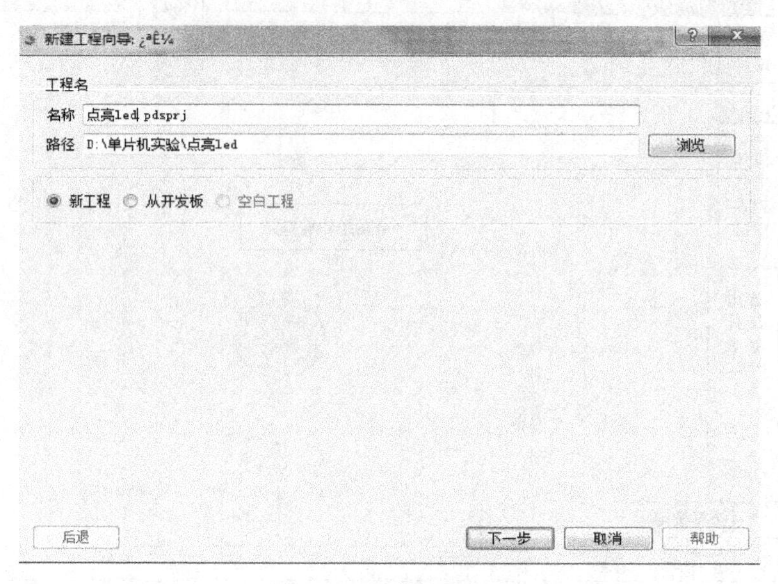

图 4-26 新建工程向导

设置工程名及保存路径后，单击“下一步”按钮，将弹出如图 4-27 所示对话框以进行原理模板设置。选中“不创建原理图”选项时，不再新建原理图；选中“从选中的模板中创建原理图”选项时，新建原理图，并从列表中选择合适的模板样式。横向图样为“Landscape”，纵向图样为“Portrait”，“DEFAULT”为默认模板。A0～A4 为图样尺寸大小，其中 A4 的尺寸为最小，A0 的尺寸为最大。

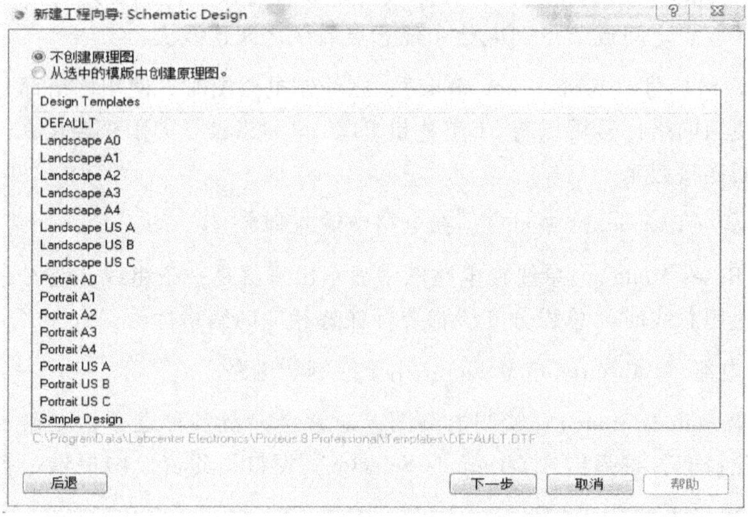

新建工程向导: Schematic Design
不创建原理图
从选中的模版中创建原理图。
Design Templates
DEFAULT
Landscape A0
Landscape A1
Landscape A2
Landscape A3
Landscape A4
Landscape US A
Landscape US B
Landscape US C
Portrait A0
Portrait A1
Portrait A2
Portrait A3
Portrait A4
Portrait US A
Portrait US B
Portrait US C
Sample Design
后退 下一步 取消 帮助

图 4-27 原理图模板设置及对话框

在图 4-27 中选中“从选中的模板中创建原理图”选项，并选择“DEFAULT”，单击“下一步”按钮，弹出如图 4-28 所示的 PCB 版图设置对话框。选中“不创建 PCB 布版设计”选项时，不再新建 PCB 版图。

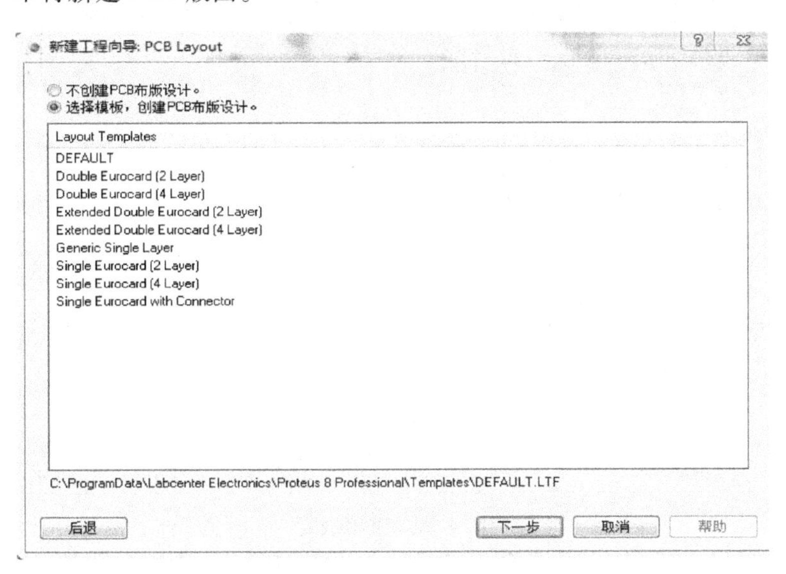

图 4-28 PCB 版图设置对话框

在图中选择“不创建 PCB 布版设计”选项，不再创建 PCB 版图，并单击“下一步”按钮，将弹出如图 4-29 所示的固件设置对话框。选中“没有固件项目”选项时，选择项目中不包含固件；选中“创建固件项目”选项时，选择创建包含固件的项目，并可设置相应的固件系列（Family）、控制器（Control）和编译器（Compiler）。这里设置系列为 8051，控制器为 80C51，编译器为 Keil for 8051，如图 4-29 所示。

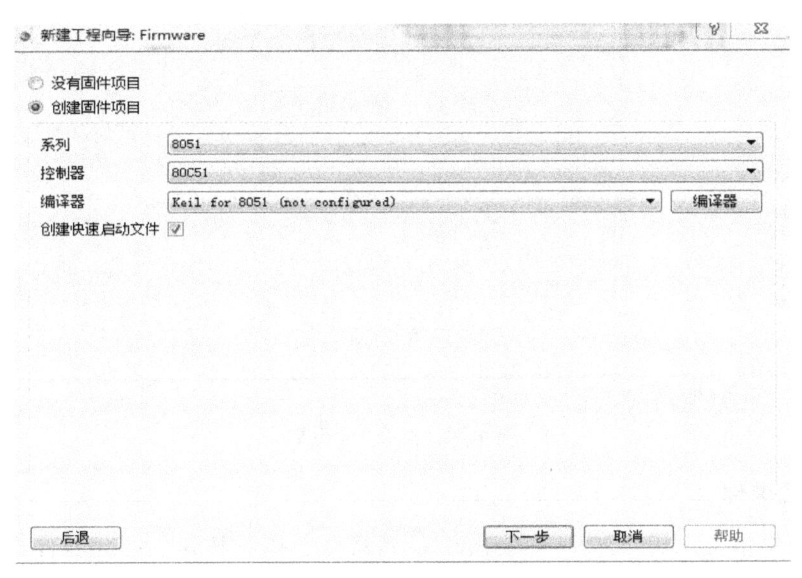

图 4-29 固件设置对话框

单击“下一步”按钮，将弹出如图 4-30 所示的项目概要对话框。在此次对话框中显示选择保存路径目录下 D：\ 单片机实验 \ 点亮 led。保存工程名为“点亮 led”。文件保存后在 ISIS Professional 窗口的标题栏显示为点亮 led。

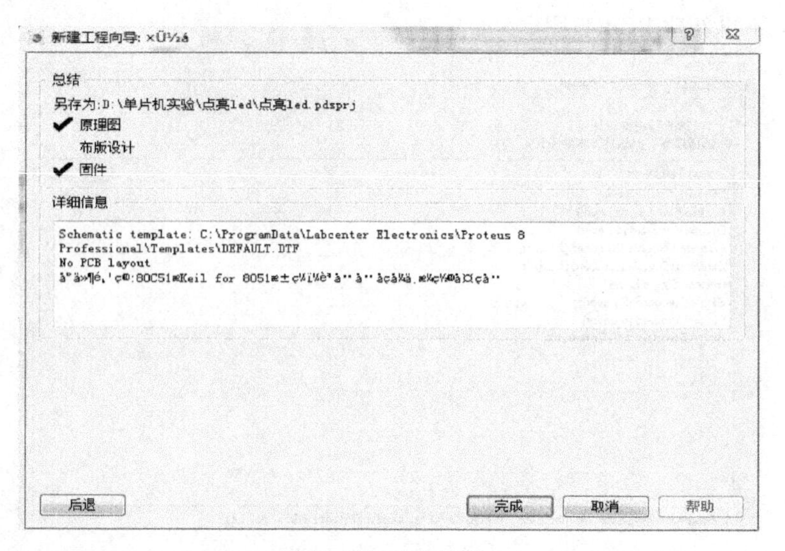

图 4-30　工程概要

单击完成，新工程生成如图 4-31 所示。

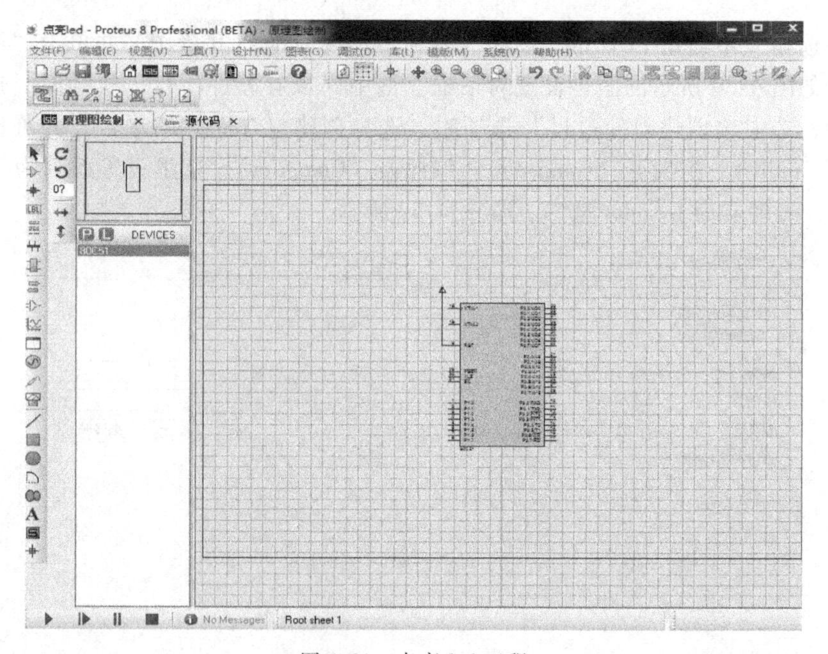

图 4-31　点亮 led 工程

2. 添加元器件

在工具箱中单击元器件图标会出现“元器件选择”按钮。“元器件选择”按钮中“P”为对象选择按钮，“L”为库管理按钮。单击“P”按钮时，将弹出“选择元器件”对话框，在此对话框中添加元器件的方法有以下两种。

1）在关键字中输入元器件名称，如“LED”，则出现与关键字相匹配的元器件列表，如图 4-32 所示。选中 LED-BIBY 并双击 LED 所在行后，单击“确定”按钮或“ENTER”键，即可将器件 LED 加入到 ISIS 对象选择器中。

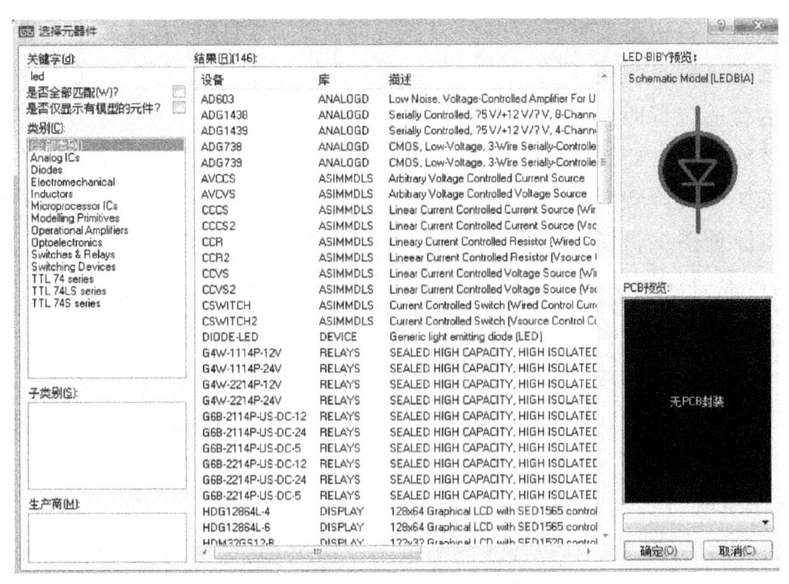

图 4-32　输入 LED 元器件

2）在元器件类列表中选择元器件所属类，然后在子类列表中选择所属子类，若对元器件的制造商有要求时，在制造商区域选择期望的厂商，即可在元器件列表区域得到相应的元器件。按照上述方法添加元器件到 ISIS 对象选择器中，图 4-32 所示。

3. 放置、移动、旋转、删除对象

将元器件添加到 ISIS 对象选择器中，在对象选择器中单击要放置的元器件，蓝色条出现在该元器件名称上，再在原理图编辑窗口中单击即可放置一个元器件，如图 4-33 所示。

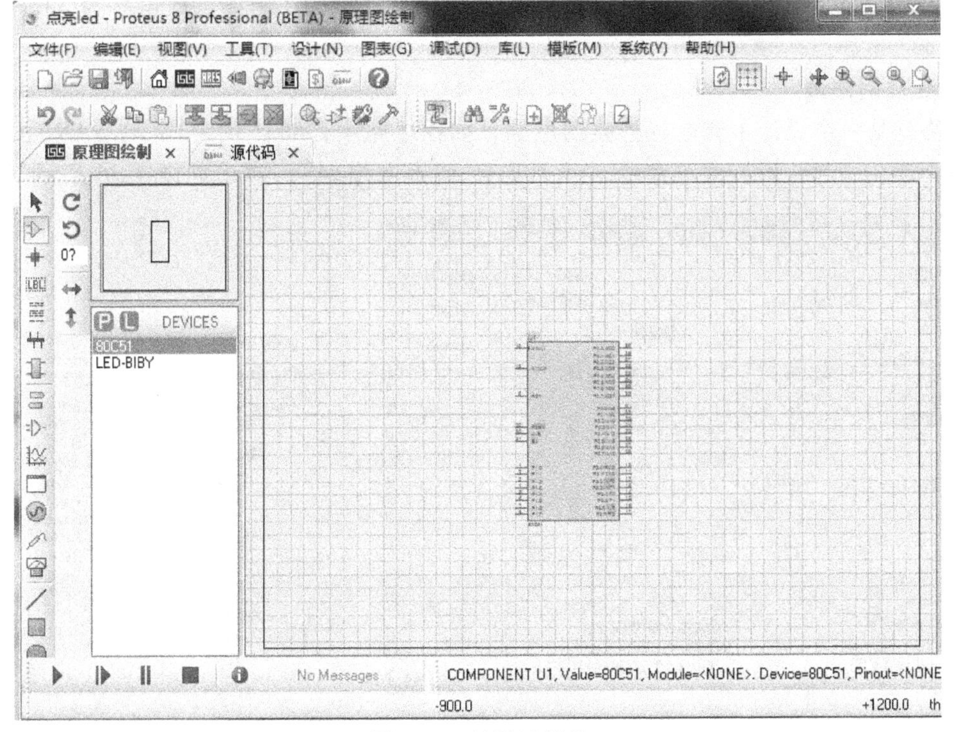

图 4-33　放置元器件

在原理图编辑窗口中若要移动元器件或连线时，先要用鼠标右键单击对象，使元器件或连线处于选中状态（默认情况下为红色），在按住鼠标左键进行拖动，元器件或连线就跟随光标移动，到达合适位置时松开鼠标左键即可。

放置元器件前，单击要放置的元器件，蓝色条出现在该元器件名称上，单击方向工具栏上相应的转向按钮即可旋转元器件，再在原理图编辑窗口中单击就放置了一个已经更改方向的元器件。若在原理图编辑窗口中需要改变元器件方向时，单击选择该元件，再单击块旋转图标，在弹出的对话框中输入旋转的角度，也可实现元器件方向的更改。

在原理图编辑窗口中要删除元器件时，用鼠标右键双击该元器件即可删除该元器件，或者先单击选中该元器件，再按“Delete”键也可以删除元器件。

通过放置、移动、旋转、删除元器件后，可将各元器件放置在 ISIS 原理图编辑窗口中合适的位置。

4. 放置电源和地

单击工具箱中图标，在对象选择器中单击“POWER”，使其出现蓝色条，再在原理图编辑窗口中合适位置单击鼠标，即可将“电源”放置在原理图中。同样，在对象选择器中单击“GROUND”，再在原理图编辑窗口合适位置单击鼠标，即可将“地”放置在原理图中。

5. 布线

在 ISIS 原理图编辑窗口中没有专门的布线按钮，但系统默认自动布线有效，因此可以直接绘制连线。

6. 设置、修改元器件属性

在需要修改属性的元器件上单击鼠标右键，在弹出的菜单中选择“编辑属性”，将出现“Edit Component”对话框，在此对话框中可以设置相关信息。例如修改电容为 33pF，如图 4-34 所示。

7. 建立网络表

网络就是一个设计中有电气连接的电路，如在电路中，8051 的 P3.7 与 NAND_ 2 一个输入引脚连在一起。执行菜单命令“工具”→“编译网络表”，弹出如图 4-35 所示对话框，

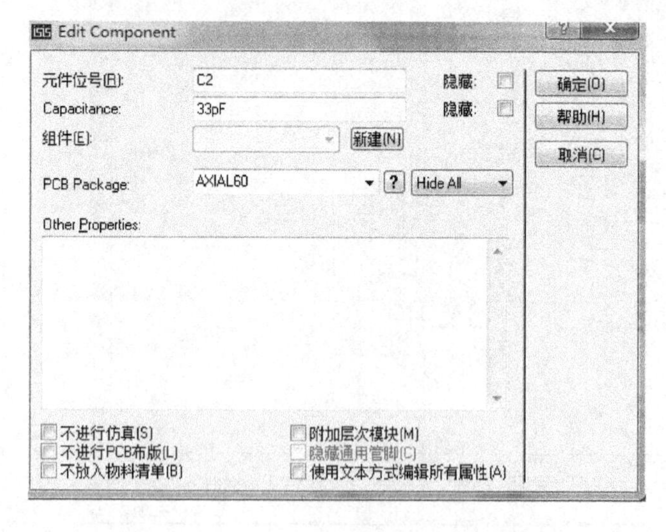

图 4-34 “Edit Component”对话框

图 4-35 “编译网络表”对话框

在此对话框中可设置网络表的输出形式、模式、范围、深度和格式等，在此不进行修改，单击“确定”，以默认方式输出如图 4-36 所示内容。

图 4-36　输出网络表内容

8. 电气检测

绘制好电路图并生成网络表后，可以进行电气检查。执行菜单命令“工具”→“电气规则检查”或单击，弹出如图 4-37 所示电气检查结果窗口。在此窗口中，前面是一些文本信息，接着是电气检查结果，若有错，会有详细的说明。从窗口内容中可看出，网络表已产生，并且无电气错误。

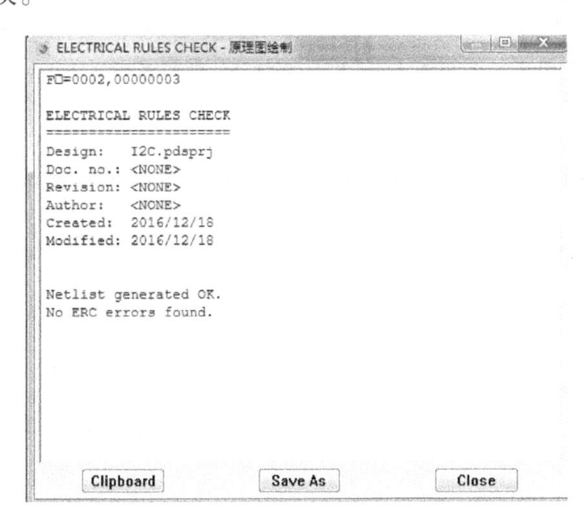

图 4-37　电气检测结果窗口

4.3 Keil 和 Proteus 联调

4.3.1 Keil C 编程与编译

本实验的目的是用 Keil 和 Proteus 来仿真点亮 LED 灯。为了让读者能更加直观形象地了解 Keil 软件与 Proteus 的使用，从基础入手一步步构建整个框架，达到编程与仿真的相结合，我们先从 keil 软件开始，按照 4.1 节所讲的步骤，搭建工程文件，并在工程文件中添加子文件并命名为 led. c，如图 4-38 所示。

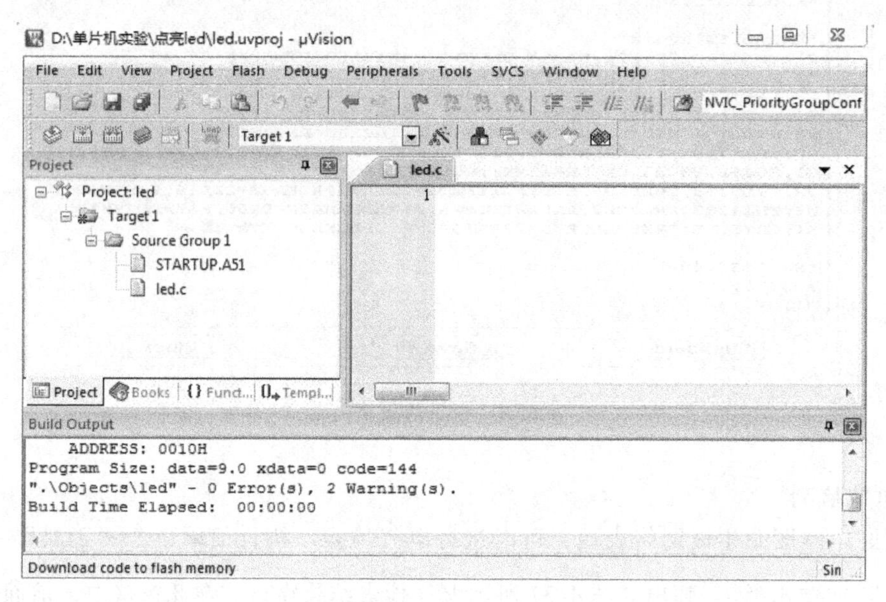

图 4-38 建立工程添加源文件

在 led. c 中编写点亮 LED 灯程序，相关注释用/隔开。

```
/*************************** 主程 ************************************************************/
#include <reg51.h>  //此文件中定义了 51 的一些特殊功能寄存器
sbit  LED=P2^0;
void Delay10ms (unsigned int);
/********************************************************************************************
* 函 数 名      : main
* 函数功能      : 主函数
* 输    入      : 无
* 输    出      : 无
********************************************************************************************/
void main()
  {
    while(1)
      {
        LED = 0x00;                          //置 LED 为低电平
```

```
        Delay10ms(50);              //调用延时程序
        LED = 0xff;                 //置 LED 为高电平
        Delay10ms(50);              // 调用延时程序
    }
}
/ ***************************************************************************
* 函 数 名      : Delay10ms
* 函数功能      : 延时函数,延时 10ms
* 输    入      : 无
* 输    出      : 无
*************************************************************************** /
void Delay10ms(unsigned int c)  //误差 0μs
  {
    unsigned char a,b;
    for(;c>0;c--)
      for(b=38;b>0;b--)
        for(a=130;a>0;a--);
}
```

写入程序如下图 4-39 所示。

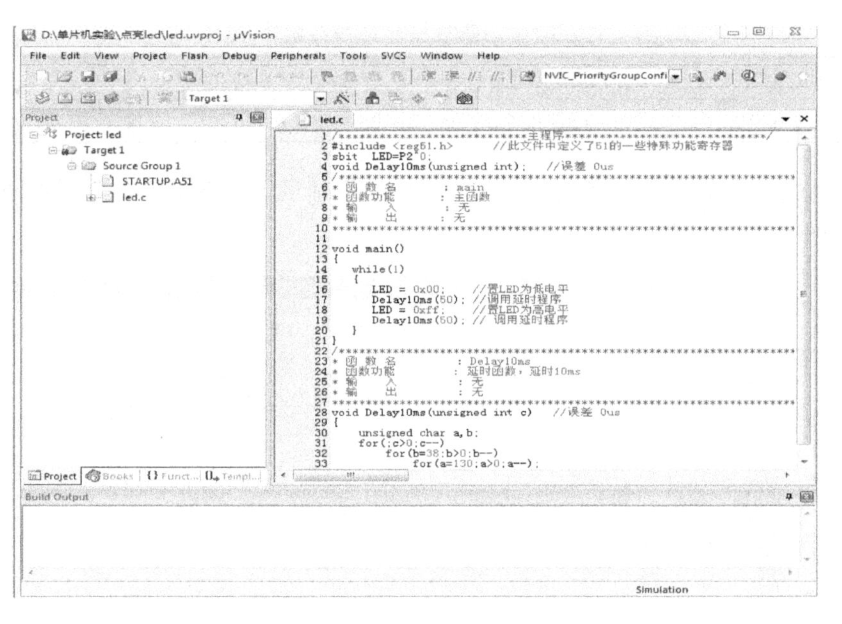

图 4-39 led.c 写入程序

单击编译按钮，检验是否编译通过。

编译通过如图 4-40 所示，并生成 hex 文件。

4.3.2 Proteus 仿真

本次实验所用元器件清单见表 4-1。

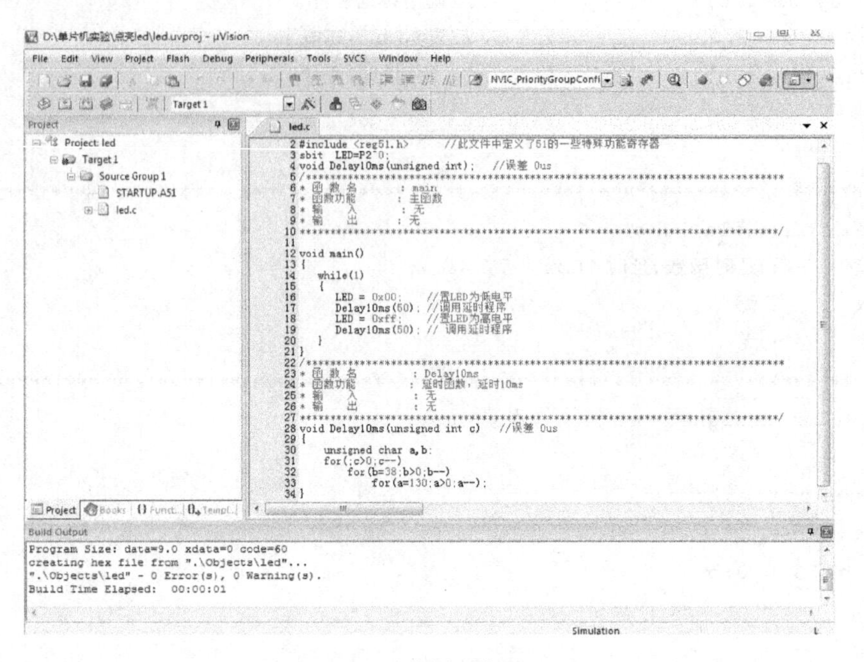

图 4-40　编译程序通过

表 4-1　点亮 LED 所用元器件

单片机 80C51	按钮 BUTTON	电解电容 CAP-ELEC	晶振 CRYSTAL
瓷片电容 CAP(22pF)	电阻 RES	LED-BIBY	

新建工程与添加元器件参考前面 4.2 节“电路原理设计”部分，建立后如图 4-41 所示，然后根据如图 4-42 所示绘制电路原理图。

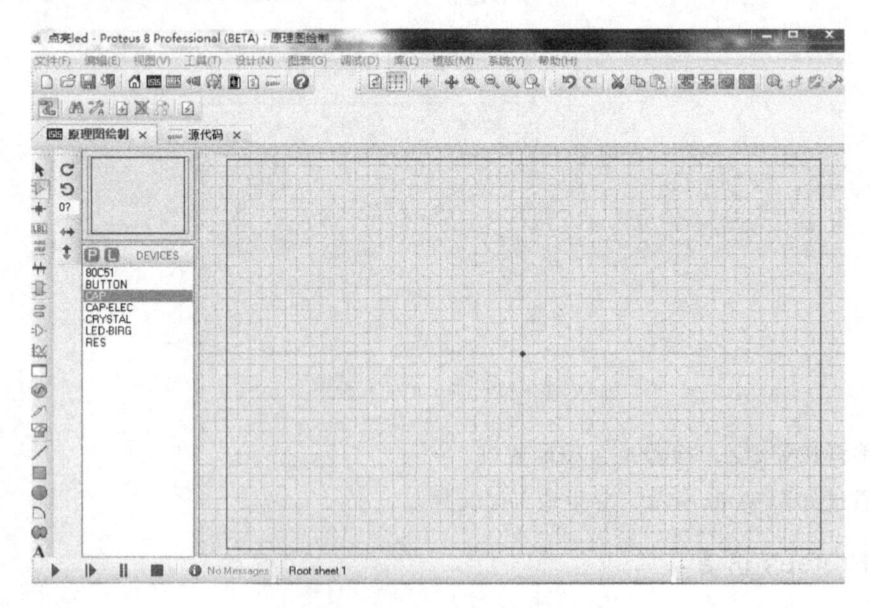

图 4-41　点亮 led 工程

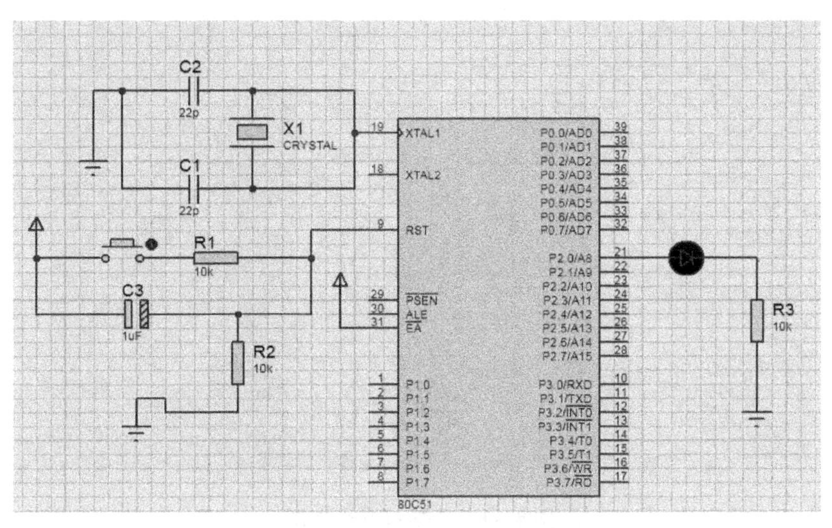

图 4-42　点亮 LED 灯电路原理图

双击图 4-42 中的 80C51 单片机元件，将之前编译通过生成的 hex 文件添加到 proteus 中，如图 4-43 所示。

图 4-43　添加 hex 文件

最后单击运行 ▶ 按钮，仿真点亮 LED，如图 4-44 所示。

4.3.3　Keil 大工程的建立

之前所讲的都是一些简单工程的例子，但是往往实际中碰到的都是比较大的项目工程，在建立大工程的时候为了能够更方便清晰地去写代码、修改代码，通常会使代码模块化，即将实现不同功能的函数独立出来，单独写在一个文件中，如图 4-45 所示。建立文件的方式可以参考 4.1.1 节。

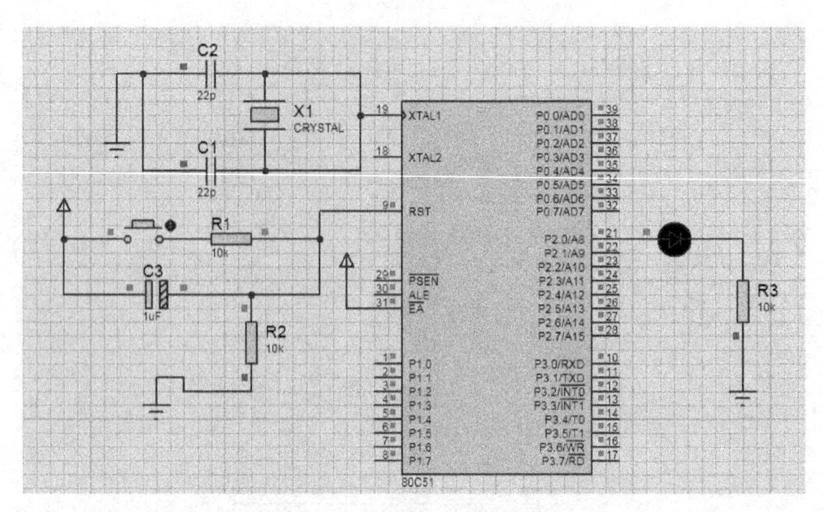

图 4-44 点亮 LED 仿真图

除了源文件，在实际工程中还有头文件。头文件的作用也是为了方便和清晰阅读程序，一般将变量的定义与函数的声明放置在头文件中，通常头文件的名字与源文件的名字相同，只是格式不同，如图 4-46 所示。头文件的建立方式参考 4.1.1 节，与建立 C 语言源文件相似。

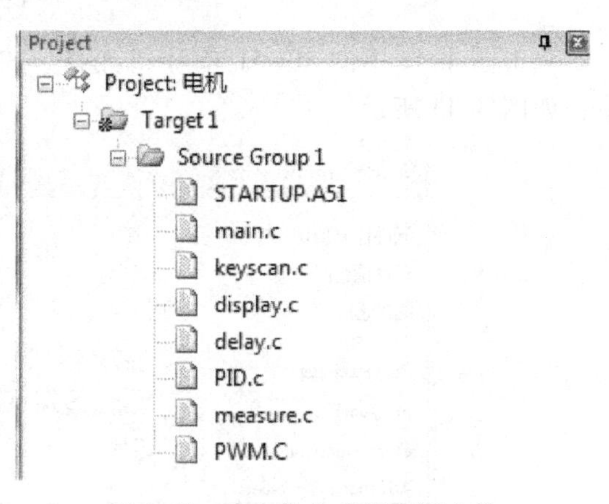

图 4-45 建立各个 C 语言源文件

源文件与头文件相联系是通过#include "相应文件名" 这条语句实现的。当该源文件中存在头文件声明过的函数时，就需要把相关的头文件包含进来，本例相关程序如图 4-47所示。

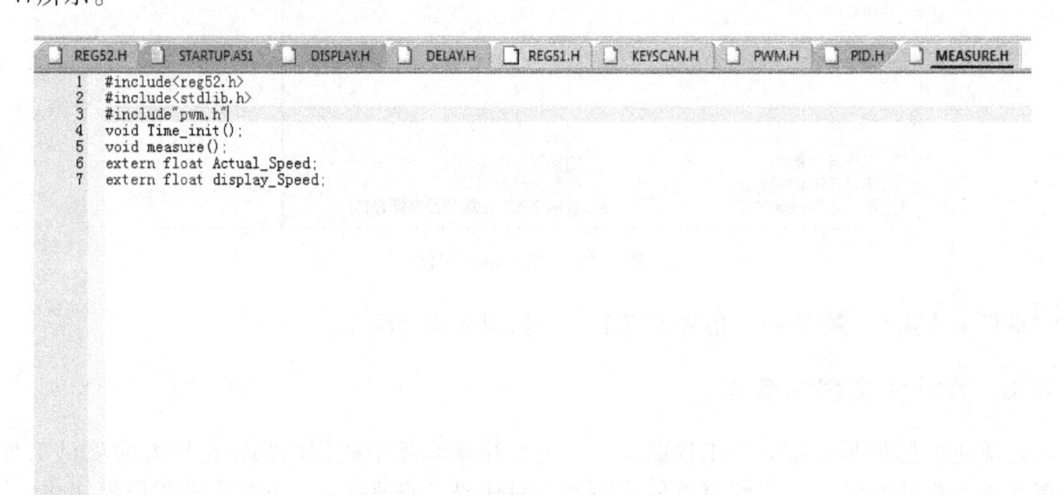

图 4-46 建立各个头文件

注意在保存头文件的时候，保存路径最好与源文件保存路径相同，如果保存路径不同，这时候就必须单击菜单中的，然后单击C51标签，找到Include Paths并单击如图4-48所示按钮。

```
1 #include"keyscan.h"
2 #include"display.h"
3 #include"delay.h"
4 #include"pid.h"
5 #include"measure.h"
6 #include"pwm.h"
```

图4-47　包含头文件C语言指令

然后添加你所存放头文件的路径文件夹，单击确定，如图4-49所示，这样在执行编译的时候才能包含相关头文件。

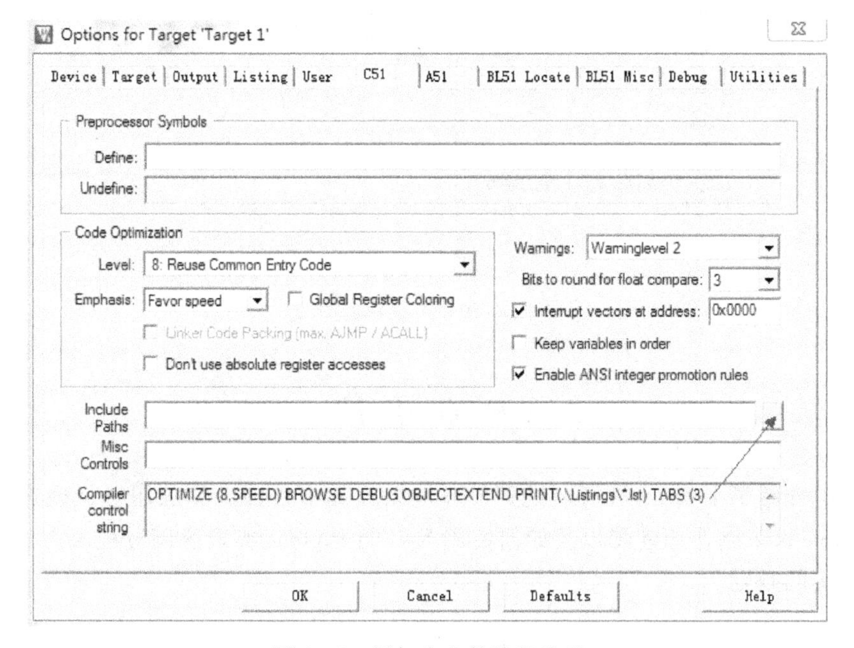

图4-48　添加头文件路径选项

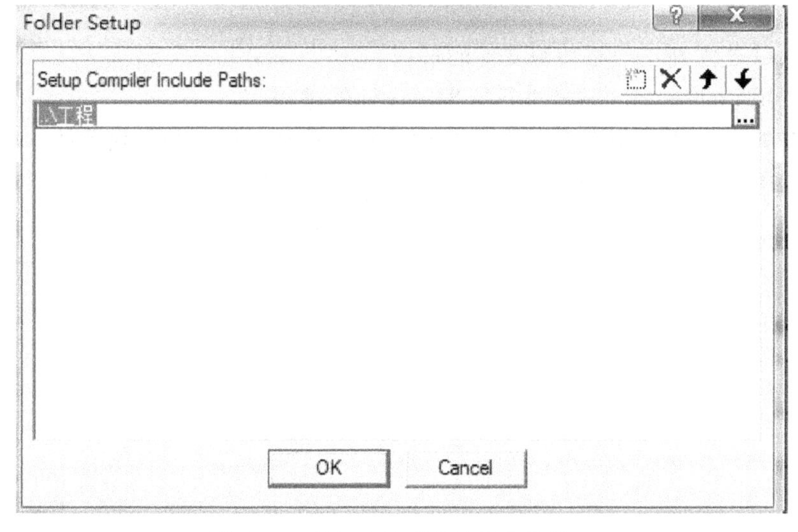

图4-49　添加本地保存的头文件路径

单击编译图标后，源文件就会包含相关的头文件，如图4-50所示。至此一个大工程建立完成。

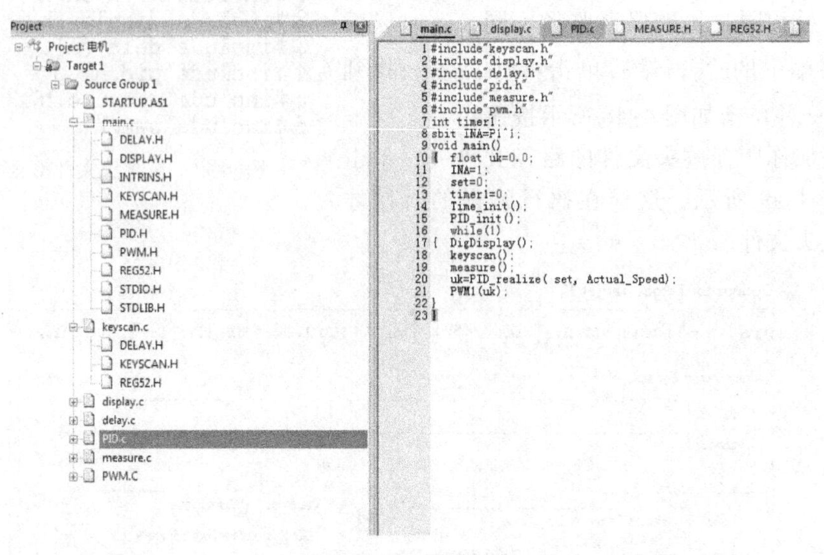

图 4-50　工程栏目图

本 章 小 结

本章简单介绍了 Proteus 与 Keil 的开发环境以及其中各种工具的用法，通过实例演示了如何使用 Proteus 来制作原理图以及如何使用 Keil 与 Proteus 实现联调过程，为后续章节的学习打下了坚实的基础。

习题

1. 简述 Keil 建立新工程添加源文件的过程。
2. 简述应用 Proteus ISIS 软件进行原理图设计的过程。
3. 如何在 Proteus ISIS 软件的编辑窗口中放置、移动、旋转和删除元件?
4. 简述应用 Proteus 软件对单片机应用系统进行仿真的过程。

80C51单片机基本输入输出接口

5.1 输入输出端口基本原理

80C51 单片机有 4 个 8 位并行 I/O 端口，称为 P0、P1、P2 和 P3。每个端口都是 8 位双向口，共占 32 个引脚。每一条 I/O 引脚线都能独立地用作输入或输出。每个端口都包括一个锁存器（即特殊功能寄存器 P0~P3）、一个输出驱动器和多个输入缓冲器。作输出时，数据可以锁存；作输入时，数据可以缓冲。但这 4 个通道的功能不完全相同，其内部结构也略有区别。它们之间的差异同列于表 5-1 中。

表 5-1 80C51 并行 I/O 接口的比较

I/O 口	位数	性质	功能	SFR 字节地址	位地址范围	驱动能力	替代功能
P0 口	8	真双向口	I/O 口 替代功能	80H	80H~87H	8 个 TTL 负载	片外程序、数据存储器低 8 位地址及 8 位数据
P1 口	8	准双向口	I/O 口 替代功能	90H	90H~97H	4 个 TTL 负载	CTC2：T2，T2EX（CTC2 仅 80C52 中有）
P2 口	8	准双向口	I/O 口 替代功能	A0H	A0H~A7H	4 个 TTL 负载	程序存储器，片外数据存储器高 8 位地址
P3 口	8	准双向口	I/O 口 替代功能	B0H	B0H~B7H	4 个 TTL 负载	串行口：RXD，TXD；中断：INT0，INT1；定时、计数器：T0，T1；片外数据存储器读写：WR，RD

5.1.1 P0 口

图 5-1 给出了 P0 口的位结构原理。它由一个输出锁存器、两个三态输入缓冲器、输出驱动电路及控制电路组成。驱动电路由上拉场效应晶体管 VT1 和驱动场效应晶体管 VT2 组成，其工作状态受控制与门、反相器和转换开关控制。

当 CPU 使控制线 C=0 时，多路开关拨向锁存器反相输出端 Q，P0 口为通用 I/O；当 C=1时，开关拨向反相器的输出端，P0 口分时作为地址/数据总线使用。

P0 口在一定条件下，可以控制 VT1 和 VT2 全截止，使引脚处于悬浮状态，可作高阻抗输入，因此 P0 口是一个真正双向口。从图 5-1 还可以看到，上下两个场效应晶体管处于反相，构成推拉式输出电路，VT1 导通时上拉，VT2 导通时下拉，大大提高了负载能力。所以 P0 的输出可驱动 8 个 LS 型 TTL 负载。

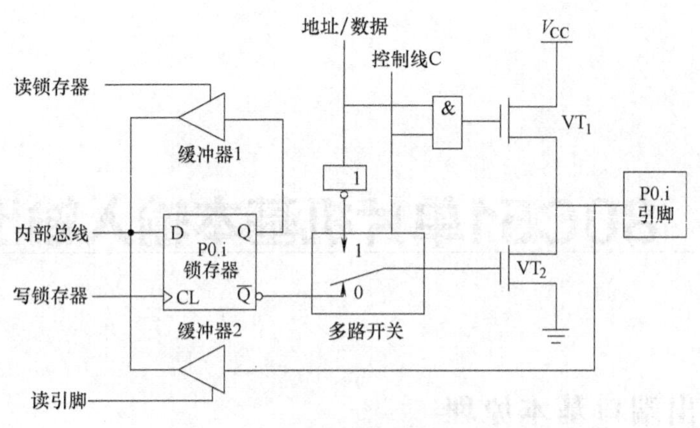

图 5-1　P0 口的位结构原理

1. P0 口作为通用 I/O 口使用

当 80C51 组成的系统无外扩存储器时，CPU 对片内存储器和 I/O 口读/写（执行 MOV 指令或 EA=1 时执行 MOVC 指令），由硬件自动使控制线 C=0，封锁与门，使 VT1 管截止，多路开关处于拨向锁存器反相输出端 $\overline{Q}$ 的状态，构成漏极开漏电路。这时，P0 口可作一般 I/O 口用，但应外接 kΩ 级的上拉电阻才导通。同时，因与门输出为 0，输出级中的上拉场效应晶体管 VT1 处于截止状态，因此，输出能高电平输出。

（1）P0 口用作输出口

当 CPU 向端口输出数据（执行输出指令），写脉冲加在锁存器的 CL 上，这样，与内部总线相连的 D 端的数据取反后就出现在反相输出端 $\overline{Q}$ 上，又经输出级 VT2 反相，在 P0 端口上出现的数据正好是内部总线的数据。这是一般的数据输出情况。

80C51 有几条输出指令功能特别强，属于“读—修改—写”指令。例如，执行一条“ANL P0, A”指令的过程是：不直接读引脚上的数据，而是 CPU 先读 P0 口锁存器 D 端的数据，当“读锁存器”信号有效时，三态缓冲器 1 开通，Q 端数据送入内部总线和累加器 A 中的数据进行逻辑“与”操作，结果送回 P0 端口锁存器。此时，引脚的状态和锁存器的内容（Q 端状态）是一致的。

对于“读—修改—写”指令，直接读锁存器而不是读端口引脚是为了避免错读引脚上的电平信号的可能性。例如，用一根端口引脚线去驱动一个晶体管的基极，当向此端口线写 1 时，晶体管导通，并把引脚上的电平拉低，这时 CPU 如要从引脚读取数据，则会把此数据（应为 1）错读为 0；若从锁存器读取而不是读引脚，则读出的应该是正确的数值 1。

（2）P0 口用作输入口

图 5-1 中的缓冲器 2 用于 CPU 直接读端口引脚的数据。当执行一条由端口输入的指令时，“读引脚”脉冲把三态缓冲器 2 打开，这样，端口引脚上的数据经过缓冲器 2 读入到内部总线。这类输入操作由数据传送指令实现（如“MOV A, P0”）。

另外，从图 5-1 中还可以看出，在读入端口引脚数据时，由于输出驱动 VT2 并接在引脚上，如果 VT2 导通，就会将输入的高电平拉成低电平，从而产生误读。所以，在端口进行输入操作前，应先向端口锁存器写入 1。因为控制线 C = 0，因此 VT1 和 VT2 全截止，引脚处于悬浮状态，可作高阻抗输入。

2. P0口作为地址/数据总线使用

当80C51还要外扩存储器（ROM或RAM）组成系统时，CPU对片外存储器读/写（执行MOVX指令或EA = 0时执行MOVC指令）时，由内部硬件自动使控制线C=1，开关MUX拨向反相器3输出端。这时，P0口可作地址/数据总线分时使用。

地址/数据线置“1”时，控制与门输出1，VT1导通，“1”经反相器后VT2截止，引脚电平为“1”。地址/数据线置“0”时，控制与门输出0，VT1截止，“0”经反相器后VT2导通，引脚电平为“0”。

综上所述，P0口既可作一般I/O端口使用，又可作地址/数据总线使用。作I/O输出时，输出级属开漏电路，必须外接上拉电阻，才有高电平输出；作I/O输入时，必须先向对应的锁存器写入1，使VT2截止，不影响输入电平。当P0口被地址/数据总线占用时，就无法再作I/O口使用了。

5.1.2 P1口

P1口其位结构原理如图5-2所示。输出驱动部分与P0口不同，内部有上拉负载电阻与电源相连，是一个准双向口，用作通用I/ O口，可驱动4个LS型TTL负载。

在P1口中，它的每一位都可以分别定义作输入线或输出线使用。输出1时，将1写入P1口的某一位锁存器，使输出驱动器的场效应晶体管截止。该位的输出引脚由内部上拉电阻拉成高电平，输出为1。输出0时，将0写入锁存器，使输出场效应晶体管导通，则输出引脚为低电平。当P1的某位作为输入线时，该位的锁存器也必须保持1（先写1），使输出场效应晶体管截止。这时，该位的引脚由内部电路拉成高电平，也可以由外部电路拉成低电平。CPU读P1引脚状态时，实际上就是读出外部电路的输入信息（例如“MOV A ，P1”）。当P1口输出高电平时，能向外提供拉电流负载，所以不必再接上拉电阻。在端口用作输入时，也必须先向对应的锁存器写入1，使FET截止。由于片内上拉电阻很大，约20~40kΩ（可视为高阻），所以不会对输入的数据产生影响。

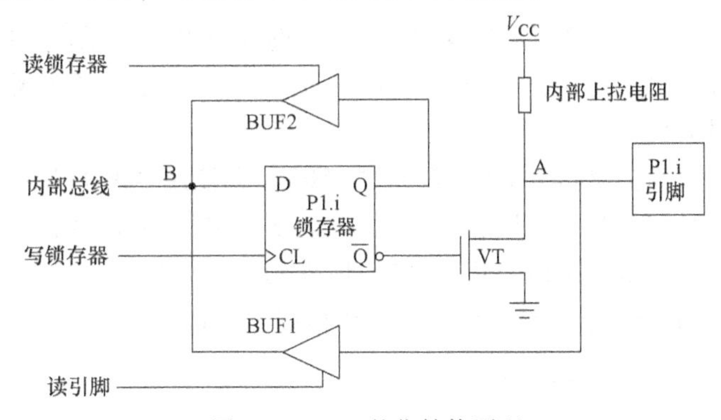

图5-2 P1口的位结构原理

5.1.3 P2口

从图5-3所示P2口的位结构原理中可以看到，P2口某位的结构与P1口类似，但比P1口多了一个多路开关和转换控制部分。内部有上拉负载电阻与电源相连，是一个准双向口，用作通用I/O口，可驱动4个LS型TTL负载。

当CPU对片内存储器和I/O口进行读/写时，由内部硬件自动使开关MUX倒向锁存器的Q端，这时P2口为一般I/O口。当CPU对片外存储器或I/O口进行读/写（执行MOVX指令或EA=0时执行MOVC指令）时，开关倒向地址线（右）端，这时，P2口只输出高8位地址。

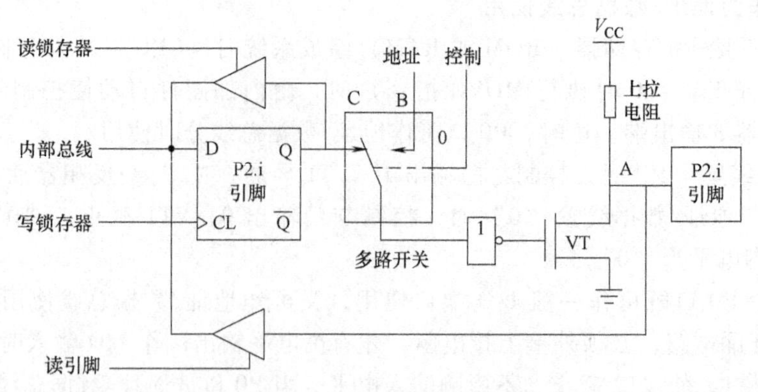

图 5-3　P2 口的位结构原理

当系统扩展片外 ROM 和 RAM 时，由 P2 口输出高 8 位地址（低 8 位地址由 P0 口输出）。此时，多路开关在 CPU 的控制下，转向内部地址线的一端。因为访问片外 ROM 和 RAM 的操作往往接连不断，所以，P2 口要不断送出高 8 位地址，此时 P2 口无法再用作通用 I/O 口。

在只需扩展 256B 片外 RAM 的系统中，使用“MO VX @ Ri”类指令访问片外 RAM 时，寻址范围是 256B，只需低 8 位地址线就可以实现。P2 口不受该指令影响，仍可作通用 I/O 口。

若扩展的 RAM 容量超过 256B，则使用“MOVX @ DPTR”指令，其寻址范围是 64KB。此时，高 8 位地址总线用 P2 口输出。在片外 RAM 读/写周期内，P2 口锁存器仍保持原来端口的数据。在访问片外 RAM 周期结束后，多路开关自动切换到锁存器 Q 端。由于 CPU 对 RAM 访问不是经常的，在这种情况下，P2 口在一定程度内仍可用作通用 I/O 口。

5.1.4　P3 口

P3 口是一个多功能端口，其位结构原理如图 5-4 所示。对比 P1 口的结构不难看出，P3 口与 P1 口的差别在于多了与非门和缓冲器。正是这两个部分，使得 P3 口除了具有 P1 口的准双向 I/O 口可驱动 4 个 LS 型 TTL 负载的功能外，还可以使用各引脚所具有的第二功能。

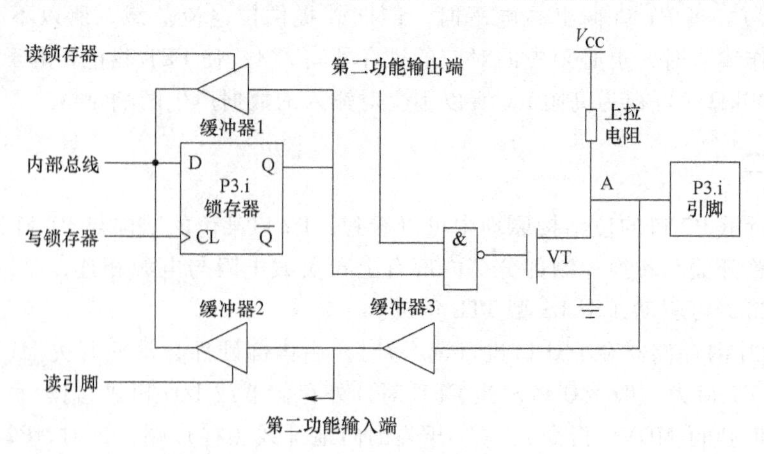

图 5-4　P3 口的位结构原理

与非门的作用实际上是一个开关，决定是输出锁存器 Q 端数据，还是输出第二功能的信号。编程时，可不必事先由软件设置 P3 口为第一功能（通用 I/O 口）还是第二功能，当 P3 口作为通用 I/O 口时，由内部硬件自动将第二功能输出线置 1，这时 P3 口为通用 I/O 口。当 P3 口作为第二功能输出/输入时，由内部硬件使锁存器 Q=1。

1. P3 口用作通用 I/O 口

工作原理与 P1 口类似。当把 P3 口作为通用 I/O 口进行输出时，“第二输出功能端”保持高电平，打开与非门，所以，锁存器输出端 Q 的状态可通过与非门送至场效应晶体管输出。

当 P3 口作为输入使用（即 CPU 读引脚状态）时，同 P0~P2 口一样，应由软件向口锁存器先写 1，即使锁存器 Q 端保持为 1，“与非”门 3 输出为 0，场效应晶体管截止，引脚端可作为高阻输入。当 CPU 发出读命令时，使缓冲器 2 上的“读引脚”信号有效，缓冲器 2 开通。于是引脚的状态经缓冲器 3（常开的）和缓冲器 2 送到 CPU 内部总线。

2. P3 口用作第二功能（替代功能）

当端口用于第二功能时，8 个引脚可按位独立定义，见表 5-2。当某位被用作第二功能时，该位的锁存器 Q 应被内部硬件自动置 1，使与非门对“第二输出功能端”是畅通的。

表 5-2 P3 口第二功能

端口号	第二功能
P3.0	RXD,串行输入口
P3.1	TXD,串行输出口
P3.2	$\overline{\text{INT0}}$,外部中断 0 的请求
P3.3	$\overline{\text{INT1}}$,外部中断 1 的请求
P3.4	T0,定时器/计数器 0 外部计数脉冲输入
P3.5	T1,定时器/计数器 1 外部计数脉冲输入
P3.6	$\overline{\text{WR}}$,外部数据存储器读选通,输出,低电平有效
P3.7	$\overline{\text{RD}}$,外部数据存储器读选通,输出,低电平有效

由于锁存器 Q 端已被置 1，“第二功能输出端”线不用作第二功能输出时也保持为 1，所以场效应晶体管截止，该位引脚为高阻输入。此时，第二输入功能为 RXD、INT0、INT1、T0 和 T1。由于端口不作为通用 I/O 口（不执行“MOV A，P3”），因此“读引脚”信号无效，三态缓冲器 2 不导通。此时，某位引脚的第二输入功能信号（如 RXD）经缓冲器 3 送入第二输入功能端。

5.2 输出电路设计

80C51 的输出端口可直接连接数字电路，也可以来驱动 LED、蜂鸣器和继电器，下面简单介绍常用的输出设备。

5.2.1 驱动 LED

LED 为发光二极管的简称，其体积小、耗电低，常被用为微型计算机与数字电路的输出设备，以指示信号状态。

一般来说，LED 具有二极管的特点，反向偏压或者电压太低时，LED 将不发光；正向偏压时，LED 将发光。以红色 LED 为例，正向偏压时 LED 两端约有 1.7V 左右的压降，图 5-5 所示为其特性曲线。在 80C51 中，由于单片机内部存在上拉电阻因此不能从内部产生 10~20MA 的电流使 LED 亮，因此电流是从外面流到 80C51 端口，输出电路连接如图 5-6 所示。

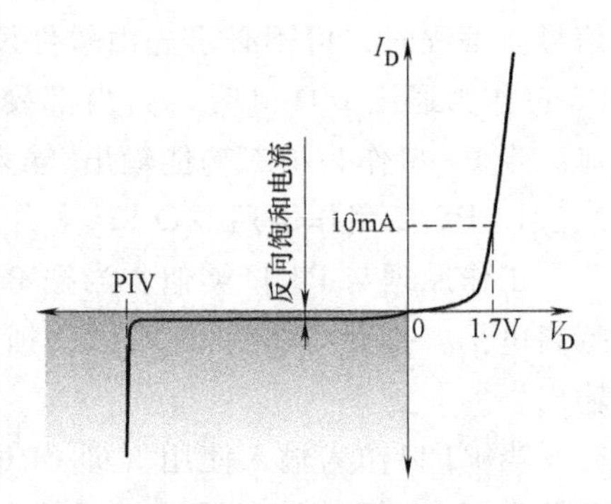

图 5-5 LED 的特性曲线

在图 5-6 中，连接 LED 外部的电路中有一个电阻 *R*，是为了限制流过 LED 的电流在 10MA 附近，起到一个限流作用。

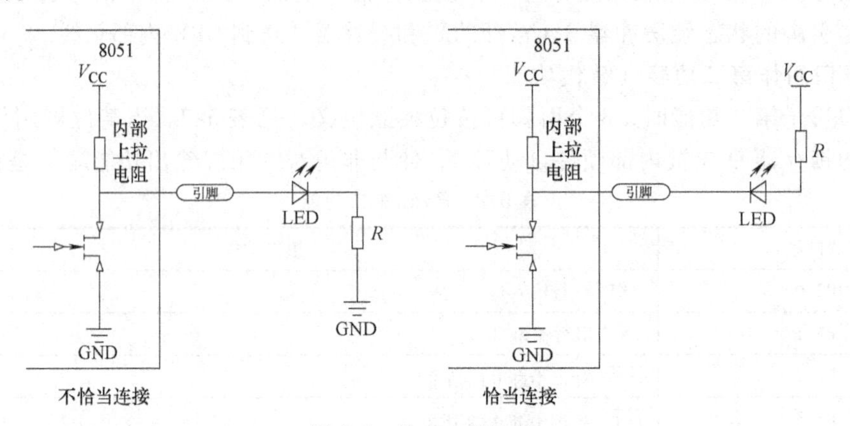

图 5-6 输出电路连接

5.2.2 驱动蜂鸣器

常用的发声装置称为蜂鸣器（Buzzer）。市售蜂鸣器分电压型与脉冲型，电压型送电就会发声，其频率固定；脉冲型蜂鸣器必须加入脉冲才会发声，其声音的频率就是加入脉冲的频率。图 5-7 为 12mm 脉冲型蜂鸣器的外观和尺寸。

80C51 驱动蜂鸣器的信号为电压或各种频率的脉冲，而其驱动电路非常简单，如图 5-8 所示，不管使用哪个端口都可以，且驱动电流都足以使晶体管输出饱和。

5.2.3 驱动继电器

若要使用 80C51 来控制不同电压或较大电流的负载时，则可通过继电器来转达控制的意图。图 5-9 所示为常用继电器，这种继电器所使用的电压有 DC 12V 、DC 9V、DC 6V、DC 5V 等，通常会表示在上面。其中 2~3 之间为常闭接点，2~1 之间为常开接点，而只有一组 1~2~3 称为 1P。

继电器和 80C51 连接的时候，一般用晶体管驱动。图 5-10a 所示为高电平动作的继电器驱动电路，当 80C51 输出高电平时，从 V_{CC} 经有上拉电阻和限流电阻提供的电流大小约为 0.39mA，一般 NPN 型晶体管放大倍数有 100 以上，所以电流变为 3.9mA，晶体管可工作于饱和状态；当 80C51 输出低电平时，FET 输出端导通，输出接近为 0V，所以晶体管为截止状态。图 5-10b 为低电平动作的继电器驱动电路，与高电平工作原理相似。另外，由于线圈属于电感性负载，当晶体管截止时，电流为 0，而原本线圈上的电流不可能瞬间为 0，所以二级管 VD 就提供一个放电路径，使线圈不会产生高的反向电动势，防止晶体管被破坏。

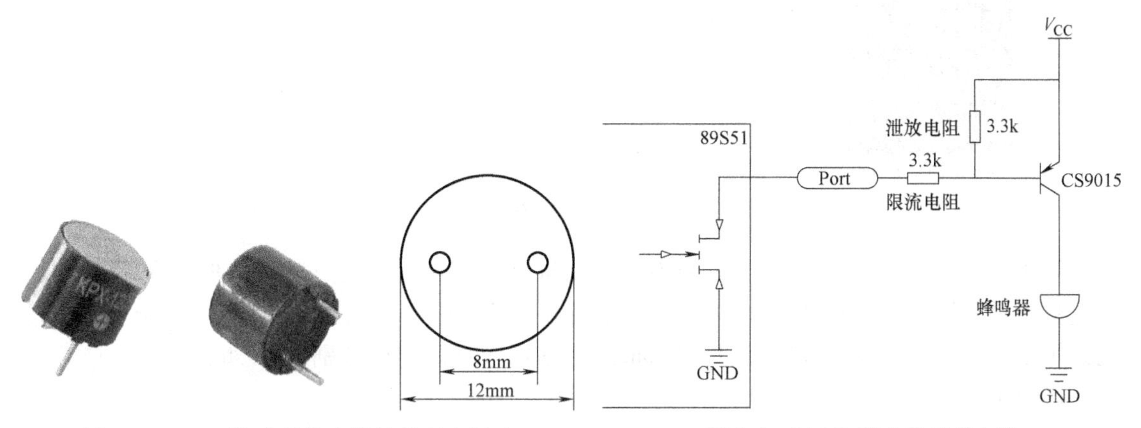

图 5-7　12mm 脉冲型蜂鸣器的外观和尺寸　　　图 5-8　80C51 驱动蜂鸣器电路

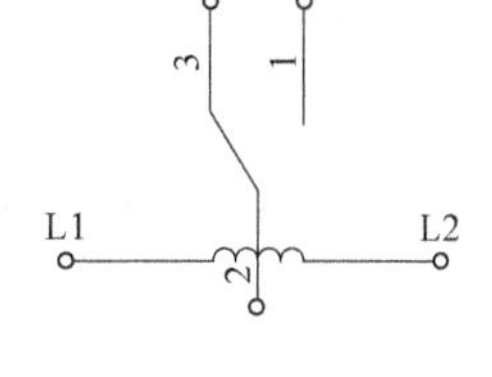

图 5-9　常用继电器

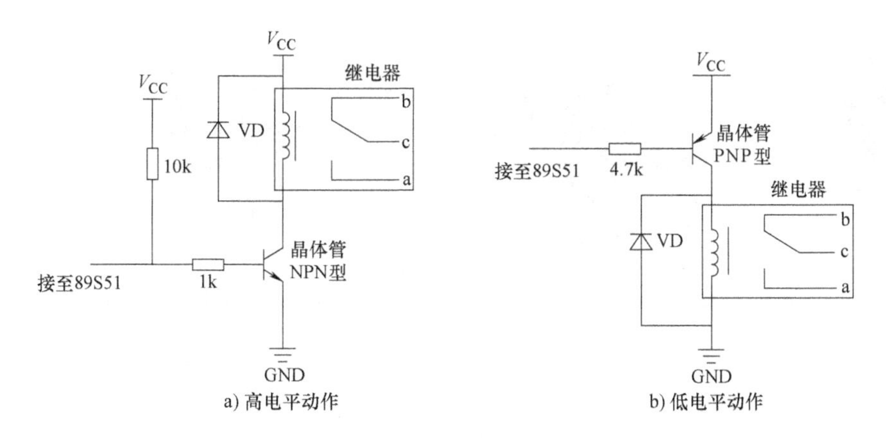

图 5-10　使用晶体管驱动继电器

5.2.4　驱动七段 LED 数码管

七段 LED 数码管是利用 7 个 LED 组合而成的显示装置，可以显示 0~9 这 10 个数字，如图 5-11 所示。

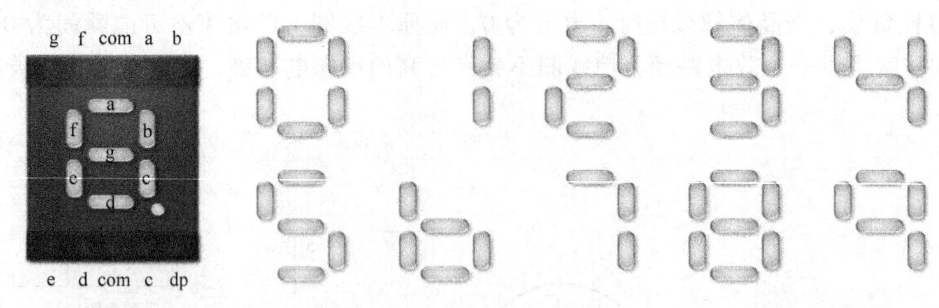

图 5-11　七段 LED 数码管

基本上，七段 LED 数码管可以分为共阳极与共阴极两种，共阳极就是把所有 LED 的阳极连接到公共端 com，而每个 LED 的阴极分别为 a、b、c、d、e、f、g 及 dp；同样，共阴极就是把所有 LED 的阴极连接到公共端 com，而每个 LED 的阳极分别为 a、b、c、d、e、f、g 及 dp，如图 5-12 所示。

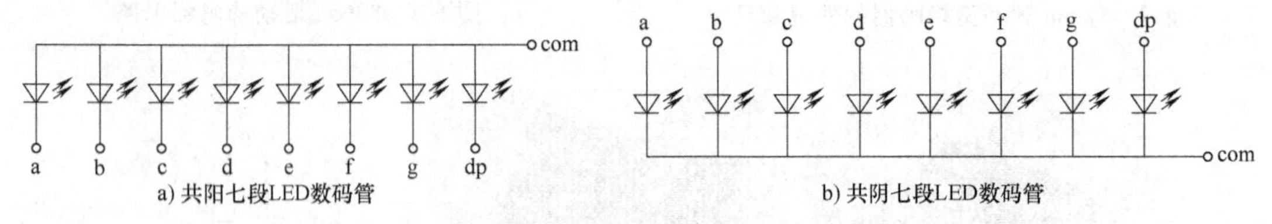

图 5-12　七段 LED 数码管的结构

常用的七段 LED 数码管如图 5-13 所示。

共阳极七段数码管在和单片机相互连接时，首先把 com 脚接到 $+V_{CC}$，然后将每阴极引脚各接一个限流电阻，如图 5-14 所示。

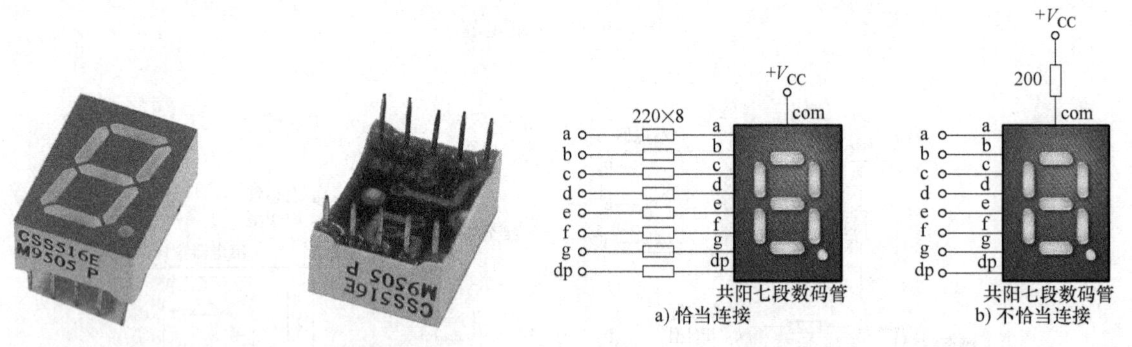

图 5-13　常用的七段数码管　　图 5-14　共阳极七段 LED 数码管的应用

若 a 连接 80C51 输出端的最低位，dp 连接 80C51 输出端的最高位，且希望小数点不亮，则 0~9 的驱动信号编码见表 5-3 所示。

表 5-3　共阳极七段 LED 数码管驱动信号编码

数字	(dp)	16 进位	显示
0	11000000	0xc0	0
1	11111001	0xf9	1
2	10100100	0xa4	2

（续）

数字	（dp）	16 进位	显示
3	10110000	0xb0	3
4	10011001	0x99	4
5	10010010	0x92	5
6	10000011	0x83	6
7	11111000	0xf8	7
8	10000000	0x80	8
9	10011000	0x98	9

共阴极七段数码管和单片机相连时，首先 com 脚接地（GND），然后将每一个的阳极脚接一个限流电阻，如图 5-15 所示。

若 a 连接 80C51 输出端的最低位，dp 连接 80C51 输出端的最高位，且希望小数点不亮，则 0~9 的驱动信号编码见表 5-4。

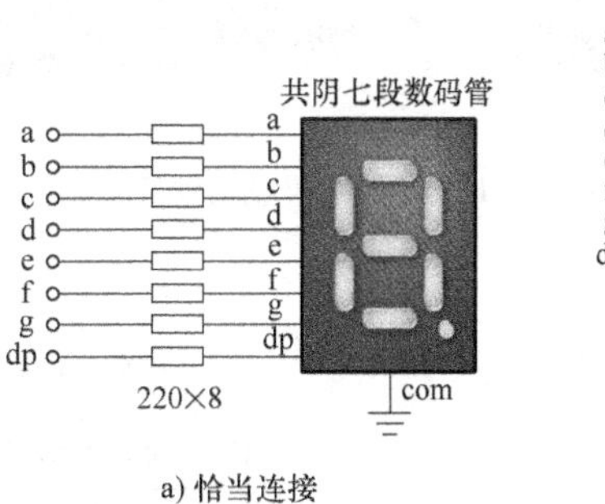

a) 恰当连接

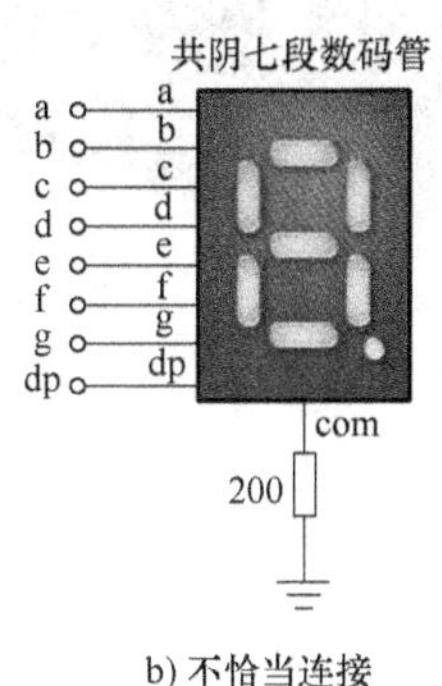

b) 不恰当连接

图 5-15　共阴极七段 LED 数码管的应用

5.2.5　多个七段数码管的应用

若要同时使用多个七段 LED 数码管，必须采用扫描式显示。在硬件电路方面，首先将每个七段 LED 数码管的 a、b、c、d、e、f、g、dp 引脚都连接在一起，再使用晶体管分别驱动每一个七段 LED 数码管的公共端引脚 com。市面上都是把多个七段数码管封装在一起叫 LED 数码管集成模块，如图 5-16 所示。

表 5-4　共阴极七段数码管驱动信号编码

数字	（dp）	16 进位	显示
0	00111111	0x3f	0
1	00000110	0x06	1
2	01011011	0x5b	2
3	01001111	0x4f	3
4	01100110	0x66	4
5	01101101	0x6d	5
6	00111100	0x3c	6
7	00000111	0x07	7
8	01111111	0x7f	8
9	01100111	0x37	9

多个数码管到底如何和单片机连接呢？实际的操作是：数码管的公共端接到 138 译码器，接到 138 译码器上是为了控制第几个数码管亮和灭，称为数码管的位选端。段码段通过 74H573 锁存器接到单片机的 I/O 口，这是为了控制单个数码管中七段中哪一段的亮灭，称

为数码管的段选端。具体硬件连接如图 5-17 和图 5-18 所示。

图 5-16　LED 数码管集成模块

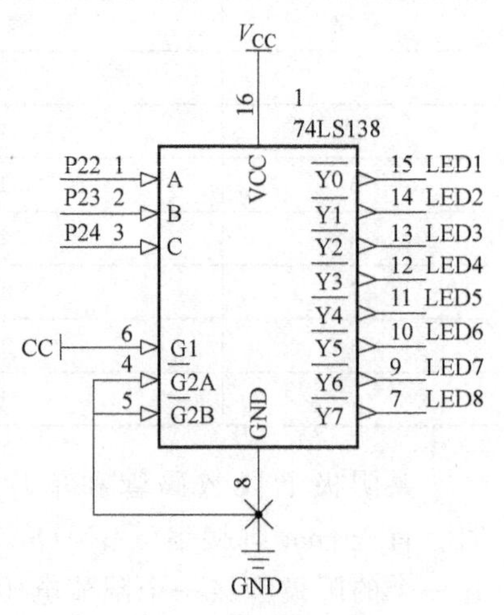

图 5-17　数码管的位选端接到 138 译码器

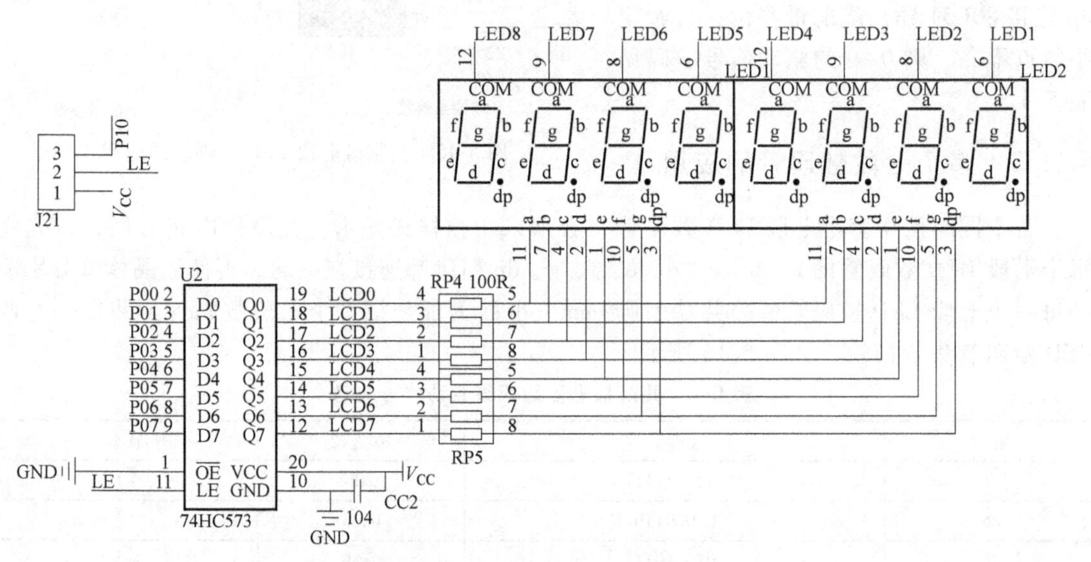

图 5-18　段码段通过 74H573 锁存器接到单片机的 I/O 口

例：根据图 5-17 和图 5-18 所示的硬件电路原理，编写程序使八段数码管中第一个数码管显示 6。

```
#include <reg51.h>
#define GPIO_DIG  P0
sbit LSA=P2^2; //位选端初始化命名
sbit LSB=P2^3;
sbit LSC=P2^4;
unsigned char code
DIG_CODE[10]={0x3f,0x06,0x5b,0x4f,0x66,0x6d,0x7d,0x07,0x7f,0x6f};
void main(void)
```

```
{
    LSA=0;
    LSB=0; //通过对 LSA、LSB、LSC 都输入 0 使得第一个数码管亮
    LSC=0;
    while(1)//程序在 While 里面一直循环
    {
    GPIO_DIG=DIG_CODE[6]; //送段选信号 0X7d 使数码管上显示 6
    }
}
```

5.3　输入电路设计

5.3.1　输入设备和电路设计

对于数字电路而言，最基本的输入器件就是开关，常用的开关就是按钮开关。按钮开关的特色就是具有自动回复（弹回）的功能，当按下按钮时，其中的接点接通（或切断）；放开按钮后，接点恢复为切断（或接通）。在电子电路方面，最典型的按钮开关就是 Tack Switch，如图 5-19 所示。

不管是 Tack Switch 还是其他种类的按钮开关，若要将它作为数字电路或者微型计算机电路的输入时，通常会接一个电阻到 V_{CC}或 GND，如图 5-20 所示。

图 5-19　Tack switch 按钮开关

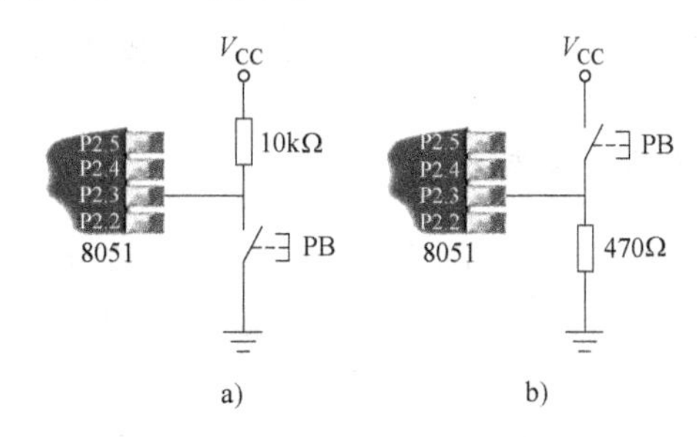

图 5-20　按钮开关的输入电路

图 5-20a 中，平时按钮开关为开路状态，其中 10kΩ 的电阻连接到 V_{CC}，使输入引脚上保持为高电平信号；若按下按钮开关，则经由开关接地，输入引脚上将变为低电平信号；放开开关后输入引脚上恢复为高电平信号，如此可产生一个负脉冲。图 5-20b 中，平时按钮开关为开路状态，其中 470Ω 的电阻接地，使输入引脚上保持为低电平信号；若按下开关，则经由开关接 V_{CC}，输入引脚将变为高电平信号；放开开关时，输入引脚上将恢复为低电平信号，如此可产生一个正脉冲。

5.3.2　抖动与去抖动

开关在操作时，并不是想象中那么理想。实际上，操作开关时会有很多不确定状态，也就是噪声。在刚才所介绍的输入电路中，开关的动作是理想状态。但如果仔细分析开关的真实动作，就会发现许多非预期的状态，如图 5-21 所示，也种非预期的状态称为抖动，也就是噪声。

接下来介绍一种软件去抖动的方法，避开产生抖动的10~20ms，即可达到去抖动的效果。怎么做呢？只要在输入第一个状态的输入信号时即执行10~20ms的延时函数。当按下按钮开关的瞬间，程序将执行debouncer函数，而这个函数就是一个延迟函数，内容如下：

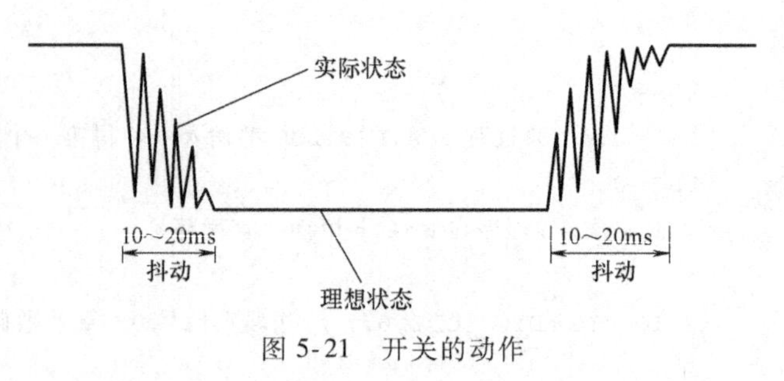

图 5-21　开关的动作

```
void debouncer(void)                //去抖动函数开始
  {
    int  i;                         //声明变量
    for(i=0;i<2400;i++);            //连数2400次
  }                                 //去抖动函数结束
```

以产生负脉冲的按钮开关为例，产生的波形如图5-22所示。

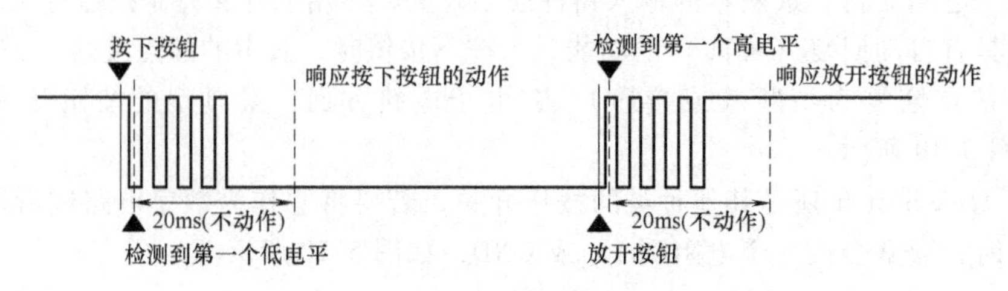

图 5-22　按钮开关动作与去抖动函数波形分析

5.3.3　矩阵键盘

矩阵键盘实际是多个独立按键组合在一起形成4×4的按键阵列，具体原理如图5-23所示。

无论是独立键盘还是矩阵键盘，单片机检测其是否被按下的依据都是一样的，也就是检测与该键对应的I/O口是否为低电平。独立按键有一端固定为低电平，单片机写程序检测比较方便，而矩阵键盘两端都与单片机I/O相连，因此在检测时需人为通过单片机I/O口送出低电平，根据原理图的连接方式，把P1^0~P1^3称为低位(即键盘的列节点)，把P1^4~P1^7称为高位（即键盘的行节点）。这里提供一种具体的方法：行列扫描法。

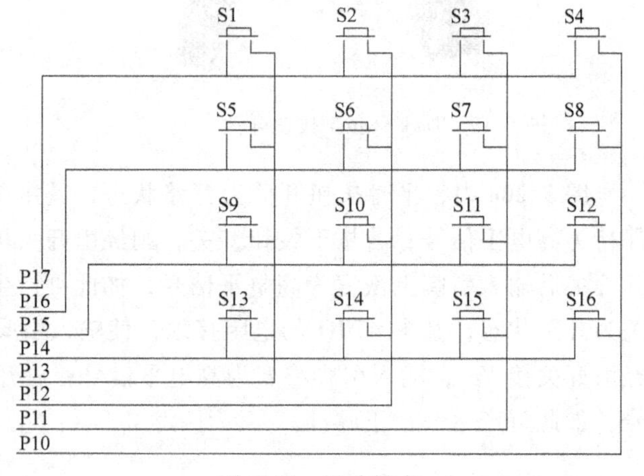

图 5-23　矩阵键盘

可以通过高四位全部输出低电平，低四位全部输出高电平来实现行列扫描。当接收到的数据，低四位不全为高电平时，说明有按键按下，然后通过接收的数据值，判断是哪一列有按键按下，然后再反过来，高四位输出高电平，低四位输出低电平，然后根据接收到的高四位的值判断是那一行有按键按下，这样就能够确定是哪一个按键按下了。

举一个例子，假如是 S10 这个键按下了，如何来检测？

第一步：先把 P1 高四位输出低电平，低四位输出高电平，即输出 0x0f，由于是 S10 被按下，此处节点被接通，则会出现低四位中的 P1^2 由高电平变为低电平。此时可以得出第二列有键下。

第二步：再把 P1 的高四位输出高电平，低四位输出低电平，即输出 0xf0，由于是 S10 被按下，此处节点接通，则会出现高四位中的 P1^5 由高电平变为低电平，此时可以得出第三行有键按下。

综合得出第三行第二列有键按下，即 S10 键按下。

```
void KeyDown(void)
{
    char a=0;
    GPIO_KEY=0x0f;
    if(GPIO_KEY! =0x0f)//读取按键是否按下
    {
      Delay10ms();//延时 10ms 进行消抖
      if(GPIO_KEY! =0x0f)//再次检测键盘是否按下
      {
        GPIO_KEY=0X0F; //测试列
        switch(GPIO_KEY)
      {
        case(0X07):KeyValue=0;break;
        case(0X0b):KeyValue=1;break;
        case(0X0d):KeyValue=2;break;
        case(0X0e):KeyValue=3;break;
      }
        GPIO_KEY=0XF0; //测试行
            switch(GPIO_KEY)
      {
        case(0X70):KeyValue=KeyValue;break;
        case(0Xb0):KeyValue=KeyValue+4;break;
        case(0Xd0):KeyValue=KeyValue+8;break;
        case(0Xe0):KeyValue=KeyValue+12;break;
      }
      while((a<50)&&(GPIO_KEY! =0xf0))//按键松手检测
      {
        Delay10ms();
        a++;
      }
    }
  }
}
```

5.4 应用实例

5.4.1 蜂鸣器发声

1. 设计要求

P1^5 和蜂鸣器相连，蜂鸣器发声仿真如图 5-24 所示。

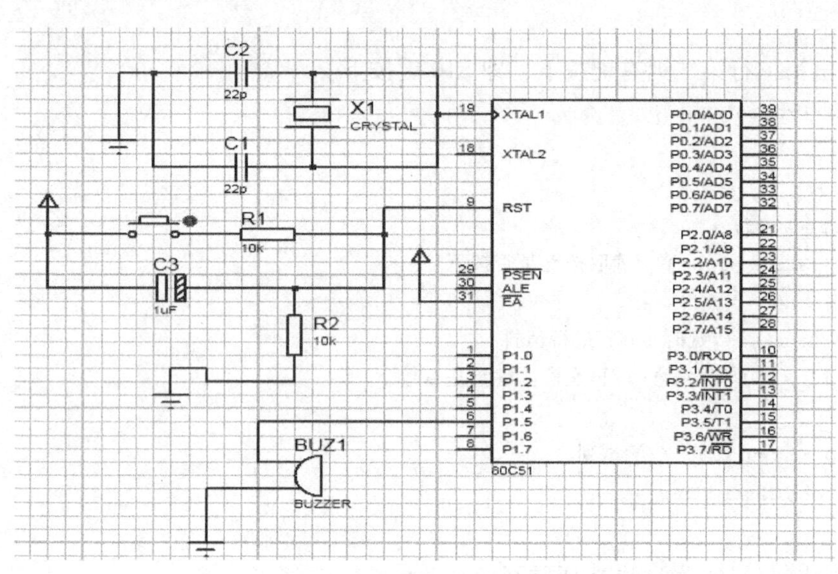

图 5-24 蜂鸣器发声仿真

2. 软硬件设计

打开 proteus，在编辑窗口中单击元件列表中的 P 按钮，添加元件。然后按照图 5-24 所示连线绘制硬件电路图。元器件选取见表 5-5。

表 5-5 元器件选取

单片机 80C51	按钮 BUTTON	电解电容 CAP-ELEC	晶振 CRYSTAL
瓷片电容 CAP(22pF)	电阻 RES	蜂鸣器 buzzer	

软件编程如下：

```
/ **************************************************************************** /
* 实 验 名        :蜂鸣器实验
* 实验效果        :使蜂鸣器发声
#include <reg51.h>
sbit Beep =  P1^5 ;        //声明 P1 的第 5 个端口与蜂鸣器相连
void Delay(unsigned int i) ;
void main()
{  Beep= 1;
   Delay(5);
   Beep= 0;
```

```
   Delay(5);
}
void Delay(unsigned int i)      //延时程序
{  char j;
   for(i; i > 0; i--)
     for(j = 200; j > 0; j--);
}
```

3. 调试仿真

仿真结果如图 5-25 所示，和要求完全一致。

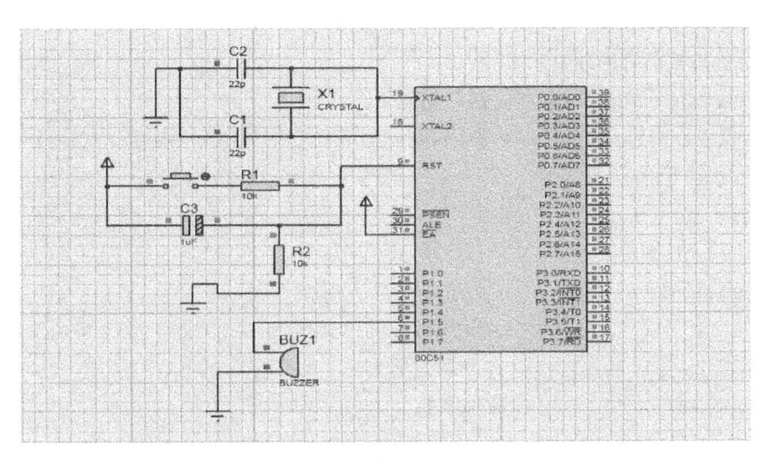

图 5-25　蜂鸣器发声仿真结果

5.4.2　单只数码管循环显示 0~9

1. 设计要求

本例运行时，电路中的单只数码管会循环显示 0，1，2，…，9，电路如图 5-26 所示。

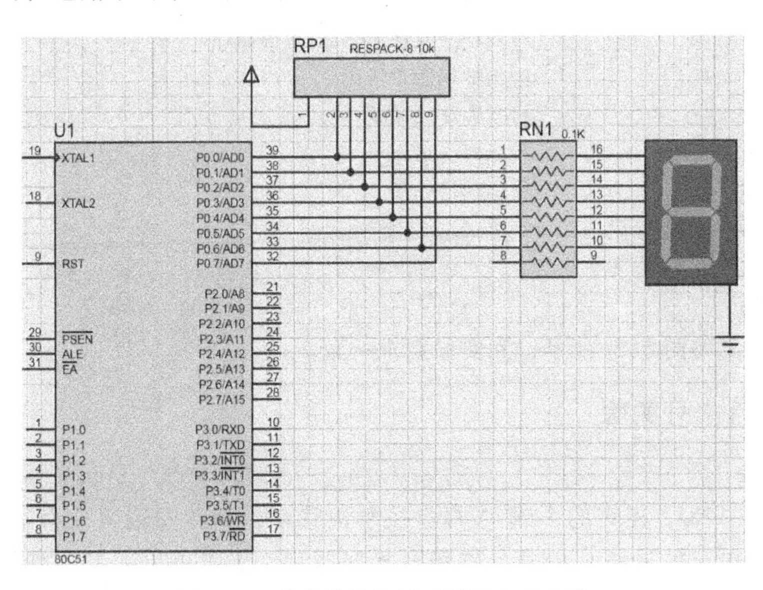

图 5-26　单个数码管循环显示 0~9 电路

2. 软硬件设计

打开 proteus，在编辑窗口中单击元件列表中的 P 按钮，添加元件。然后按照图 5-26 所示连线绘制硬件电路图。元器件选取见表 5-6。

表 5-6 元器件选取

单片机 80C51	按钮 BUTTON	电解电容 CAP-ELEC	晶振 CRYSTAL
瓷片电容 CAP(22pF)	电阻 RES	排阻 RESACK-8	数码管 7SEG-COM-CATHODE
电阻 RES16DIPIS			

软件编程如下：

```
/ ******************************************************************************
 *实 验 名      :单只数码管循环显示 0~9
 *实验效果      :数码管一直在 0~9 之间循环的显示
******************************************************************************/
#include <reg51.h>
#include <intrins.h>
#define uchar unsigned char
#define uint unsigned int
uchar code DSY_CODE[]={0x3f,0x06,0x5b,0x4f,0x66,0x6d,0x7d,0x07,0x7f,0x6f};
                              //0~9 段选码
void DelayMS(uint x)          //延时函数
{  uchar t;
   while(x--)
     for(t=0;t<120;t++);
}
void main()
{  uchar i=0;
   P0=0x00;
   while(1)                   //程序一直在 while 里面循环
   {  P0=DSY_CODE[i];         //给数码管送段码
      i=(i+1)% 10;            //i 从 0~9 循环
      DelayMS(300);           //延时 300ms
      P0=0x00;                //消影的作用
   }
}
```

3. 调试仿真

运行后的仿真如图 5-27 所示，和实验要求一致。

5.4.3 左右流水灯实验

1. 设计要求

P0 口接 8 只 LED，点亮的 LED 从右边往左边移动，到达左边再往右边移动，依次循环。本例用汇编语言编写和 C 语言分别编写程序实现，读者可以对着两种语言进行比较。电路如图 5-28 所示。

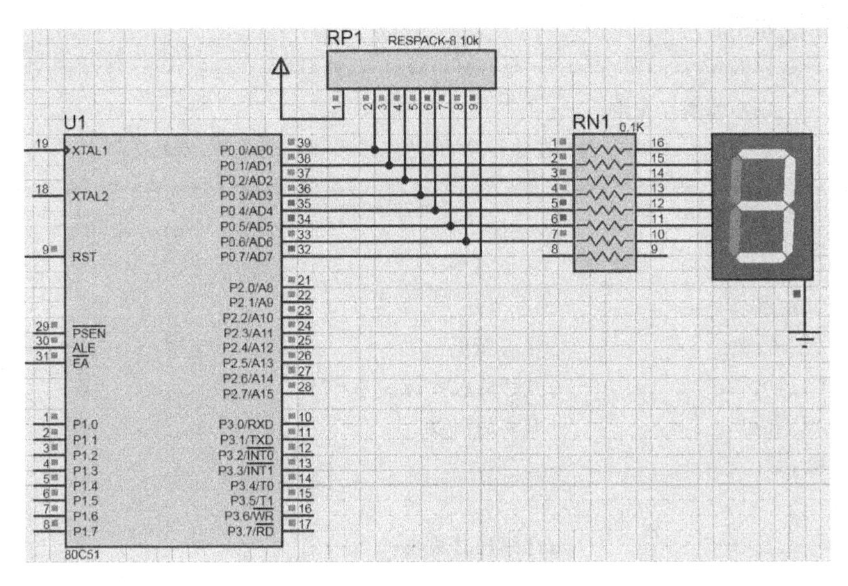

图 5-27　运行后的仿真

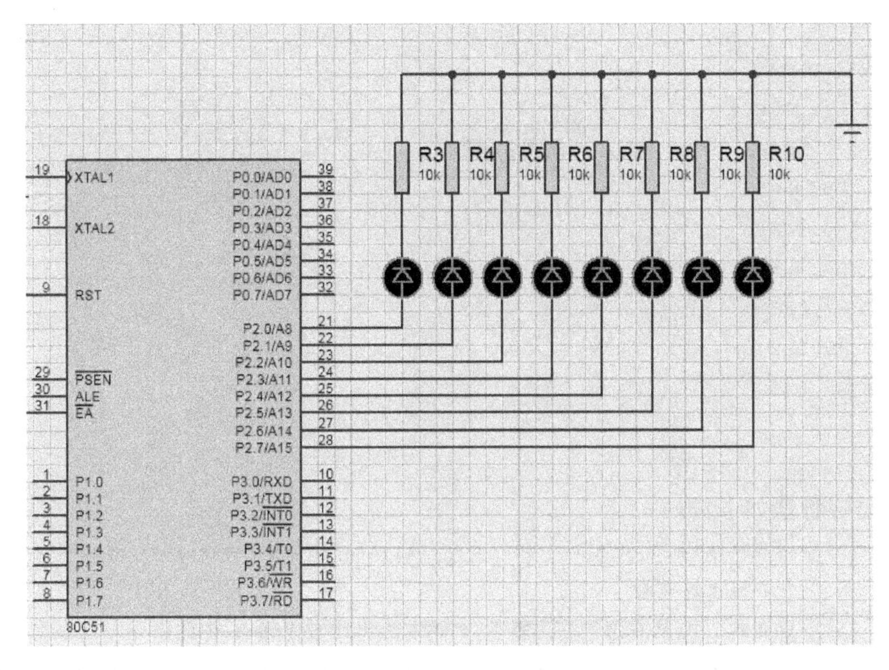

图 5-28　左右流水灯实验电路

2. 软硬件设计

打开 proteus，在编辑窗口中单击元件列表中的 P 按钮，添加元件。然后按照图 5-28 连线绘制硬件电路图。元器件选取见表 5-7。

表 5-7　元器件选取

单片机 80C51	按钮 BUTTON	电解电容 CAP-ELEC	晶振 CRYSTAL
瓷片电容 CAP(22pF)	电阻 RES	8 个 LED 灯 LED-BIBY	

1）汇编程序如下：

```
/ ******************************************************************************
 * 实 验 名      :左右流水灯实验
 * 实验效果      :点亮的 LED 从右边往左边移动,到达左边再往右边移动,依此循环
****************************************************************************** /
      ORG    00H
      LJMP    MAIN
      ORG    30H
MAIN: MOV  A ,#0FEH               ;将 A 赋值
LOOP: MOV  R1,#007H               ;左移的次数
      MOV  R2,#007H               ;右移的次数
LIFT: MOV  P2,A
      RL  A
      ACALL  DELAY                ;调用延时函数
      DJNZ R1,LIFT
RIGHT:MOV  P2,A
      RR  A
      ACALL  DELAY
      DJNZ R2,RIGHT
      LJMP    LOOPN               ;跳回主函数
DELAY:MOV  R5,#005H
DE1:  MOV  R6,#0FFH
DE2:  MOV  R7,#0FFH
DE3:  DJNZ R7,DE3
      DJNZ R6,DE2
      DJNZ R5,DE1
      RET
      END
```

2）C 语言程序如下：

```
/ ******************************************************************************
 * 实 验 名      :左右流水灯实验
 * 实验效果      :点亮的 LED 从右边往左边移动,到达左边再往右边移动,依此循环
****************************************************************************** /
#include<reg51.h>
#include<intrins.h>                              //左右移函数这个头文件
#define GPIO_LED P2                              //将 P2 口另外取名为 GPIO_LED
void Delay10ms(unsigned int);                    //误差 10ms
void main(void)
{  unsigned char n;
   GPIO_LED=0xfe;                                //1111_1110→1111_1101
   while(1)
```

```
    {   for(n=0;n<7;n++)                              //左移 7 次,到达最左边
        {   GPIO_LED=_crol_(GPIO_LED,1);              //将 GPIO_LED 左移一位
            Delay10ms(50);                            //延时
        }
        for(n=0;n<7;n++)                              //右移 7 次,到达最右边
        {   GPIO_LED=_cror_(GPIO_LED,1);              //将 GPIO_LED 右移一位
            Delay10ms(50);                            //延时
        }
    }
}
void Delay10ms(unsigned int c)                        //延时函数误差 10ms
{   unsigned char a,b;
    for(;c>0;c--)
        for(b=38;b>0;b--)
            for(a=130;a>0;a--);
}
```

3. 调试仿真

实验结果和要求一致，具体仿真如图 5-29 所示。

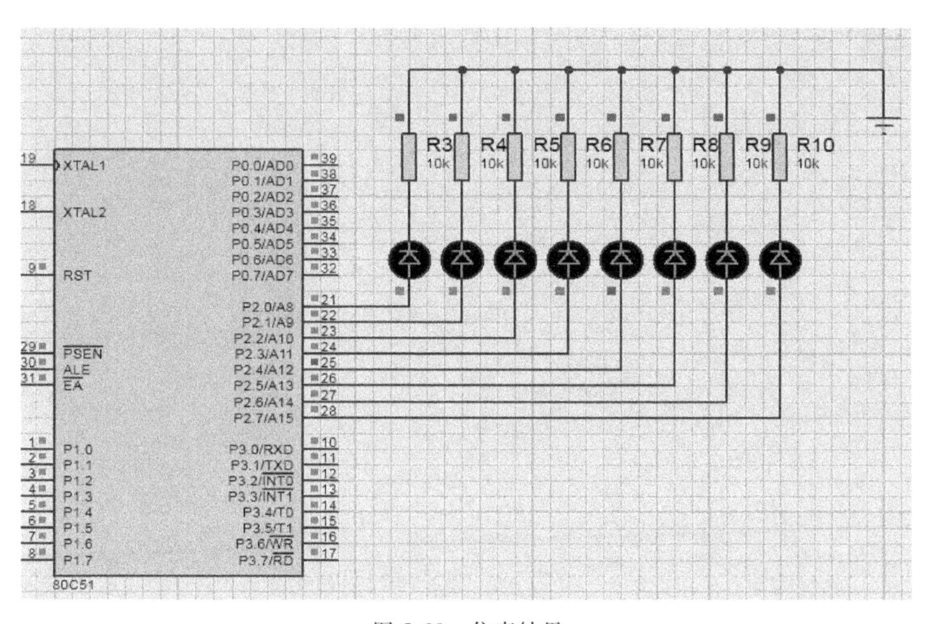

图 5-29　仿真结果

本 章 小 结

本章介绍了 I/O 端口的结构、常用工作方式以及输入和输出电路的设计与应用。51 单片机 4 个 I/O 端口线路设计得非常巧妙，学习 I/O 端口逻辑电路不但有利于正确合理地使用端口，而且会对设计单片机外围逻辑电路有所启发。

习题

1. 80C51 的 4 个 I/O 口在使用上有哪些分工和特点？试比较各口的特点。P3 口的第二（替代）功能有哪些？

2. 80C51 端口 P0~P3 作通用 I/O 口时，在输入引脚数据时，应注意什么？

3. 在程序里如何以简单的方式来防止输入开关的抖动现象？

4. 思考用一个开关控制一个 LED 灯的亮灭，请编写程序。

5. 思考用一个开关控制 7 个 LED 灯的左右循环。

6. 在驱动 LED 的时候为什么要接一个限流电阻？

第6章 80C51单片机中断系统

6.1 中断系统概念与原理

6.1.1 中断、中断源及中断优先权

1. 中断

中断是指程序执行过程中，当有某种外部或内部事件发生时，向 CPU 提出请求（中断请求），CPU 暂停正在执行的程序转而执行处理该事件的程序（中断服务程序），执行处理完毕再回到原断点继续执行原程序。中断流程如图 6-1 所示。

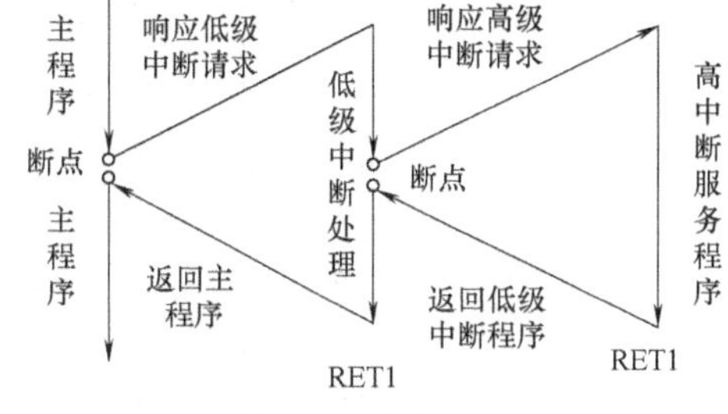

图 6-1　中断流程

2. 中断源

中断源是指引起中断的外部或内部事件。中断源有以下几种：

1）I/O 设备，一般的 I/O 设备（键盘、打印机、A-D 转换器等）在完成自身的操作后，向 CPU 发出中断请求，请求 CPU 为其服务。

2）硬件故障，例如，电源断电就要求把正在执行的程序的一些重要信息（继续正确执行程序所必需的信息，如程序计数器、各寄存器的内容以及标志位的状态等）保存下来，以便重新供电后能从断点处继续执行。当电压下降到一定值时，就向 CPU 发出中断请求，由计算机的中断系统执行上述各项操作。

3）实时时钟，在控制中常会遇到定时检测和控制的情况。若 CPU 执行一段程序来实现延时，则在规定时间内，CPU 便不能进行其他任何操作，从而降低了 CPU 的利用率。因此，常采用专门的时钟电路。当需要定时时，CPU 发出命令，启动时钟电路开始计时，待到达规定的时间后，时钟电路发出中断请求，CPU 响应并加以处理。

80C51 有 5 个中断源，它们在程序存储器中各有固定的中断服务程序入口地址（也称为矢量地址），当 CPU 响应中断时，硬件自动形成各自的入口地址，由此进入中断服务程序，这些中断源的名称、符号、产生的原因及中断服务入口地址见表 6-1。

3. 中断优先级

几个中断源同时申请中断时，或者 CPU 正在处理某个中断事件时，又有另一事件申请中断，CPU 必须区分哪个中断源更重要，从而确定优先处理哪个中断源。优先级高的事件可以中断 CPU 正在处理的低级的中断服务程序，待完成了高级中断服务程序之后，再继续被中断的低级中断服务程序。这是中断嵌套问题。

表 6-1　80C51 的中断源

中断源名称	中断源符号	中断产生原因	中断入口地址
外部中断 0	INT0	P3.2 引脚的低电平或下降沿信号	0003H
外部中断 1	INT1	P3.3 引脚的低电平或下降沿信号	0013H
T0 中断	T0	定时器/计数器 0 计数溢出	000BH
T1 中断	T1	定时器/计数器 1 计数溢出	001BH
串行口中断	TI/RI	串行通信完成一帧数据发送或接收引起中断	0023H

80C51 的中断系统有两个中断优先级，每个中断源可以编程为高优先级或低优先级中断，可以实现二级中断服务程序嵌套。

6.1.2　80C51 中断系统结构与控制

80C51 单片机中断系统的结构如图 6-2 所示。

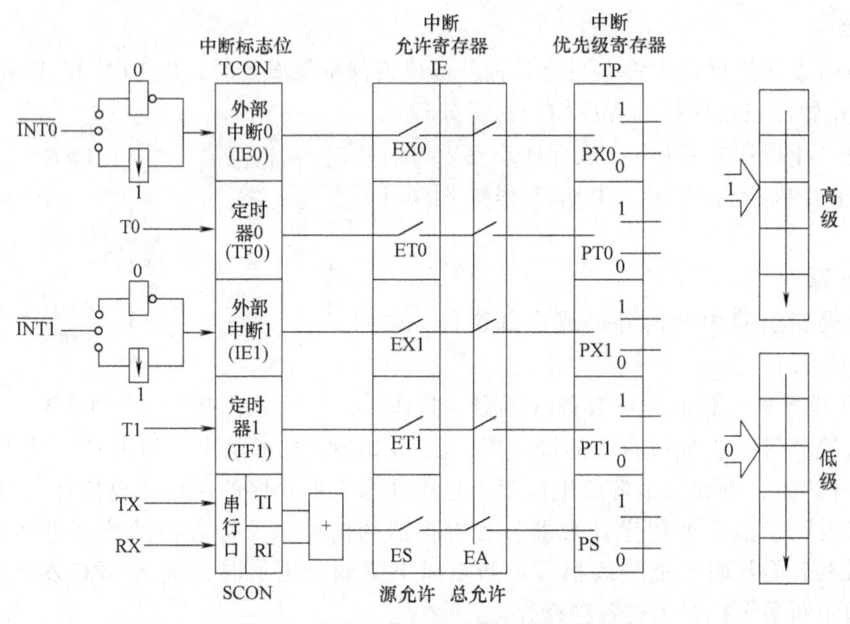

图 6-2　80C51 单片机中断系统的结构

从图 6-2 中可见，80C51 单片机有 5 个中断请求源，4 个用于中断控制的寄存器 TCON（用 6 位）、SCON（用 2 位）、IE 和 IP，用来控制中断请求、中断的开/关和各中断源的优先级别等。

1. 中断请求标志控制

（1）TCON 中的中断标志与外部中断触发方式控制

TCON 为定时器/计数器 T0 和 T1 的控制寄存器，同时也锁存 T0 和 T1 的溢出中断标志、外部中断 0 和 1 的中断标志及设置外部中断触发方式等。

TF1：定时器/计数器 T1 的溢出中断请求标志位。当启动 T1 计数以后，T1 从初值开始加 1 计数，计数器最高位产生溢出时，由硬件使 TF1 置 1，并向 CPU 发出中断请求。当 CPU 响应中断时，硬件将自动对 TF1 清 0。

位地址	8FH	8EH	8DH	8CH	8BH	8AH	89H	88H
符号	TF1	TR1	TF0	TR0	IE1	IT1	IE0	IT0

TF0：定时器/计数器 T0 的溢出中断请求标志位。其含义与 TF1 类同。

IE1：外部中断 1 的中断请求标志。当检测到外部中断引脚 1 上存在有效的中断请求信号时，由硬件使 IE1 置 1。当 CPU 响应该中断请求时，由硬件使 IE1 清 0。

IT1：外部中断 1 的中断触发方式控制位。IT1=0 时，外部中断 1 程控为电平触发方式。CPU 在每一个机器周期 S5P2 期间采样外部中断 1 请求引脚的输入电平。若外部中断 1 请求为低电平，则使 IE1 置 1；若外部中断 1 请求为高电平，则使 IE1 清 0。IT1=1 时，外部中断 1 程控为边沿触发方式。CPU 在每一个机器周期 S5P2 期间采样外部中断 1 请求引脚的输入电平。如果在相继的两个机器周期采样过程中，一个机器周期采样到外部中断 1 请求为高电平，接着的下一个机器周期采样到外部中断 1 请求为低电平，则使 IE1 置 1。直到 CPU 响应该中断时，才由硬件使 IE1 清 0。

IE0：外部中断 0 的中断请求标志。其含义与 IE1 类同。

IT0：外部中断 0 的中断触发方式控制位。其含义与 IT1 类同。

（2）SCON 中的中断标志控制

SCON 为串行口控制寄存器，其低 2 位锁存串行口的接收中断和发送中断标志 RI 和 TI。SCON 中 TI 和 RI 的格式如下：

位地址	9FH	9EH	9DH	9CH	9BH	9AH	99H	98H
符号	SM0	SM1	SM2	REN	TB8	RB8	TI	RI

TI：串行口发送中断请求标志。CPU 将一个数据写入发送缓冲器 SBUF 时，就启动发送。每发送完一帧串行数据后，硬件置位 TI。但 CPU 响应中断时，并不清除 TI，必须在中断服务程序中由软件对 TI 清 0。

RI：串行口接收中断请求标志。在串行口允许接收时，每接收完一个串行帧，硬件置位 RI。同样，CPU 响应中断时不会清除 RI，必须用软件对其清 0。

2. 中断允许控制 IE

中断允许寄存器 IE 对中断的开放和关闭实现两级控制。所谓两级控制，就是有一个总的开关中断控制位 EA（IE.7），当 EA=0 时，屏蔽所有的中断申请，即任何中断申请都不接受；当 EA=1 时，CPU 开放中断，但 5 个中断源还要由 IE 低 5 位的各对应控制位的状态进行中断允许控制。

位地址	AFH	AEH	ADH	ACH	ABH	AAH	A9H	A8H
符号	EA	—	—	ES	ET1	EX1	ET0	EX0

EA：中断允许总控制位。EA=0，屏蔽所有中断请求；EA=1，CPU 开放中断。对各中断源的中断请求是否允许，还要取决于各中断源的中断允许控制位的状态。

ES：串行口中断允许位。ES=0，禁止串行口中断；ES=1，允许串行口中断。

ET1：定时器/计数器 T1 的溢出中断允许位。ET1=0，禁止 T1 中断；ET1=1，允许 T1 中断。

EX1：外部中断 1 中断允许位。EX1=0，禁止外部中断 1 中断；EX1=1，允许外部中断

1 中断。

ET0：定时器/计数器 T0 的溢出中断允许位。ET0=0，禁止 T0 中断；ET0=1，允许 T0 中断。

EX0：外部中断 0 中断允许位。EX0=0，禁止外部中断 0 中断；EX0=1，允许外部中断 0 中断。

3. 中断优先级控制 IP

在 80C51 中有高、低两个中断优先级，通过中断优先级寄存器 IP 来设定。每一个中断请求源均可编程为高优先级中断或低优先级中断。若某个控制位为 1，则相应的中断源就规定为高级中断；反之，若某个控制位为 0，则相应的中断源就规定为低级中断。在中断执行过程中，高中断优先级可以中断低中断优先级的中断过程，但在中断服务程序中，已被关掉的中断除外。其格式如下：

位地址	BFH	BEH	BDH	BCH	BBH	BAH	A9H	B8H
符号	—	—	—	PS	PT1	PX1	PT0	PX0

PS：串行口中断优先级控制位。

PT1：定时器/计数器 T1 中断优先级控制位。

PX1：外部中断 1 中断优先级控制位。

PT0：定时器/计数器 T0 中断优先级控制位。

PX0：外部中断 0 中断优先级控制位。

4. 中断响应控制

(1) 中断响应条件

CPU 响应中断的条件有：有中断源发出中断请求；中断总允许位 EA=1，即 CPU 开中断；申请中断的中断源的中断允许位为 1，即中断没有被屏蔽；无同级或更高级中断正在被服务；当前的指令周期已经结束；若现行指令为 RETI 或者是访问 IE 或 IP 指令，则该指令以及紧接着的另一条指令已执行完。

例如 CPU 对外部中断 0 的响应，当采用边沿触发方式时，CPU 在每个机器周期期间采样外部中断输入信号 INT0。如果在相邻的两次采样中，第一次采样到的 INT0=1，紧接着第二次采样到的 INT0=0，则硬件将特殊功能寄存器 TCON 中的 IE0 置 1，请求中断。IE0 的状态可一直保存下去，直到 CPU 响应此中断，进入到中断服务程序时，才由硬件自动将 IE0 清 0。由于外部中断每个机器周期被采样一次，因此，输入的高电平或低电平必须保持至少 12 个振荡周期（一个机器周期），以保证能被采样到。

(2) 中断响应过程

80C51 的 CPU 在每个机器周期期间顺序采样每个中断源，CPU 在下一个机器周期期间按优先级顺序查询中断标志。如查询到某个中断标志为 1，则将在接下来的机器周期期间按优先级进行中断处理。由硬件执行一条长调用指令 LCALL，把当前 PC 值压入堆栈，以保护断点，再将相应的中断服务程序的入口地址（如外中断 0 的入口地址为 0003H）送入 PC，于是 CPU 接着从中断服务程序的入口处开始执行。

中断服务程序从入口地址开始执行，一直到返回指令 RETI 为止。在中断服务程序中，用户应注意用软件保护现场，以免中断返回后丢失原寄存器、累加器中的信息。RETI 指令的操作，一方面告诉中断系统该中断服务程序已执行完毕，另一方面把原来压入堆栈保护的断点地址从栈顶弹出，装入程序计数器 PC，使程序返回到被中断的程序断点处继续执行。

若要在执行当前中断程序时禁止更高优先级中断，则可先用软件关闭 CPU 中断或禁止某中断源中断，在中断返回前再开放中断。

（3）中断标志的清除

对于有些中断源，CPU 在响应中断后会自动清除中断标志，如定时器溢出标志 TF0、TF1 和边沿触发方式下的外部中断标志 IE0、IE1。而有些中断标志不会自动清除，只能由用户用软件清除，如串行口接收发送中断标志 RI、TI。在电平触发方式下的外部中断标志 IE0 和 IE1 则是根据引脚 INT0 和 INT1 的电平变化的，CPU 无法直接干预，需在引脚外加硬件（如 D 触发器）使其自动撤销外部中断请求。

6.2　中断系统编程基础

6.2.1　中断系统汇编语言编程基础

1. 主程序

80C51 系列单片机复位后，(PC)= 0000H，而 0003H～002BH 分别为各中断源的入口地址。所以，编程时应在 0000H 处写一跳转指令（一般为长跳转指令），使 CPU 在执行程序时，从 0000H 跳过各中断源的入口地址。主程序则是以跳转的目标地址作为起始地址开始编写的，一般从 0100H 开始。主程序的初始化内容是对将要用到的 80C51 系列单片机内部部件进行初始设定。80C51 系列单片机复位后，中断所使用的特殊功能寄存器 IE 和 IP 的内容均为 00H，所以应对 IE 和 IP 进行初始化编程，以开放 CPU 中断，允许某些中断源中断和设置中断优先级等。另外对于外部中断，还要设置 ITx（x=0，1），以选择触发方式。

2. 中断服务程序

（1）中断服务程序的起始地址

当 CPU 接收到中断请求信号并予以响应后，CPU 把当前的 PC 内容压入栈中进行保护，然后转入相应的中断服务程序入口处执行。80C51 系列单片机的中断系统对 5 个中断源分别规定了各自的入口地址，但这些入口地址相距很近（仅 8B）。如果中断服务程序的指令代码少于 8B，则可从规定的中断服务程序入口地址开始，直接编写中断服务程序；若中断服务程序的指令代码大于 8B，则应采用与主程序相同的方法，在相应的入口处写一条跳转指令，并以跳转指令的目标地址作为中断服务程序的起始地址进行编程。

（2）中断服务程序编写中的注意事项

确定是否保护现场；及时清除那些不能被硬件自动清除的中断请求标志，以免产生错误的中断；中断服务程序中的压栈（PUSH）与弹栈（POP）指令必须成对使用，以确保中断服务程序的正确返回。

3. 应用举例

例 6-1：如图 6-3 所示，将 P1 口的 P1.4～P1.7 作为输入位，P1.0～P1.3 作为输出位，要求利用 89C51 将开关所设的数据读入单片机内，并依次通过 P1.0～P1.3 输出，驱动发光二极管，以检查 P1.4～P1.7 输入的电平情况（若输入为高电平，则相应的 LED 亮）。现要求采用中断边沿触发方式，每中断一次，完成一次读/写操作。

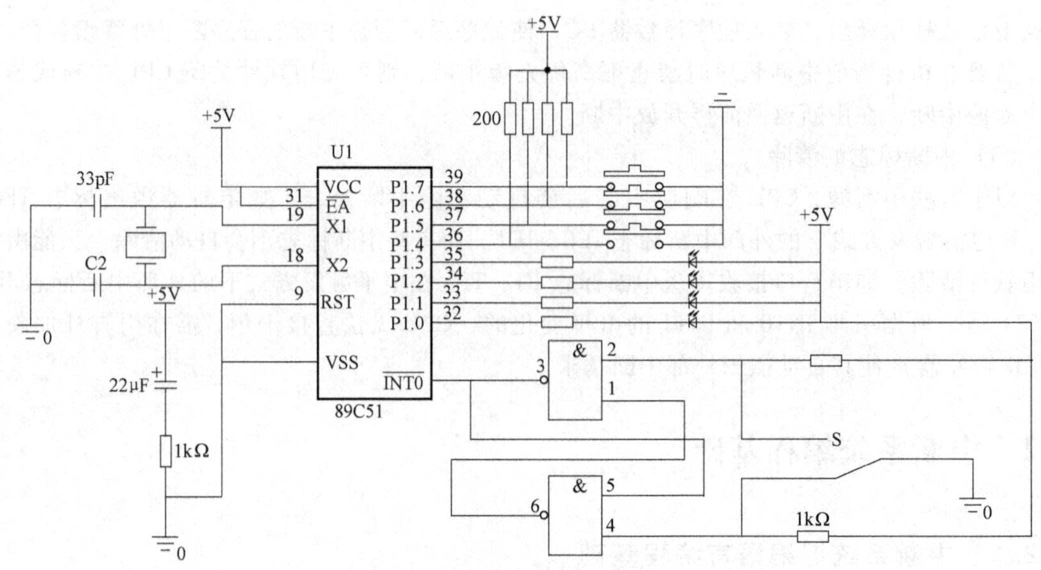

图 6-3　外部中断 INT0 应用电路

如图 6-3 所示，采用外部中断 0，中断申请从 INT0 输入，并采用了去抖动电路。

当 P1.0~P1.3 的任何一位输出 0 时，相应的发光二极管就会发光。当开关 S 来回拨动一次时，将产生一个下降沿信号，通过 INT0 发出中断请求。中断服务程序的矢量地址为 0003H。

源程序如下：

```
        ORG  0000H
        LJMP  MAIN               ;上电,转向主程序
        ORG  0003H               ;外部中断 0 入口地址
        LJMP  INSER              ;转向中断服务程序
        ORG  0100H               ;主程序
MAIN:   SETB  EX0                ;允许外部中断 0 中断
        SETB  IT0                ;选择边沿触发方式
        SETB  EA                 ;CPU 开中断
HERE:   SJMP  HERE               ;等待中断
        ORG  0200H               ;中断服务程序
INSER:MOV A,#0F0H
        MOV P1,A                 ;设 P1.4~P1.7 为输入
        MOV A,P1                 ;取开关数
        SWAP  A                  ;A 的高、低 4 位互换
        MOV P1,A                 ;输出驱动 LED 发光
        RETI                     ;中断返回
```

当外部中断源多于两个时，可采用硬件请求和软件查询相结合的办法，把多个中断源通过硬件经“或非”门引入到外部中断输入端 INTx，同时又连到某个 I/O 口。这样，每个中断源都可能引起中断。在中断服务程序中读入 I/O 口的状态，通过查询就能区分是哪个中断源引起的中断。若有多个中断源同时发出中断请求，则查询的次序就决定了同一优先级中断中的优先次序。

6.2.2　中断系统C51语言编程基础

C51使用户能编写高效的中断服务程序，编译器在规定中断源的矢量地址中放入无条件转移指令，使CPU响应中断后自动地从矢量地址跳转到中断服务程序的实际地址，而无须用户安排。

中断服务程序的函数的格式如下：

```
void  函数名()interrupt 中断号 using 工作组
  {
   中断服务程序的内容
  }
```

中断函数不能返回任何值，所以最前面用void；后面紧跟函数名，名字可以随便起，但是不要和C语言中的关键字相同；中断函数不带任何参数，所以函数后面的小括号为空；中断号是指单片机中几个中断源的序号，序号取下面一下数值：

0：外部中断0；

1：定时器/计数器0溢出中断；

2：外部中断1；

3：定时器/计数器1溢出中断；

4：串行口发送和接收中断；

5：定时器/计数器2中断。

最后面的“using 工作组”是指这个中断函数使用单片机内存中4个工作寄存器组的哪一组，C51编译器在编译程序时会自动分配工作组，因此通常省去不写。

例6-2：任务同例6-1，要求用C51语言编程。

程序如下：

```
#include<reg51.h>                //外部中断0的中断函数
void int0( ) interrupt 0
{  P1=0x0f;                      //输入端先置1,灯灭
   P1<<=4;                       //读入开关状态,并左移4位,使开关状态反映在发光二极管上
}
main()
{  EA=1;                         //开中断总开关
   EX0=1;                        //允许外部0中断
   IT0=1;                        //下降沿产生中断
   while(1);                     //等待中断,也是中断的返回点
}
```

6.3　中断系统应用实例

6.3.1　外部中断实验

1. 设计要求

外部中断实验电路如图6-4（最小系统已省略）所示，P2连接8个LED，K1键与P3.2连接，K2键与P3.3连接。要求：K1按下LED左循环闪亮，K2按下LED变右循环闪亮。

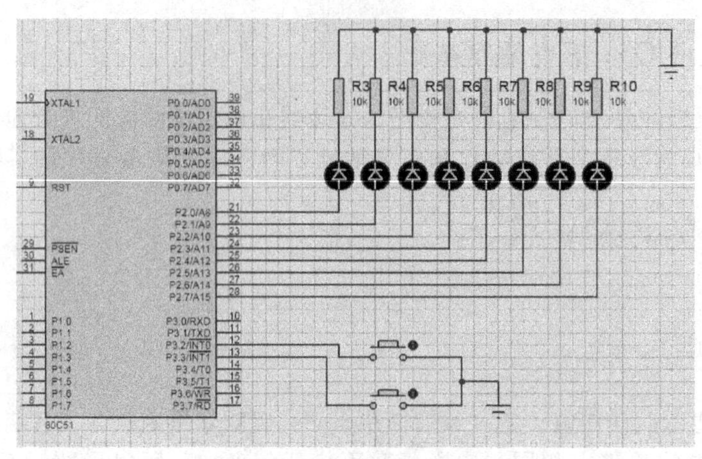

图 6-4　外部中断实验电路

2. 硬软件设计

打开 proteus，在编辑窗口中单击元件列表中的 P 按钮，添加元件。然后按照图 6-4 连线绘制硬件电路。

程序如下：

```
/ ****************************************************************************************
 *实 验 名        :外部中断实验
 *实验效果        :K1 按下 LED 左循环闪亮,K2 按下 LED 右循环闪亮
****************************************************************************************/
#include <reg51.h>
#define GPIO_LED  P2
sbit K1=P3^2;
sbit K2=P3^3;
void IntConfiguration();
void Delay(unsigned int n);
unsigned char KeyValue=0;
void main(void)
{  GPIO_LED=0x02;
   IntConfiguration();
   while(1)
   {  if(KeyValue)
      GPIO_LED>>=1;
      if(GPIO_LED==0x80)
         GPIO_LED=0x01;
      else
      GPIO_LED<<1;
      if(GPIO_LED==0x01)
         GPIO_LED=0x80;
      Delay(2000);
   }
}
```

```
void IntConfiguration()
{   IT0=1;                              //下降沿发方式触发
    EX0=1;                              //打开 INT0 的中断允许
    IT1=1;
    EX1=1;
    EA=1;//打开总中断                    //打开总中断
}
void Delay(unsigned int n)              //延时 n×50μs
{   unsigned char a,b;
    for(;n>0;n--)
    {   for(b=1;b>0;b--)
          for(a=22;a>0;a--);
    }
}
void Int0() interrupt 0                 //外部中断 0 的中断函数
{   Delay(100);                         //延时消抖
    if(K1==0)
    KeyValue=1;
}
void Int1() interrupt 2                 //外部中断 1 的中断函数
{   Delay(100);                         //延时消抖
    if(K2==0)
    KeyValue=0;
}
```

3. **调试仿真**

仿真结果如图 6-5 所示，和要求完全一致。

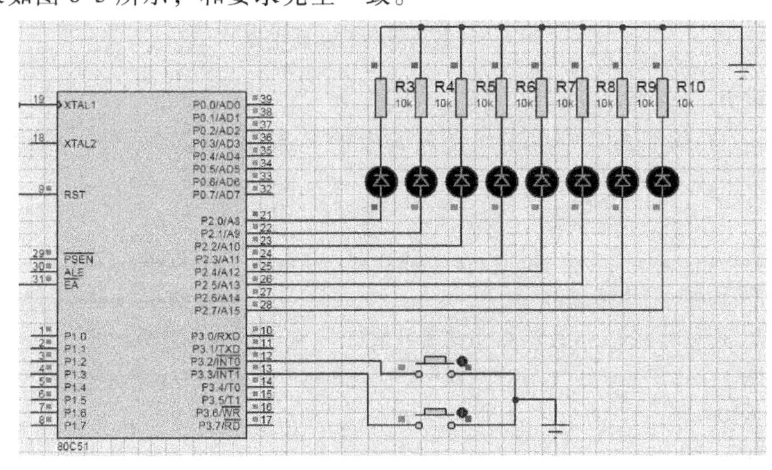

图 6-5　仿真结果

6.3.2　数码管计数实验

1. **设计要求**

数码管计数实验如图 6-6 所示，80C51 的 P0 口接 8 位数码管段选，利用译码器 74LS138

产生数码管位选信号，74LS138 译码输入 A、B、C 与 P2.2、P2.3、P2.4 相连，开关与 P3.3 相连，每按下一次开关，产生一次中断，用数码管显示中断的次数。

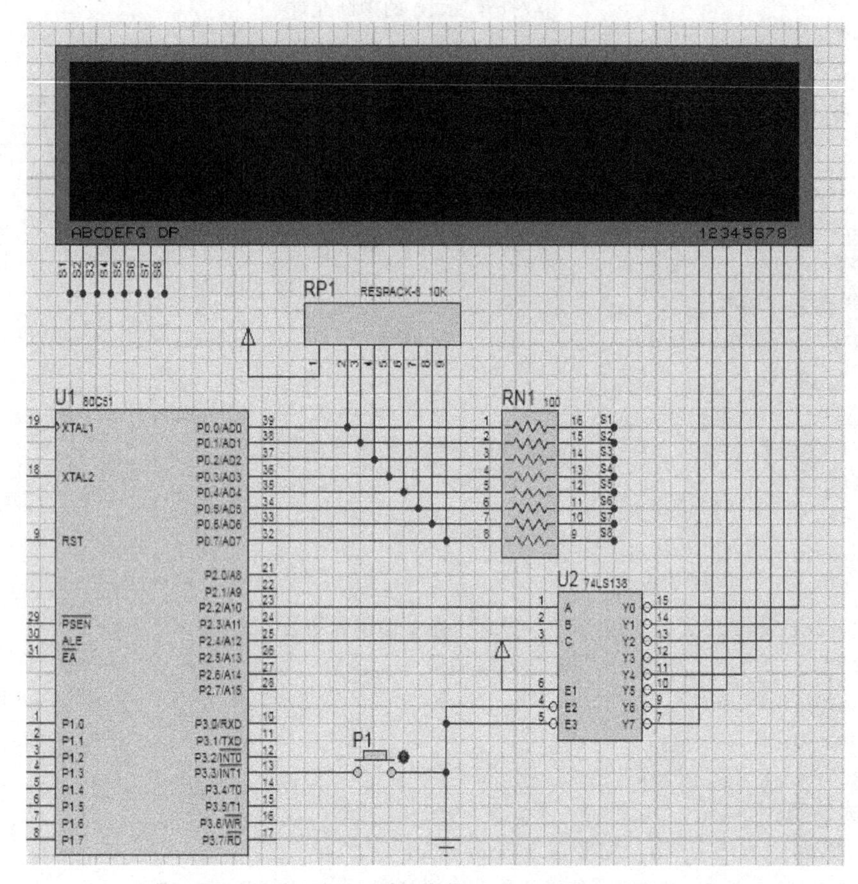

图 6-6 数码管计数实验电路

2. 软硬件设计

打开 proteus，在编辑窗口中单击元件列表中的 P 按钮，添加元件，然后按照图连线绘制电路。

程序如下：

```
/*************************************************************************************
*  实 验 名        :数码管计数实验
*  实验效果        :按一次 P3.3 口的开关,数码管计数加一,实现 0~9 的计数循环
*************************************************************************************/
#include<reg51.h>
#define GPIO_DIG  P0
int i;
sbit LSA=P2^2;
sbit LSB=P2^3;
sbit LSC=P2^4;
unsigned
DIG_CODE[10]={0x3f,0x06,                //0~9 的值
```

```
0x5b,0x4f,0x66,0x6d,0x7d,0x07,0x7f,0x6f};
void main(void)
{  i=0;
   EA=1;
   EX1=1;
   IT1=1;
   LSA=0;
   LSB=0;
   LSC=0;                                   //可以理解为某一个数码管打开
   P0=DIG_CODE[i];
   while(1);
}
void int1() interrupt 2
{  P0=DIG_CODE[i];
   i++;
   while(i>=10)
    i=0;
}
```

3. 调试仿真

仿真如图 6-7 所示，结果和要求完全一致。

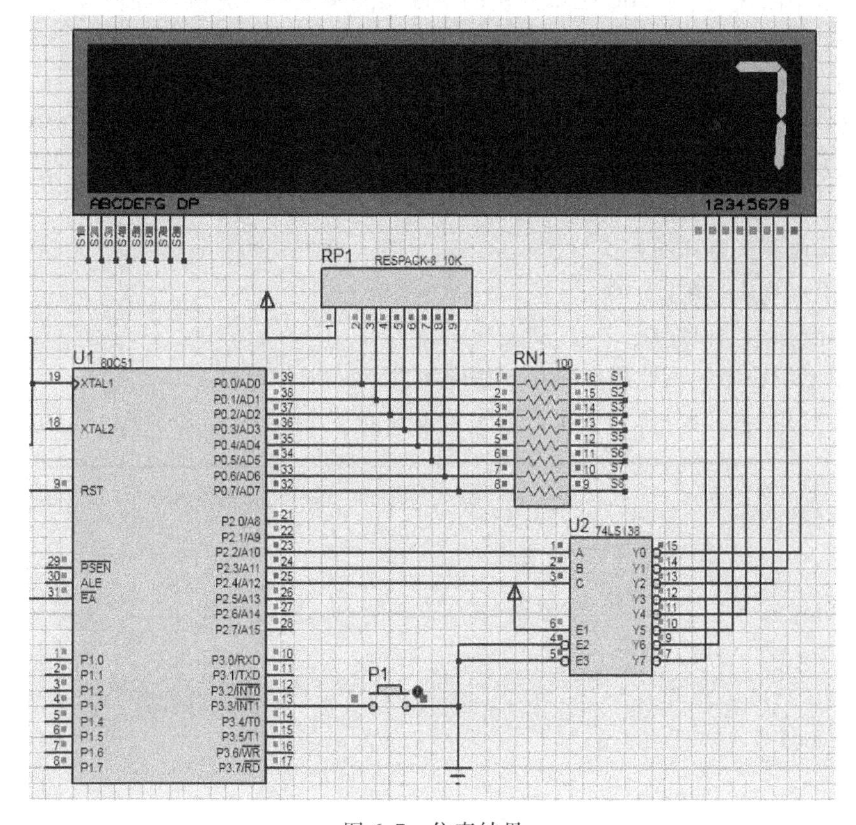

图 6-7　仿真结果

本章小结

中断技术是实时控制中的常用技术，51 系列单片机（基本型）有 3 个内部中断和 2 个外部中断。所谓外部中断，就是在外部引脚上有产生中断所需要的信号。

每个中断源有固定的中断服务程序的入口地址（矢量地址）。当 CPU 响应中断后，单片机内部硬件保证它能自动地跳转到该地址。因此，此地址是应该熟记的。在汇编程序中，中断服务程序存放在正确的矢量地址内。而在 C 语言中，使用 interrupt n，正确选择中断源 n 后，C51 编译器会自动设置，实现正确跳转。

单片机中断时靠内部的寄存器管理，主要有中断允许寄存器 IE，中断优先权寄存器 IP。在 CPU 开中断后，还必须开各中断源的中断开关，CPU 才能响应该中断源的中断请求，缺一不可。

本章重点应理解 51 单片机的中断结构，中断响应过程及中断程序的编制方法。

习题

1. 什么是中断？80C51 有几个中断源？
2. 80C51 响应中断时，其中断入口地址各是多少？
3. 什么是中断优先级？80C51 单片机的中断系统有几个优先级？如何设定？
4. 80C51 中断控制中有哪几个特殊寄存器？
5. 80C51 各中断标志是如何产生的？
6. 80C51 外部中断请求有哪两种触发方式？对跳变触发和电平触发信号有什么要求？如何选择和设置？
7. 80C51 各中断开关是如何控制的？
8. 中断响应条件是什么？
9. 简述中断响应过程。
10. 各中断标志如何复 0？
11. 试用汇编程序编写外部中断 0 下跳变触发点亮一个 LED。
12. 试用 C 语言编写外部中断 1 低电平触发点亮一个 LED。

80C51单片机定时器/计数器

7.1 定时器/计数器的基本原理和结构

80C51 单片机片内有两个 16 位定时器/计数器，即定时器 0（T0）和定时器 1（T1）。80C52 单片机片内有 3 个 16 位定时器/计数器，即定时器 0（T0）、定时器 1（T1）和定时器 2（T2）。它们都有定时和事件计数的功能，可用于定时控制、延时、对外部事件计数检测等场合。

定时器/计数器 T0 和 T1 的结构及与 CPU 的关系如图 7-1 所示。两个 16 位定时器实际上都是 16 位加 1 计数器。其中，T0 由两个 8 位特殊功能寄存器 TH0 和 TL0 构成；T1 由 TH1 和 TL1 构成。每个定时器都可由软件设置为定时工作方式、计数工作方式及其他灵活多样的可控功能方式。这些功能都由特殊功能寄存器 TMOD 和 TCON 所控制。

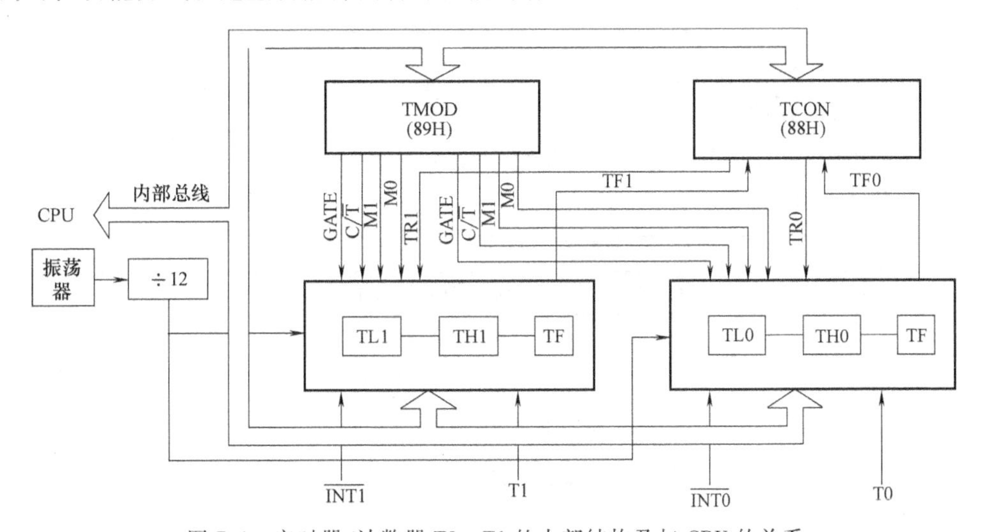

图 7-1　定时器/计数器 T0、T1 的内部结构及与 CPU 的关系

设置为定时工作方式时，定时器计数 80C51 片内振荡器输出经 12 分频后的脉冲，即每个机器周期使定时器（T0 或 T1）的数值加 1，直至计满溢出。当 80C51 采用 12MHz 晶振时，一个机器周期为 1μs，计数频率为 1MHz。

设置为计数工作方式时，通过引脚 T0（P3.4）和 T1（P3.5）对外部脉冲信号计数。在每个机器周期的 S5P2 期间采样 T0 和 T1 引脚的输入电平，若前一个机器周期采样值为 1，下一个机器周期采样值为 0，则计数器加 1。所以，检测一个 1 至 0 的跳变需要两个机器周期，故最高计数频率为振荡频率的 1/24。虽然对输入信号的占空比无特殊要求，但为了确保某个电平在变化之前至少被采样一次，要求电平保持时间至少是一个完整的机器周期。

不管是定时还是计数工作方式，定时器 T0 或 T1 在对内部时钟或对外部事件计数时，不占用 CPU 时间，除非定时器/计数器溢出，才可能中断 CPU 的当前操作。由此可见，定时器是单片机中效率高而且工作灵活的部件。

除了可以选择定时或计数工作方式外，每个定时器/计数器还有 4 种工作方式，也就是每个定时器可构成 4 种电路结构模式。其中，方式 0~2 对 T0 和 T1 都是一样的，方式 3 对两者是不同的。

7.2 定时器/计数器 T0/T1

80C51 定时器共有两个控制用特殊功能寄存器 TMOD 和 TCON，由软件写入，用来设置 T0 或 T1 的工作方式和控制功能。当 80C51 系统复位时，该两个寄存器所有位都被清 0。

7.2.1 工作方式寄存器 TMOD

TMOD 用于控制 T0 和 T1 的工作方式，其各位的定义格式如下：

D7	D6	D5	D4	D3	D2	D1	D0
GATE	C/T	M1	M0	GATE	C/T	M1	M0

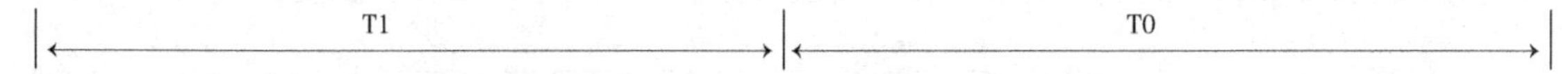

其中，低 4 位用于 T0，高 4 位用于 T1。

下面介绍各位的功能。

1）M1 和 M0：工作方式控制位。两位可形成 4 种编码，对应于 4 种工作方式（即 4 种电路结构），见表 7-1。

表 7-1 定时器/计数器 T0、T1 的 4 种工作方式

M1	M0	工作方式	定时器/计数器配置
0	0	方式 0	13 位定时器/计数器
0	1	方式 1	16 位定时器/计数器
1	0	方式 2	自动再装入的 8 位定时器/计数器
1	1	方式 3	T0 分为两个 8 位定时器/计数器，T1 作波特率发生器

2）C/$\overline{T}$：定时器/计数器方式选择位。C/$\overline{T}$=0，设置为定时方式，定时器计数 80C51 片内脉冲，亦即对机器周期（振荡周期的 12 倍）计数；C/$\overline{T}$=1，设置为计数方式，计数器的输入是来自 T0（P3.4）或 T1（P3.5）端的外部脉冲信号。

3）GATE：门控位。GATE=0 时，只要用软件使 TR0（或 TR1）置 1，就可以启动定时器，而不管 INT0（或 INT1）的电平是高还是低（参见后面的定时器结构图）；GATE=1 时，只有 INT0（或 INT1）引脚为高电平且由软件使 TR0（或 TR1）置 1 时，才能启动定时器工作。

TMOD 不能位寻址，只能用字节设置定时器工作模式，低半字节设定 T0，高半字节设定 T1。

7.2.2 控制寄存器 TCON

控制寄存器 TCON 除可字节寻址外还可位寻址，各位定义及格式见表 7-2。80C51 复位时，TCON 的所有位被清 0。

表 7-2 TCON（88H）定义

D7(8FH)	D6(8EH)	D5(8DH)	D4(8CH)	D3(8BH)	D2(8AH)	D1(89H)	D0(88H)
TF1	TR1	TF0	TR0	IE1	IT1	IE0	IT0

各位的作用如下：

1）TF1（TCON.7）：T1 溢出标志位。当 T1 溢出时，由硬件自动使 TF1 置 1，并向 CPU 申请中断。当 CPU 响应中断进入中断服务程序后，TF1 又被硬件自动清 0。TF1 也可用软件清 0。

2）TF0（TCON.5）：T0 溢出标志位。其功能和操作情况同 TF1。

3）TR1（TCON.6）：T1 运行控制位。可通过软件置 1 或清 0 来启动或关闭 T1。在程序中用指令“SETB TR1”使 TR1 位置 1，定时器 T1 便开始工作。

4）TR0（TCON.4）：T0 运行控制位。其功能及操作情况同 TR1。

5）IE1、IT1、IE0 和 IT0（TCON.3～TCON.0）：外部中断 INT1 和 INT0 请求及触发方式控制位。

7.2.3 4 种工作方式

80C51 单片机的定时器/计数器 T0 和 T1 可由软件对特殊功能寄存器 TMOD 中控制位 C/T 进行设置，以选择定时功能或计数功能。对 M1 和 M0 位的设置对应于 4 种工作方式，即方式 0、方式 1、方式 2 和方式 3。在方式 0、方式 1 和方式 2 时，T0 与 T1 的工作方式相同；在方式 3 时，两个定时器的工作方式不同。

1. 方式 0

当 TMOD 中的 M1=0、M0=0 时，选定方式 0 工作。工作在方式 0 的定时器/计数器结构如图 7-2 所示。这种方式下，计数寄存器由 13 位组成，即 TLx 的高 3 位未用，计数长度为 $2^{13}=8192$。

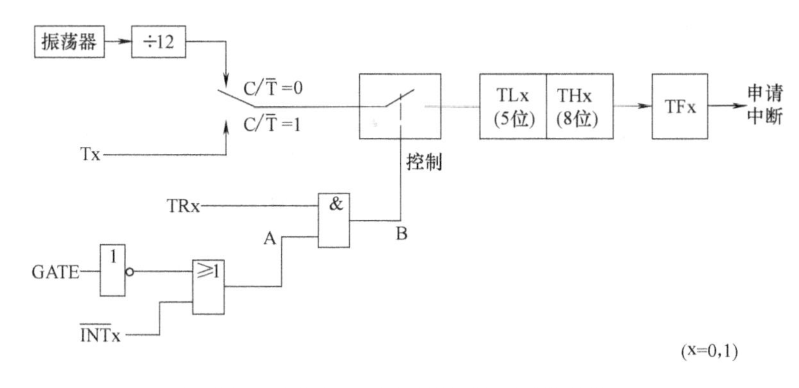

图 7-2 工作在方式 0 的定时器/计数器结构

计数时，TLx 的低 5 位溢出后向 THx 进位，THx 溢出后将 TFx 置位。如果中断允许，CPU 响应中断并转入中断服务程序，由内部硬件清 TFx。TFx 也可以由程序查询和清零。

当 GATE=0 时，A 点为高电平，定时器/计数器的启动/停止由 TRx 决定。TRx=1，定时器/计数器启动；TRx=0，定时器/计数器停止。

当 GATE=1 时，A 点的电位由 INTx 决定，因此 B 点的电位就由 TRx 和 INTx 决定，即定时器/计数器的启动/停止由 TRx 和 INTx 两个条件共同决定。

2. 方式 1

当 TMOD 中的 M1=0、M0=1 时，选定方式 1 工作。方式 1 时的结构如图 7-3 所示。这种方式下，计数寄存器由 16 位组成，计数长度为 $2^{16}=65536$。

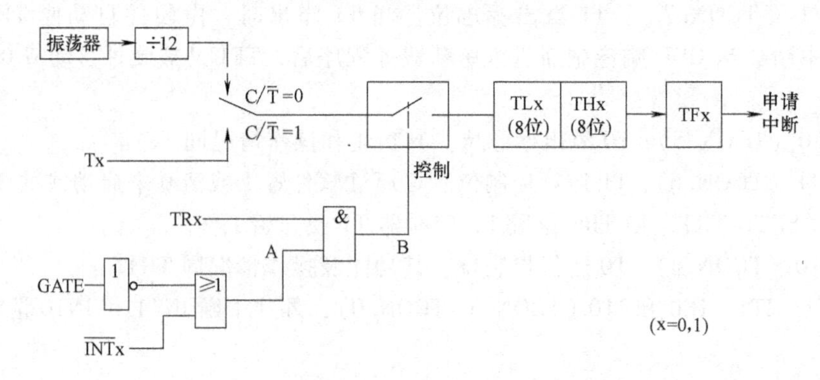

图 7-3　工作在方式 1 的定时器/计数器结构

计数时，TLx 溢出后向 THx 进位，THx 溢出后将 TFx 置位，并向 CPU 申请中断。其他与方式 0 完全相同。

3. 方式 2

方式 2 把 TL0（或 TL1）配置成一个可以自动重装载的 8 位定时器/计数器，如图 7-4 所示。这种方式下，计数寄存器由 8 位组成，计数长度为 $2^{8}=256$。

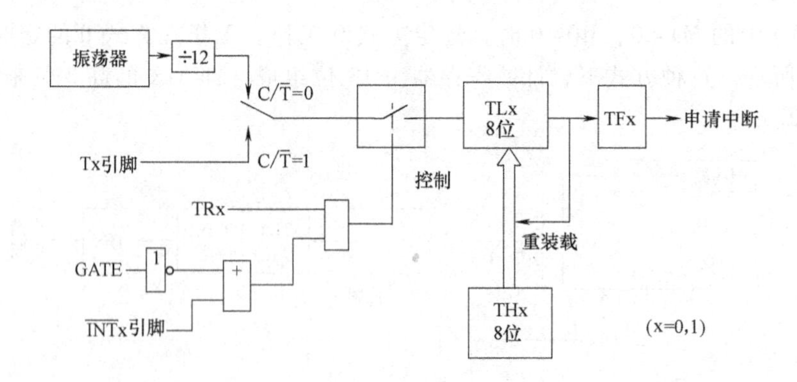

图 7-4　工作在方式 2 的定时器/计数器结构

TL0 计数溢出时，不仅使溢出中断标志位 TF0 置 1，而且还自动把 TH0 中的内容重新装载到 TL0 中。这里，16 位计数器被拆成两个，TL0 用作 8 位计数器，TH0 用以保存初值。

在程序初始化时，TL0 和 TH0 由软件赋予相同的初值。一旦 TL0 计数溢出，便置位 TF0，并将 TH0 中的初值再自动装入 TL0，继续计数，循环重复。这种工作方式可省去用户软件中重装常数的语句，并可产生相当精确的定时时间，特别适用于作串行口波特率发生器。

4. 方式 3

工作方式 3 对 T0 和 T1 大不相同。若将 T0 设置为方式 3，则 TL0 和 TH0 被分成两个相互独立的 8 位计数器，如图 7-5 所示。

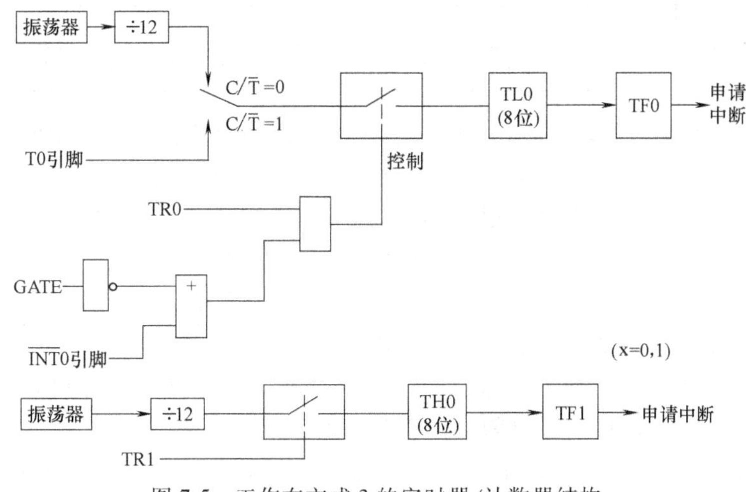

图 7-5　工作在方式 3 的定时器/计数器结构

其中，TL0 用原 T0 的各控制位、引脚和中断源，即 C/$\overline{T}$、GATE、TR0、TF0、T0 及 INT0 引脚。TL0 功能和操作与方式 0（13 位计数器）和方式 1（16 位计数器）完全相同。TL0 也可工作在定时器方式或计数器方式。

TH0 只可用作简单的内部定时功能（见图 7-5 下半部分），它占用了定时器 T1 的控制位 TR1 和中断标志位 TF1，其启动和关闭仅受 TR1 的控制。

定时器 T1 无工作方式 3。在定时器 T0 用作方式 3 时，T1 仍可设置为方式 0~2。由于 TR1 和 TF1 被定时器 T0 占用，此时，仅用 T1 控制位 C/$\overline{T}$ 切换其定时器或计数器工作方式就可使 T1 运行。寄存器（8 位、13 位或 16 位）溢出时，将输出送入串行口，用作串行口波特率发生器。一般情况下，只有当定时器 T1 用作串行口波特率发生器时，定时器 T0 才设置为工作方式 3。此时，常把定时器 T1 设置为方式 2，用作波特率发生器。

7.3　定时器/计数器 T2

- 89C52 中的 T2 是一个 16 位的、具有自动重装载和捕获能力的定时器/计数器。
- T2 除 TL2、TH2 和控制寄存器 T2CON 及 T2MOD 之外，还增加了捕获寄存器 RCAP2L（低字节）和 RCAP2H（高字节）。
- T2 的计数脉冲源有两个：一个是内部机器周期，另一个是由 T2（P1.0）端输入的外部计数脉冲。

- T2 有 4 种工作方式：自动重装、捕获波特率发生器和可编程时钟输出。
- 增加了两个引脚：T2（P1.0），T2EX（P1.1）。

7.3.1 定时器/计数器 T2 中的特殊功能寄存器

1. 定时器/计数器 T2 的控制寄存器 T2CON

用于选择 T2 的工作方式，允许位寻址和字节寻址，其格式见表 7-3。

表 7-3 定时器 T2 的控制寄存器

T2CON（C8H）	D7	D6	D5	D4	D3	D2	D1	D0
	TF2	EXF2	RCLK	TCLK	EXEN2	TR2	C/T2	CP/RL2

TF2：定时器/计数器 T2 的溢出中断标志位。T2 溢出时置位，申请中断。软件清零。在波特率发生器方式下，RCLK=1 或 TCLK=1 时，定时器溢出不对 TF2 进行置位。

EXF2：定时器/计数器 T2 外部触发标志位。EXEN2=1，且 T2EX 引脚上有负跳变将触发捕获或重装操作，EXF2=1，向 CPU 发出中断请求。软件复位。

RCLK：串行口接收时钟允许标志位。RCLK=1 时，T2 溢出信号分频后做串行口接收波特率；RCLK=0 时，T1 溢出信号分频信后做串行口接收波特率。

TCLK：串行口发送时钟允许标志位。TCLK=1 时，T2 溢出信号分频后做串行口发送波特率；TCLK=0 时，T1 溢出信号分频后做串行口的发送波特率。

EXEN2：定时器/计数器 T2 外部允许标志位。EXEN2=1，如果定时器/计数器 T2 没有工作在波特率发生器方式，则 T2EX（P1.1）引脚上产生负跳变时，将激活“捕获”或“重装”操作。EXEN2=0，T2EX 引脚上的电平变化对定时器/计数器 T2 不起作用。

TR2：定时器/计数器 T2 启动控制位。TR2=1，启动定时器/计数器 T2；TR2=0，停止定时器/计数器 T2。

C/T2：T2 的定时器或计数器方式选择位。C/T2=1，T2 为计数器。对 T2（P1.0）引脚输入脉冲进行计数（下降沿触发）；当 T2（P1.0）产生负跳变时，计数器增 1。C/T2=0，T2 做定时器。每个机器周期 T2 加 1。

CP/RL2：捕获和重装载方式选择控制位。CP/RL2=1 选择捕获方式，EXEN2=1，T2EX（P1.1）引脚负跳变将触发捕获操作。CP/RL2=0 选择重装载方式，EXEN2=1，T2EX 引脚有负跳变或 T2 计满溢出时，触发自动重装操作。RCLK=1 或 TCLK=1 时，定时器/计数器 T2 做波特率发生器。CP/RL2 标志位不起作用，当 T2 溢出时强制自动装载。

2. 数据寄存器 TH2、TL2

TH2、TL2 两个 8 位数据寄存器，组成 16 位定时器/计数器。地址分别为 CDH 和 CCH。复位后，TH2=00H，TL2=00H。

3. 捕获寄存器 RCAP2H 和 RCAP2L

RCAP2H：高 8 位捕获寄存器，字节地址为 CBH。RCAP2L：低 8 位捕获寄存器，字节地址为 CAH。捕获方式，保存当前捕获的计数值。重装方式，保存重装初值。复位后均为 00H。

4. 定时器/计数器T2的模式控制寄存器T2MOD

T2模式控制寄存器格式见表7-4。

表7-4 T2模式控制寄存器

T2MOD (C9H)	D7	D6	D5	D4	D3	D2	D1	D0
	—	—	—	—	—	—	T2OE	DCEN

—：保留位，未定义，为未来功能扩展用。

T2OE：定时器/计数器T2输出启动位。T2OE=1，工作在可编程时钟输出方式，输出方波信号至T2（P1.0）引脚。

DCEN：定时器/计数器T2向上/向下计数控制位。当DCEN=1，T2自动向下（递减）计数；当DCEN=0，T2自动向上（递增）计数。

7.3.2 定时器/计数器T2的工作方式

定时器/计数器T2是一个16位的加1计数器，通过方式选择寄存器T2CON和T2MOD，设定4种工作方式，见表7-5。注意：无论T2做定时器还是计数器，都具有捕获和自动重装的功能。

表7-5 定时器/计数器T2的工作方式

RCLK+TCLK	CP/RL2	TR2	T20E	工作方式
0	0	1	0	自动重装方式
0	1	1	0	捕获方式
1	×	1	0	波特率发生器方式
0	×	1	1	时钟输出方式
×	×	0	×	关闭T2

1. 自动重装方式

设置控制寄存器T2CON中CP/RL2=0，选择自动重装方式。DCEN=0/1时，定时器/计数器T2增量（加1）/减量（减1）计数。自动重装载方式逻辑结构如图7-6所示。

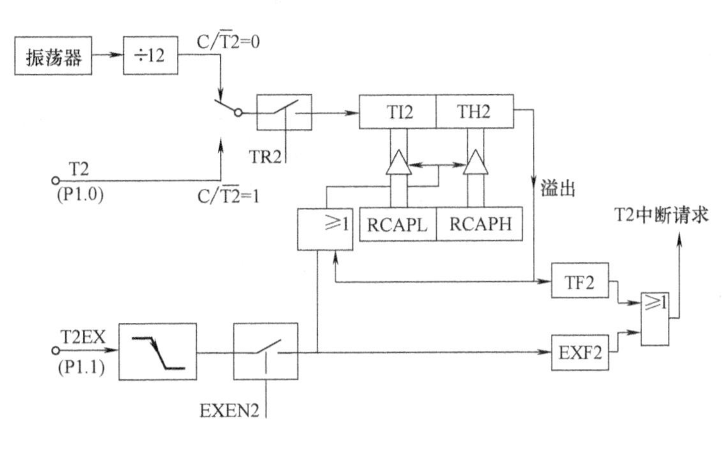

图7-6 自动重装载方式逻辑结构

1）T2 计满溢出时，TF2 置 1，申请中断。打开重装载三态缓冲器，将 RCAP2H 和 RCAP2L 的内容自动装载到 TH2 和 TL2 中。

2）EXEN2=1 且 T2EX（P1.1）端的信号有负跳变时，EXF2 置 1，申请中断，引起重装载操作。

2. 捕获方式

设置控制寄存器 T2CON 中 CP/RL2=1，选择捕获方式。存在以下两种情况。捕获方式逻辑结构如图 7-7 所示，有两种情况：

1）EXEN2=0，定时器 T2 的计数溢出，触发捕获操作，将 TH2 和 TL2 的内容自动捕获到寄存器 RCAP2H 和 RCAP2L 中，同时置位 TF2，申请中断。

2）EXEN2=1，T2EX（P1.1）端的信号有负跳变时，触发捕获操作。将 TH2 和 TL2 的内容自动捕获到寄存器 RCAP2H 和 RCAP2L 中，同时 EXF2 置 1，申请中断。

3. 波特率发生器方式

波特率发生器方式逻辑结构如图 7-8 所示。RCLK=1 或 TCLK=1 时，选择波特率发生器方式。RCLK=1，T2 为接收波特率发生器。TCLK=1，T2 为发送波特率发生器。$C/\overline{T2}=0$，选用内部脉冲；$C/\overline{T2}=1$，选用外部脉冲。T2（P1.0）输入负跳变时，计数值增 1。计数溢出时，触发自动装载操作。RCAP2H 和 RCAP2L 的内容自动装载到 TH2 和 TL2 中。T2 用做波特率发生器时，TH2 的溢出不会将 TF2 置位，不产生中断请求。

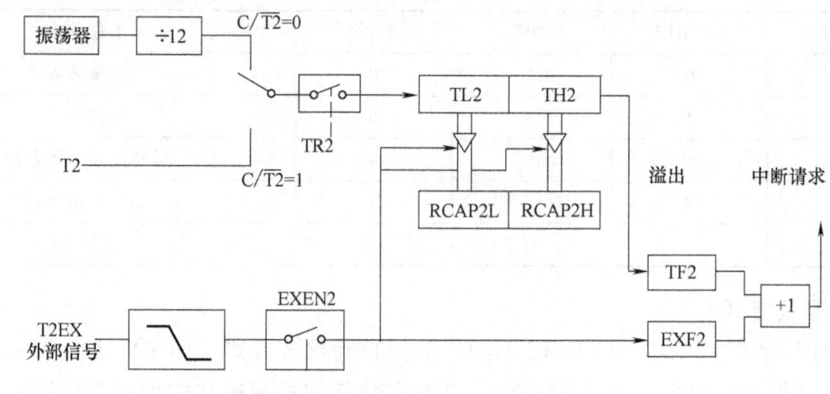

图 7-7　捕获方式逻辑结构

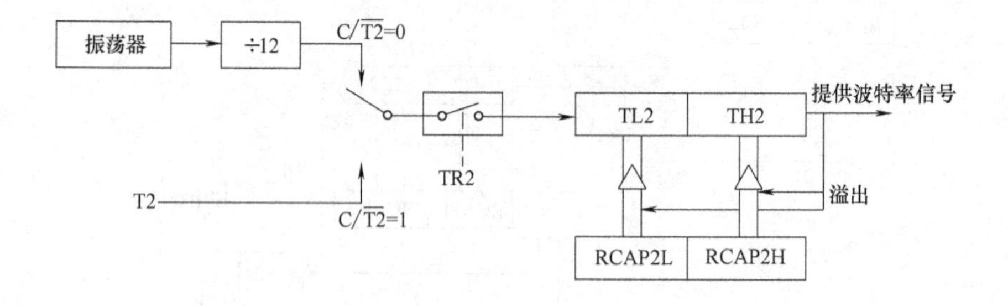

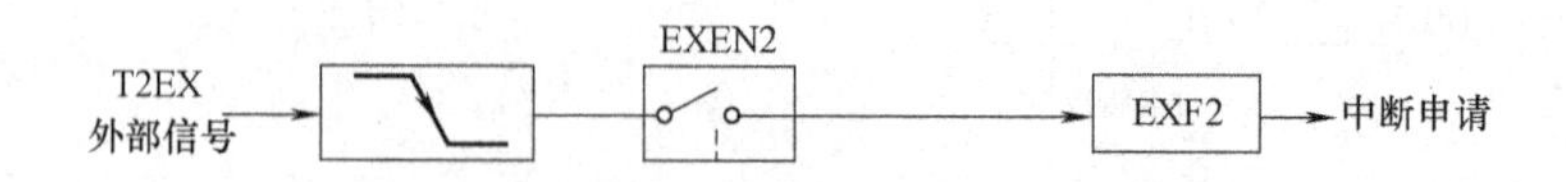

图 7-8　波特率发生器方式逻辑结构

T2 用做波特率发生器时，T2EX 还可以作为一个附加的外部中断源。若 EXEN2 = 1，当 T2EX 有负跳变时，EXF2 置 1，由于不发生重装载或捕获操作，此时 T2EX 引脚可外接一中断源。

定时器/计数器 T2 作为波特率发生器使用时的编程方法如下：

```
RCAP2H=0x30;            //设置波特率
RCAP2L=0x38;
TCLK=1;
RCLK=1;                 //选择定时器 T2 的溢出脉冲作为波特率发生器
```

7.4　看门狗定时器

看门狗（Watchdog）有时又称为定时器 T3，它的作用是强迫单片机进入复位状态，使之从硬件或软件故障中解脱出来。即当单片机的程序进入了错误状态后，在一个指定的时间内，用户程序没有重装定时器 T3，将产生一个系统复位。

在 80C552 中，定时器 T3 由一个 11 位的分频器 CLR 和 8 位定时器 T3 组成，如图 7-9 所示。T3 由外部引脚 EW 和电源控制寄存器中的 PCON.4（WLE）和 PCON.1（PD）控制。

$\overline{EW}$：看门狗定时器允许，低电平有效。$\overline{EW}$ = 0 时，允许看门狗定时器，禁止掉电方式；$\overline{EW}$ = 1 时，禁止看门狗定时器，允许掉电方式

WLE：看门狗定时器允许重装标志，若 WLE 置位，定时器 T3 只能被软件装入，装入后 WLE 自动清除。

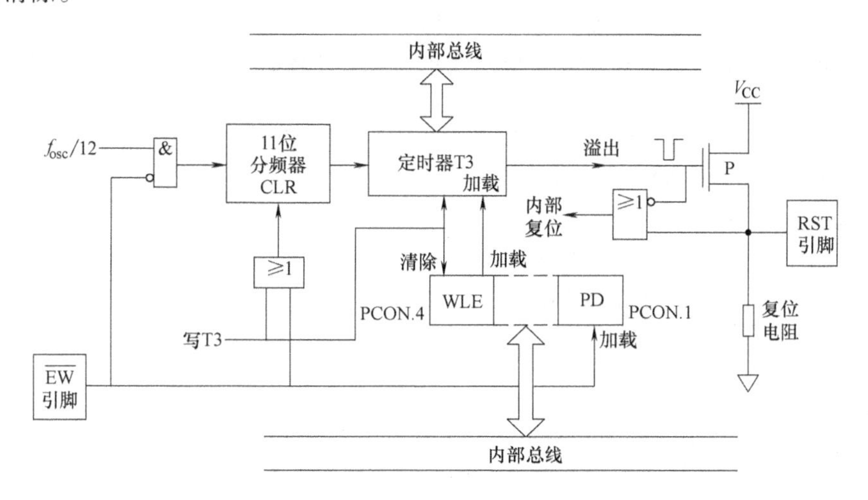

图 7-9　看门狗（定时器 T3）

定时器 T3 的重装和溢出，产生复位的时间间隔由装入 T3 的值决定。定时器 T3 的工作过程为：在 T3 溢出时，复位 8XC552，并产生复位脉冲输出至复位引脚 RST。为防止系统复位，必须在定时器 T3 溢出前，通过软件对其进行重装。如果发生软件或硬件故障，将使软件对定时器 T3 重装失败，从而 T3 溢出导致复位信号的产生。用这样的方法可以在软件失控时，恢复程序的正常运行。

7.5 定时器/计数器的编程基础

7.5.1 定时器/计数器溢出率的计算

定时器/计数器运行前，在其中预先置入的常数，称为定时常数或计数常数（TC）。由于计数器是加 1（向上）计数的，故而预先置入的常数均应为补码。

$$t=Tc\times(2^{L}-TC)=12/fosc\times(2^{L}-TC)$$

式中，t 为定时时间；Tc 为机器周期；fosc 为晶体振荡器频率；L 为计数器的长度；TC 为定时器/计数器初值，即定时常数或计数常数。

对于 T0 及 T1：方式 0：L=13，$2^{13}=8192$；方式 1：L=16，$2^{16}=65536$；方式 2：L=8，$2^{8}=256$。

对于 T2：L=16，$2^{16}=65536$。

定时时间的倒数即为溢出率，即溢出率=1/t。

根据既定的定时时间 t，计算出 TC 值，并将其转换成二进制数 TCB，然后再分别送入 THi、TLi（对于 T0，i=0；对于 T1，i=1）。

对于定时器/计数器 T0、T1：方式 0 时：TCB=TH+TL，TH 为高 8 位，TL 为低 5 位。方式 1 时：TCB=TH+TL，TH 为高 8 位，TL 为低 8 位。方式 2 时：TCB=TH=TL。对于定时器/计数器 T2：与 T0、T1 的方式 1 相同。

7.5.2 定时器/计数器的编程基础

定时器/计数器的初始化编程可分为以下几步：

1）写 TMOD，只能用字节寻址。设置定时器/计数器的工作方式（M1、M0）、功能选择（C/T）及是否使用门控（GATE）。

2）将时间常数或计数常数写入 THi 及 TLi，也只能用字节寻址。根据上面的定时常数或计数常数计算结果写入 THi 及 TLi 。

3）启动定时或计数。

```
SETB    TRi      ；启动定时器
CLR     TRi      ；停止定时器
```

4）定时器中断开放和禁止。

```
SETB    ETi；允许中断 ETi
SETB    EA；开放总中断
CLR     ETi ；禁止中断 ETi
CLR     EA ；关闭总中断
```

7.6 定时器/计数器应用实例

7.6.1 实例 1

1. 设计目的

设计一个程序，由 P0 驱动 8 个 LED，每 0.25s 这 8 个 LED 交替闪烁一次。

2. 设计要求

用 12MHz 时钟，工作在定时方式 1，每次定时 0.05s，因此，计数脉冲数为 50000 个。用查询方式判断重复 5 次定时，既 0.25s 后，切换 LED 的状态使 LED 交替闪烁。查询设置必须注意两点：不设置中断使能寄存器，即不开启中断总开关与定时器中断开关；当定时器溢出标志变为 1 之后，将定时器标志软件变 0，这样该定时器才能重新启用。

3. 软硬件设计

打开 Proteus，在编辑窗口中单击元件列表中的 P 按钮，添加表 7-6 所示元器件。然后，按图 7-10 连线绘制硬件电路。选择 Proteus 编辑窗口中的 File→Save Design 菜单项，保存电路图。

表 7-6 实例 1 元器件选取

单片机 80C51	按钮 BUTTON	晶振 CRYSTAL	瓷片电容 CAP(22pF)	电阻 RES

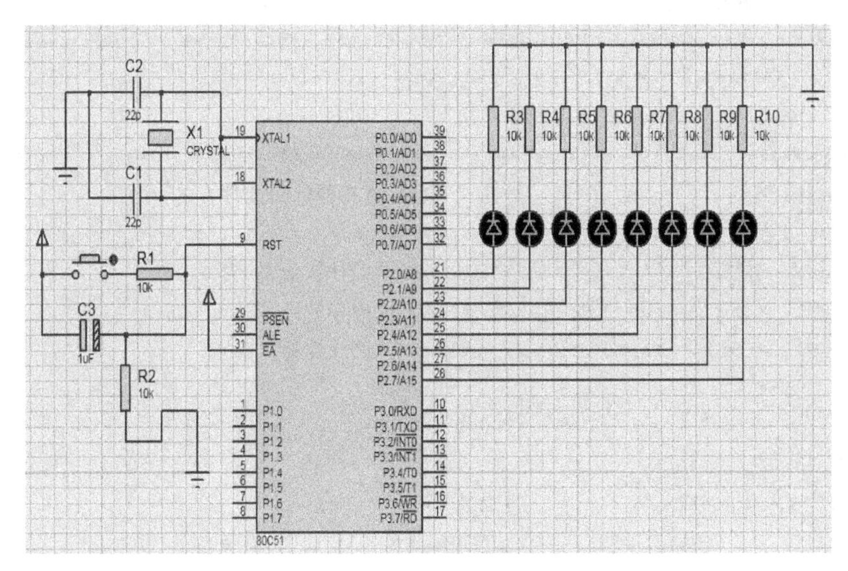

图 7-10 实例 1 电路

汇编语言软件编程如下：

```
;*****************************************************************************
*实 验 名      :定时器实验(查询方式)FOSC=12MHz
*实验效果      :每 0.25s 8 个 LED 交替闪烁一次
;***************************************************************************** /
        ORG     0000H
        LJMP    MAIN
        ORG     0100H
MAIN:   MOV     SP,#6FH
        ANL     TMOD,#0F0H
        ORL     TMOD,#01H
        MOV     TH0,#60
        MOV     TL0,#176
        SETB    TR0
```

```
      MOV    P2,#0FH
LOOP0: MOV   R0,#05H
LOOP1: JNB   TF0,LOOP1
      MOV    TH0,#60
      MOV    TL0,#176
      CLR    TF0
      DJNZ   R0,LOOP1
      MOV    A,P2
      CPL    A
      MOV    P2,A
      LJMP   LOOP0
      END
```

C51 语言软件编程如下：

```
/*********************************************************************************
*实 验 名      :定时器实验(查询方式)FOSC=12MHz
*实验效果:     每 0.25s 8 个 LED 交替闪烁一次
*********************************************************************************/
#include <reg51.h>                    //定义 8051 寄存器的头文件
#define  LED  P2                      //定义 LED 接至 P2
#define  count  50000                 //T0(Mode1)的计数值,约为 0.05s
#define  TH_M1  (65536-count)/256     //T0(Mode1)的计数高 8 位
#define  TL_M1  (65536-count)%256     //T0(Mode1)的计数低 8 位
//  主程序
void main()                           //主程序开始
{  int i;
  TMOD&=0xf0;TMOD|=0X01;              //设置 T0 为 Mode1
  LED=0x0f;                           //LED 初值=00001111,右 4 灯亮
  While(1)                            //无穷循环
  { for(i=0;i<5;i++)                  //for 循环,定时中断 5 次
    {  TH0=TH_M1;                     //设置高 8 位
       TL0=TL_M1:                     //设置低 8 位
       TR0=1;                         //启动 T0
         while(TF0==0);               //等待溢出(TF0==1)
           TF0=0;                     //溢位后清 TF0
    }                                 //for 循环定时结束
    LED=~LED;                         //输出反相
  }                                   //while 循环结束
}                                     //主程序结束
```

7.6.2 实例 2

1. 设计目的

本实验设计目的与实例 1 一致，只是用中断方式实现。

2. 设计要求

用12MHz时钟，工作在定时方式1，每次定时0.05s，因此，计数脉冲数为50000个。用中断方式判断重复5次定时，既0.25s后，切换LED的状态使LED交替闪烁。

3. 软硬件设计

打开Proteus，在编辑窗口中单击元件列表中的P按钮，添加表7-6所示元器件。然后，按图7-10连线绘制电路。选择Proteus编辑窗口中的File→Save Design菜单项，保存电路图。

软件编程如下：

```
/****************************************************************************
*实 验 名      :定时器实验(中断方式)
*实验效果      :每0.25s 8个LED交替闪烁一次
****************************************************************************/
#include <reg51.h>                      //定义8051寄存器的头文件
#define  LED P2                         //定义LED接至P2
#define  count 50000                    //T0(Mode1)的计数值,为0.05s
#define  TH_M1  (65536-count)/256       //T0(Mode1)的计数高8位
#define  TL_M1  (65536-count)%256       //T0(Mode1)的计数低8位
Int    Intcount=0;
void main()
  {  IE=0X82;                           //中断使能设置
     TMOD&=0xf1;TMOD|=0X01;             //设置T0为定时方式1
     TH0=TH_M1;                         //设置高8位
     TL0=TL_M1:                         //设置低8位
     TR0=1;                             //启动T0
     LED=0x0f;                          //LED初值=00001111,右4灯亮
     While(1);                          //无穷循环
  }                                     //主程序结束
void timer0(void) interrupt 1           //T0中断子程序开始
  {  TH0=TH_M1;                         //设置T0计数值高8位
     TL0=TL_M1;                         //设置T0计数值低8位
     if(++Intcount==5)                  //若T0已中断5次数
     {  Intcount=0;                     // 重新计数
        LED=~LED;                       //输出相反
     }                                  //if语句结束
}                                       //T0中断子程序
```

7.6.3 实例3

1. 设计目的与要求

要求利用Timer0设计一个60s定时器，显示器从“00”开始，每1秒加1显示，到达60s时，回“00”显示，无限循环；同时，每60s D1切换一次（原来亮的变成灭；原来灭的变成亮）。

2. 软硬件设计

电路如图 7-11 所示，80C51 的 P0 口接数码管（共阴）段选口，P2.2 接 138 译码器 A 口，P2.3 接 B 口，P2.4 接 C 口，138 译码器输出端接数码管位选口，P2.0 接 LED D1。打开 Proteus，在编辑窗口中单击元件列表中的 P 按钮，添加表 7-7 所示的元器件。然后，按图 7-10 连线绘制电路图（本处最小系统省略，具体可以参考实例 1）。

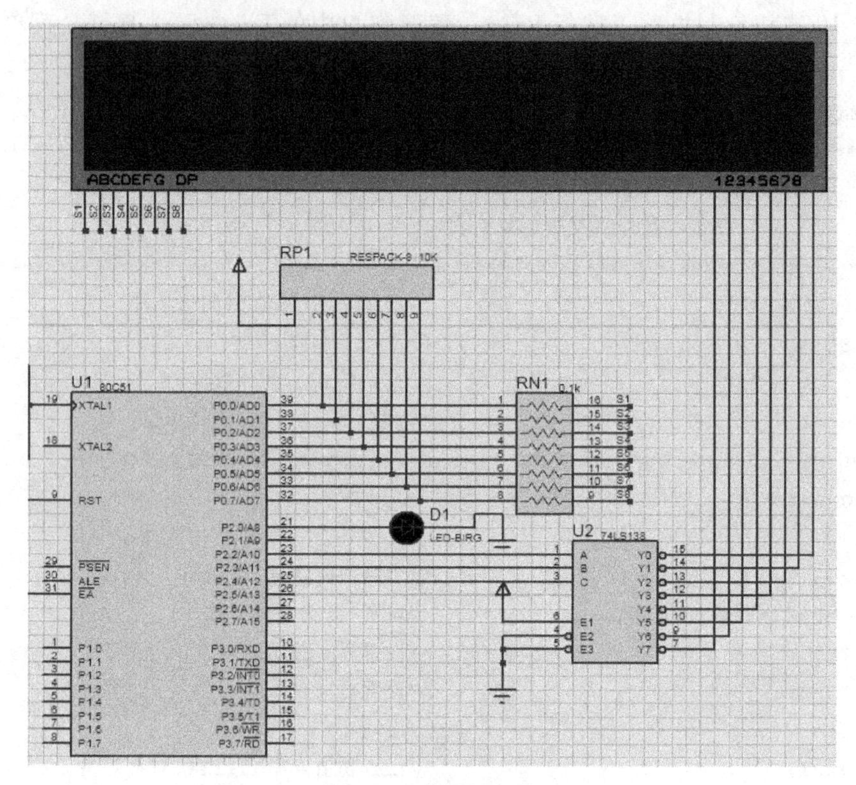

图 7-11　实例 3 电路

表 7-7　实例 3 元器件选取

单片机 80C51	按钮 BUTTON	电解电容 CAP-ELEC	12MHz 晶振 CRYSTAL
瓷片电容 CAP(22pF)	电阻 RES	LED 灯 LED-BIBY	138 译码器 74LS138
7 段数码管(共阴) 7SEG-MPX8-CC-BLUE	排阻 RESACK-8	电阻 RES16DIPIS	

软件编程如下：

```
/ ****************************************************************************************
* 实 验 名      :60s 定时器实验
* 实验效果      :每秒显示数字加 1,60s 后重新从 00 开始,LED 切换亮灭状态
**************************************************************************************** /
#include <reg51.h>                        //定义 8051 寄存器的头文件
#define GPIO_DIG  P0
sbit  LED=P2^0;
sbit  LSA=P2^2;
sbit  LSB=P2^3;                           //定义 138 译码器
```

```
sbit  LSC=P2^4
//  声明T0定时器相关寄存器
#define  count_M1 50000                       //T0(Mode1)的计数值,约为0.05s
#define TH_M1 (65536-count_M1)/256            //T0(Mode1)的计数高8位
#define TL_M1 (65536-count_M1)% 256           //T0(Mode1)的计数低8位
int      count_T0 ;                           //计算T0中断次数
//  声明七段显示器驱动信号数组(共阴)
char code TAB[10]={0x3f,0x06,0x5b,
0x4f,0x66,0x6d,0x7d,0x07,0x7f,0x6f};          //数字0~9
char disp[2]={0x00,0x00};                     //声明显示区数组初始显示00
//  声明基本变量
int  second;                                  // 秒数
unsigned int  i=0;
void  DigDisplay();
//  主程序
void main()                                   //主程序开始
{  count_T0=0;                                //初始化计数次数
   second=0;                                  //初始化计时时间
   TMOD=0X01;                                 // T0采用定时方式1
   TH0=TH_M1;                                 //设置T0计数值高8位
   TL0=TL_M1;                                 //设置T0计数值低8位
   EA=1;                                      //启动总中断
   ET0=1;                                     //启动定时器中断
   TR0=1;                                     //启动T0
   LED=0;                                     //关闭LED
   while(1)
   DigDisplay();                              //无穷循环数码管显示,等待中断
}
//  T0中断子程序——计算并显示秒数
void T0_1s(void) interrupt 1                  //T0中断子程序开始
{  TH0=TH_M1;                                 //设置T0计数值高8位
  TL0=TL_M1;                                  //设置T0计数值低8位
  count_T0++;
  if(count_T0==20)                            //若中断20次,即0.05*20=1s
    {  count_T0=0;                            //重新计数
      second++;                               //秒数加一
      if(second==60)                          //若超过60s
      {  second=0;                            //秒数归0,重新开始
         LED=-LED;                            //取反LED
      }
    }
  disp[1]=TAB[second/10];                     //填入十位数显示区
  disp[0]=TAB[second% 10];                    //填入个位数显示区
```

```
}                                    //T0 中断子程序结束
void DigDisplay()                    //数码管显示函数
{
  unsigned char j=5;
  switch(i)                          //位选,选择点亮的数码管
  {
    case(0):
    LSA=0;LSB=0;LSC=0; break;        //点亮第一个数码管
    case(1):
    LSA=1;LSB=0;LSC=0; break;        //点亮第二个数码管
  }
  GPIO_DIG=disp[i];                  //段选
  i++;
  if(i>1)
    i=0;
  while(j-->0);
  GPIO_DIG=0X00;                     //消隐
}
```

3. 调试仿真

仿真结果如图 7-12 所示，和要求完全一致。

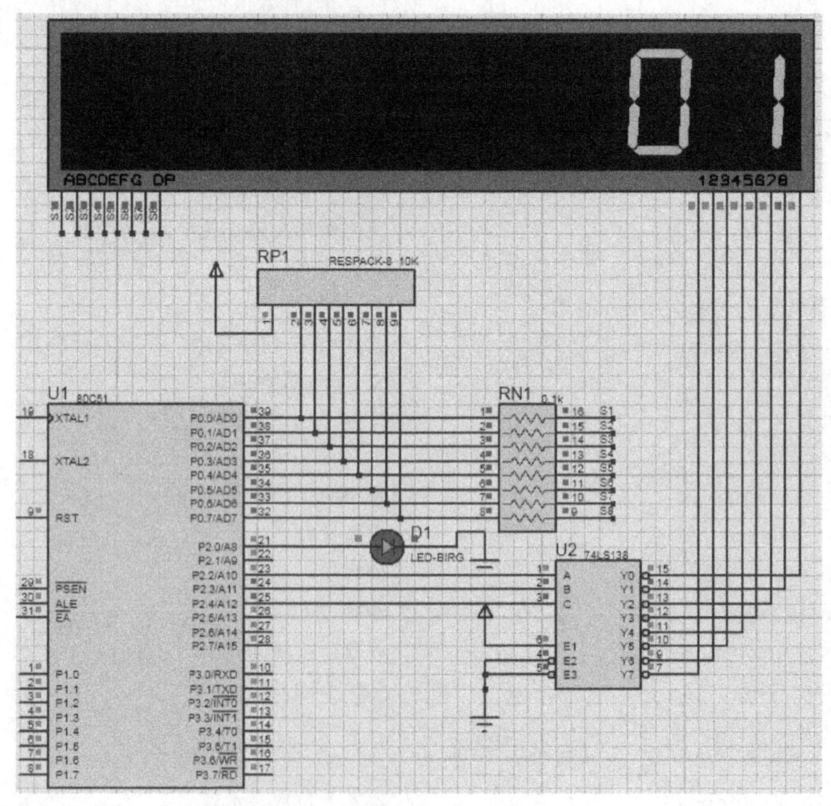

图 7-12　实例 3 仿真结果

本章小结

定时器/计数器是单片机最重要的功能之一，应用十分广泛，可以解决很多实时性的问题，尤其在测量信号频率、汽车速度等脉冲计数方面是不可或缺的。本章先简单介绍了定时器/计数器的基本原理和结构；然后重点讲述了 80C51 单片机定时器/计时器 T0/T1 以及 T2 的组成结构、特殊功能寄存器、工作方式、编程基础等原理性内容；也简述了看门狗定时器的工作原理；最后介绍了 3 个应用实例。希望为读者后续的学习与应用打下良好的基础。

习题

1. 简述定时器/计数器的工作原理。
2. TCON 和 TMOD 的各个位作用是什么，它们都可以按位寻址吗？
3. T0 定时器/计数器的工作方式有几种，各有什么不同？
4. 简述定时器/计数器的初始化步骤。
5. 如果单片机的晶振采用 6MHz，定时/计数器工作在方式 0、1、2 下，其最大的定时时间是多少？
6. 定时器/计数器的工作方式 2 有何特点，适用于哪些应用场合？
7. 编写程序，要求使用 T0，采用方式 2 定时，在 P1.0 口输出 400μs，占空比为 10∶1 的矩形脉冲。
8. 在 51 单片机系统中，已知时钟频率为 6MHz，选用定时器 T0 工作方式 3，请编程实现 P1.0 和 P1.1 口分别输出周期为 1ms 和 400μs 的方波。

第8章 80C51单片机串行接口

8.1 串行通信基本知识

串行通信是 CPU 与外界交换信息的一种基本方式。单片机应用于数据采集和工业控制时，往往作为前端机安装在工业现场，远离主机，现场数据采用串行通信方式发往主机进行处理，以降低成本，提高通信可靠性。80C51 单片机自身有全双工的异步通信接口，实现串行通信极为方便。

8.1.1 数据通信

计算机与外界的信息交换称为通信。基本的通信方式有两种：并行通信和串行通信。

并行通信是指数据的各位同时进行传送（发送或接收）的通信方式。其优点是传送速度高，缺点是数据有多少位，就需要多少根传送线。例如，80C51 单片机与打印机之间的数据传送就属于并行通信，如图 8-1a 所示。并行通信在传送距离较远时不太合适。

串行通信是指数据一位一位按顺序传送的通信方式。它的突出优点是只需一对传输线，这样就大大降低了传送成本，特别适用于远距离通信。其缺点是传送速度较低，假设并行传送 N 位数据所需时间为 T，那么串行传送的时间至少为 NT，实际上总是大于 NT 的。图 8-1b 所示为串行通信方式。

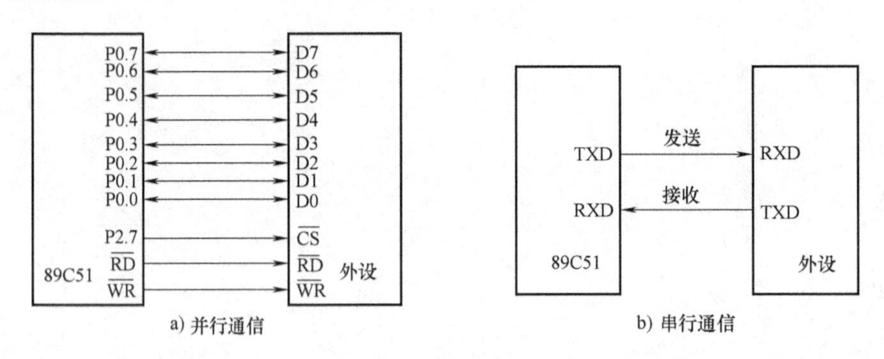

图 8-1 基本通信方式

8.1.2 串行通信的传输方式

串行通信的传输方式通常有 3 种：单向（或单工）配置，只允许数据向一个方向传输；半双向（或半双工）配置，允许数据向两个方向中的任一方向传输，但每次只能有一个站点发送；全双向（或全双工）配置，允许同时双向传输数据。因此，全双工配置是一对单向配置，它要求两端的通信设备都具有完整和独立的发送和接收能力。串行通信的传输方式如图 8-2 所示。

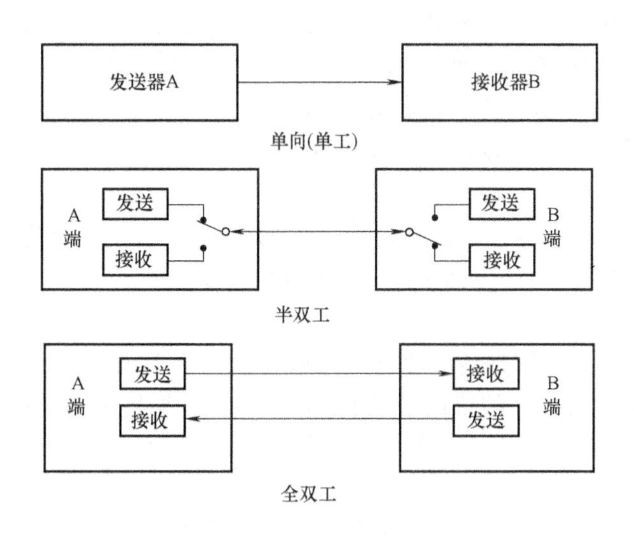

图 8-2　串行通信的传输方式

8.1.3　异步通信和同步通信

串行通信有两种基本的通信方式：异步通信和同步通信。

1. 异步通信

在异步通信中，数据是一帧一帧（包括一个字符代码或一字节数据）传送的，帧与帧之间可以有间隔，所以定义为异步。在帧格式中，一个字符由 4 部分组成：起始位、数据位、奇偶校验位和停止位。首先是一个起始位（0），然后是 5~8 位数据位（规定低位在前，高位在后），接下来是奇偶校验位（可省略），最后是停止位（1）。起始位（0）信号只占用一位，用来通知接收设备一个待接收的字符开始到达。线路上在不传送字符时应保持为 1。接收端不断检测线路的状态，若连续为 1 以后又测到一个 0，就知道发来一个新字符，应马上准备接收。

起始位后面紧接着是数据位，它可以是 5 位（ D0~D4 ）、6 位、7 位或 8 位（D0~D7）。奇偶校验（D8）只占一位，但在字符中也可以规定不用奇偶校验位，则这一位就可省去。也可用这一位（1/ 0 ）来确定这一帧中的字符所代表信息的性质（ 地址/ 数据等）。停止位用来表征字符的结束，它一定是高电位（逻辑 1）。停止位可以是 1 位、1.5 位或 2 位。接收端收到停止位后，知道上一字符已传送完毕，同时也为接收下一个字符做好准备，只要再接收到 0，就是新字符的起始位。若停止位以后不是紧接着传送下一个字符，则使线路电平保持为高电平（逻辑 1）状态。

2. 同步通信

同步通信中，在数据开始传送前用同步字符来指示（常约定 1~2 个），并由时钟来实现发送端和接收端同步。即检测到规定的同步字符后，就连续按顺序传送数据，直到通信告一段落。同步传送时，字符与字符之间没有间隙，也不用起始位和停止位，仅在数据块开始时用同步字符 SYNC 来指示。同步字符的插入可以是单同步字符方式或双同步字符方式，然后是连续的数据块，其数据格式如图 8-3 所示。

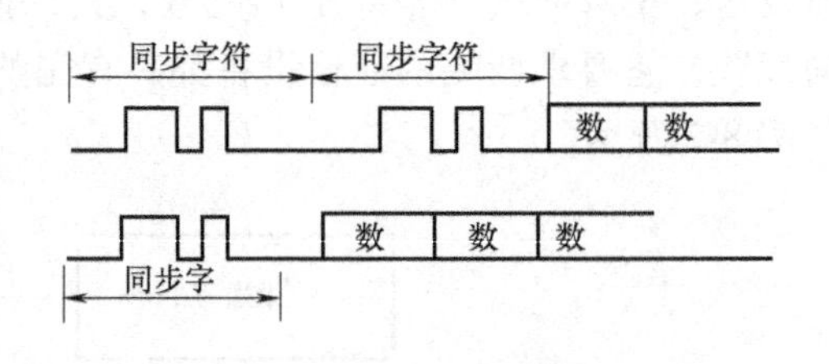

图 8-3 同步传输的数据格式

同步字符可以由用户约定，当然也可以采用 ASCII 码中规定的 SYNC 代码，即 16H。按同步方式通信时，先发送同步字符，接收方检测到同步字符后，即准备接收数据。在同步传送时，要求用时钟来实现发送端与接收端之间的同步。为了保证接收正确无误，发送方除了传送数据外，还要同时传送时钟信号。同步传送可以提高传输速率（达 56kbit/s 或更高），但硬件比较复杂。

3. 波特率

波特率（Baudrate），即数据传送速率，表示每秒传送二进制代码的位数，它的单位是 bit/s，波特率对于 CPU 与外界的通信是很重要的。假设数据传送速率是 120 字符/s，而每个字符格式包含 10 个代码位（1 个起始位、1 个终止位、8 个数据位）。这时，传送的波特率为

$$10\text{bit/字符} \times 120\ \text{字符/s} = 1200\text{bit/s}$$

每一位代码的传送时间 T_d 为波特率的倒数，即

$$T_d = \frac{1\text{bit}}{1200\text{bit/s}} = 0.833\text{ms}$$

异步通信常用于计算机到终端之间的通信，传送波特率 50~19200bit/s。波特率不同于发送时钟和接收时钟频率。同步通信的波特率和时钟频率相等，而异步通信的波特率通常是可变的。

8.1.4 通信协议和单机通信

1. 串行通信协议

通信协议是通信双方事先约定，共同遵守的一个协议。在通信中，只有双方同时满足协议要求，才能进行通信。一般说来，通信协议分为了电气协议和软件协议两个部分。

电气协议主要规定了通信的电气特性，对接口、信号等做出了详细说明。串行通信电气协议主要有：RS-232C、RS-485、RS-449、RS-422、RS-423。其中 RS-232C 原本是美国电子工业协会（Electronic Industry Association，EIA）的推荐标准，现已在全世界范围内广泛采用，RS-232C 是在异步串行通信中应用最广的总线标准，它适用于短距离或带调制解调器的通信场合。

根据环境和对数据正确性要求的不同，软件协议的复杂程度也是可变的。最简单的一个通信协议就是简单地说明数据的结构。比如，在一个有 8 通道的数据采集系统中，系统要分时向外部发送 8 个通道的数据，这时可以规定传送数据的格式为两个字节，其中第一个字节表示的是第几个通道的数据，第二个字节表示的是通道中采集的数据。接收方也必须遵守这个协议，在读取了两个字节的数据后才能得到正确的通道数据信息。

2. 单机通信

最简单的 PC 与单片机通信只要三根线就可以了，单片机的 TXD、RXD 与 PC 的 RXD、

TXD 分别相连，地线也连接在一起。由于 80C51 系列单片机串行接口使用的是 TTL 电平，而 PC 使用的是 232 电平，因此在 PC 和单片机间要有 232 电平转换电路，如图 8-4 所示。

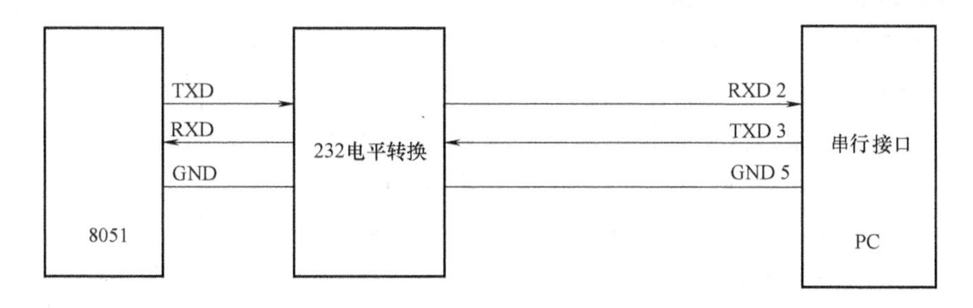

图 8-4 单片机和 PC 之间的连接

简单的单片机之间利用串行接口进行通信不需要 232 电平转换，只要在软件设计上注意波特率设置统一就可以了，如图 8-5 所示。但是如果传输距离比较远的话还是需要加上 232 电平转换。

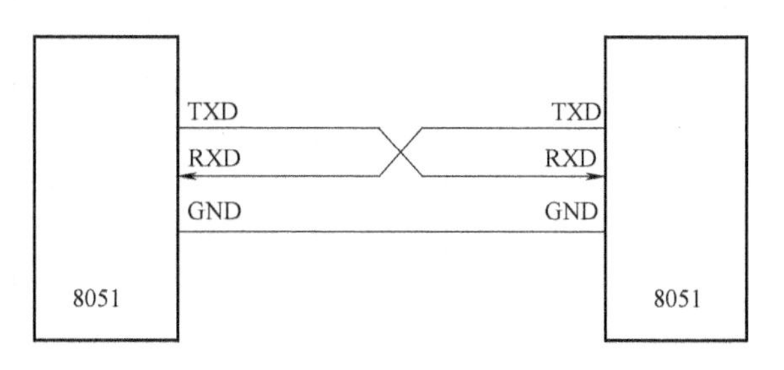

图 8-5 单片机之间的连接

8.1.5 RS-232C

1. RS-232C 总线标准

RS-232C 实际上是串行通信的总线标准。目前微机采用 9 针的 D 形连接器，其信号及引脚如图 8-6 所示。在计算机串行通信中主要使用了如下信号：

1）数据传送信号：发送数据（TXD）；接收数据（RXD）。

2）调制解调器控制信号：请求发送（RTS）；清除发送（CTS）；数据通信设备准备就绪（DSR）；数据终端准备就绪（DTR）。

3）信号地（GND）。

2. RS-232C 接口电路

由于 RS-232C 信号电平（EIA）与 80C51 单片机信号电平（TTL）不一致，因此，必须进行信号电平转换，实现这种电平转换的电路称为 RS-232C 接口电路。其一般有两种形式：一种是采用运算放大器、晶体管、光隔离器等器件；另一种是采用专门集成芯片（如 MC1488、MC1489、MAX232 等）。

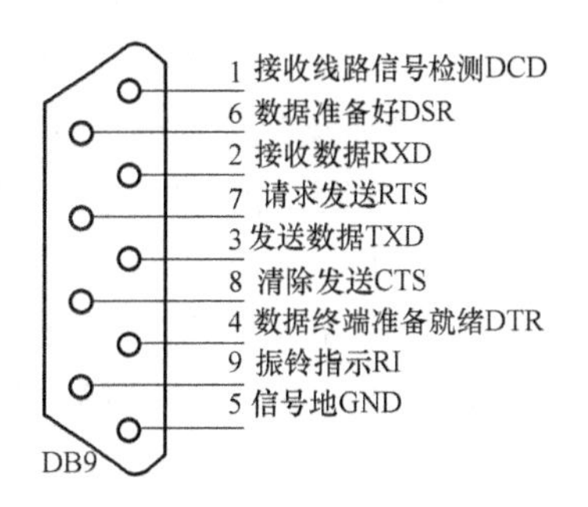

图 8-6 RS-232C 9 针 D 型连接器信号及引脚

MAX232 芯片是 MAXIM 公司生产的具有两路接收器和驱动器的 IC 芯片，其内部有一个电源电压变换器，可以将输入+5V 的电压变换成 RS-232C 输出电平所需的±12V 电压，所以采用这种芯片来实现接口电路特别方便，只需单一的+5V 电源即可。MAX232 芯片的引脚如图 8-7 所示。其中引脚 1～6（C1+、V+、C1-、C2+、C2-、V-）用于电源电压转换，只要在外部接入相应的电解电容即可；引脚7~10和引脚11~14构成两组TTL信号电平与RS-232信号电平的转换电路，对应引脚可直接与单片机串行接口的TTL电平引脚和PC的RS-232电平引脚相连。

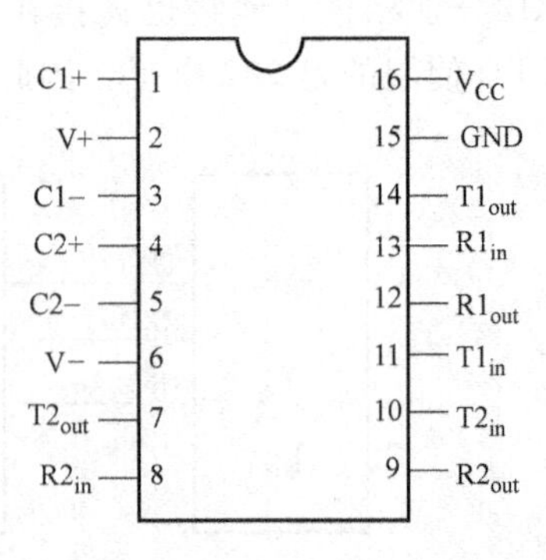

图 8-7 MAX232 芯片引脚

用MAX232实现PC与80C51单片机串行通信的典型电路如图8-8所示。图中外接电解电容C_1、C_2、C_3、C_4用于电源电压变换，可提高抗干扰能力。它们可取相同容量的电容，一般取1.0μF/16V。电容C_5的作用是对+5V电源的噪声干扰进行滤波，一般取0.1μF。选用两组中的任意一组电平转换电路实现串行通信。

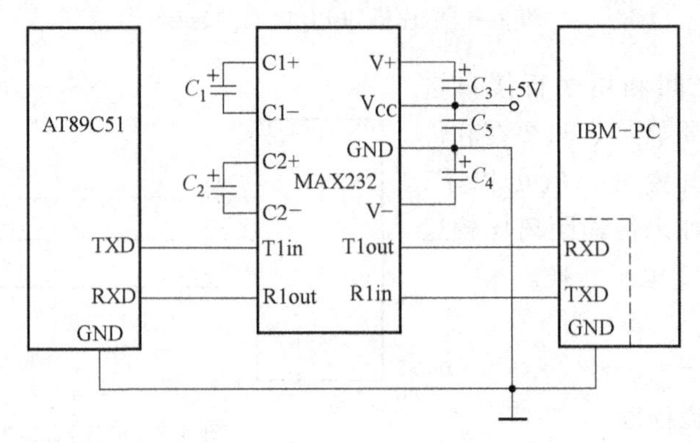

图 8-8 用 MAX232 实现 PC 与 80C51 单片机串行通信的典型电路

8.2 80C51单片机串行接口的结构和工作原理

80C51系列单片机的串行接口是一个可编程的全双工串行通信接口。通过软件编程，它可以作为通用异步接收和发送器UART，也可作为同步移位寄存器。其帧格式可用8位、10位和11位，并能设置各种波特率，使用上灵活方便。

8.2.1 串行接口结构

80C51单片机串行接口结构框图如图8-9所示。它主要由两个数据缓冲寄存器SBUF和一个输入移位寄存器组成，其内部还有一个串行控制寄存器SCON和一个波特率发生器（由T1或内部时钟及分频器组成）。特殊功能寄存器SCON用以存放串行接口的控制和状态信息，根据对其写的控制字决定工作方式，从而决定波特率发生器的时钟源是来自系统时钟还来自定时器T1。特殊功能寄存器PCON的最高位SMOD为串行接口波特率的倍增控制位。接收与发送缓冲寄存器占用同一个地址99H，其名称同样为SBUF。CPU写SBUF操作，一方面修改发送寄存器，同时启动数据串行发送；CPU读SBUF操作，就是读接收寄存器，完成数据的接收。

在进行通信时，外界的串行数据是通过引脚RXD（P3.0）输入的，输入数据先逐位进入输入移位寄存器，再送入接收SBUF。在此采用了双缓冲结构，这是为了避免在接收到第二帧数据之前，CPU未及时响应接收器的前一帧中断请求把前一帧数据读走，而造成两帧数据重叠的错误。对于发送器，因为发送时 CPU 是主动的，不会产生写重叠问题，一般不需要双缓冲结构，以保持最大传送速率，因此仅用了一个缓冲器。TI 和 RI 为发送和接收的中断标志，无论哪个为”1”，只要中断允许，都会引起中断。

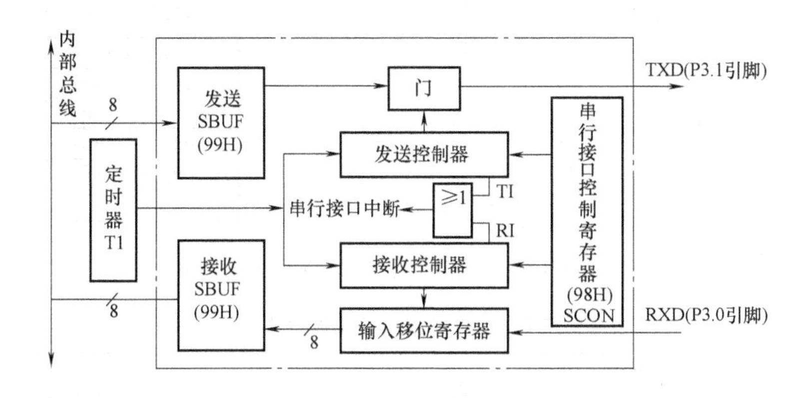

图 8-9　串行接口结构框图

8.2.2　传送过程工作原理

设有两个单片机进行串行通信，甲机为发送，乙机为接收。

发送过程：甲机发送时，CPU 执行指令 MOV SBUF，A，启动发送，数据并行送入 SBUF，在发送时钟控制下由低位到高位一位一位向外发送。甲机一帧数据发送完毕，置位发送完成标志 TI，TI 也作为查询或发送中断标志。TI 置位并软件清零后，CPU 可再发送下一帧数据。

接收过程：乙机在接收时钟的控制下，低位到高位顺序进入移位寄存器 SBUF；乙机一帧数据到齐，即接收缓冲器满，置位接收完成标志 RI，该位可作为查询或接收中断标志，通过 MOV A，SBUF，CPU 将这帧数据并行读入。

注意：

1）甲、乙机的移位时钟频率应相同，即应具有相同的波特率，否则会造成数据丢失。

2）发送方是先发数据再查标志，接收方是先查标志再收数据。

3）接收/发送数据，无论是否采用中断方式工作，每接收/发送一个数据都必须用软件指令对 RI/TI 清 0，以备下一次收/发（CLR TI，CLR RI）。

8.2.3　串行接口的控制寄存器

80C51 串行接口是可编程接口，对它初始化编程只用两个控制字分别写入特殊功能寄存器 SCON（98H）和电源控制寄存器 PCON（87H）中即可。

1. 串行接口的控制寄存器 SCON

80C51 串行通信的方式选择、接收和发送控制以及串行接口的状态标志等均由特殊功能寄存器 SCON 控制和指示，其控制字格式如图 8-10 所示。

1）SM0 和 SM1（SCON.7，SCON.6）：串行接口工作方式选择位。两个选择位对应 4 种通信方式，见表 8-1。其中，f_{OSC}是振荡频率。

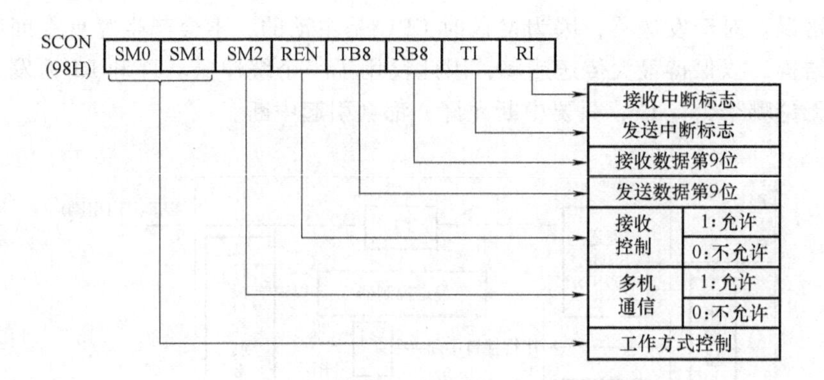

图 8-10　串行接口控制寄存器 SCON 的控制字格式

表 8-1　串行接口的工作方式

SM0	SM1	工作方式	说明	波特率
0	0	方式 0	同步移位寄存器	$f_{osc}/12$
0	1	方式 1	10 位异步收发	由定时器控制
1	0	方式 2	11 位异步收发	$f_{osc}/32$ 或 $f_{osc}/64$
1	1	方式 3	11 位异步收发	由定时器控制

2）SM2（SCON.5）：多机通信控制位，主要用于方式 2 和方式 3。

若置 SM2=1，则允许多机通信。多机通信协议规定，第 9 位数据（D8）为 1，说明本帧数据为地址帧；若第 9 位为 0，则本帧为数据帧。

当一片 80C51（主机）与多片 80C51（从机）通信时，所有从机的 SM2 位都置 1。主机首先发送一帧地址数据，即某从机机号，其中第 9 位为 1；所有的从机接收到数据后，将其中第 9 位 1 装入 RB8 中，说明是地址帧，地址装入所有从机的 SBUF 并置 RI=1，中断所有从机，完成地址接收。被寻址的目标从机清除 SM2，以接收主机发来的下一帧数据，下一帧数据第 9 位是 0，接收到的 RB8=0，置 RI=1，并把接收到的数据装入 SBUF 中，完成一帧数据接收。其他从机仍然保持 SM2=1。下一帧数据第 9 位是 0，接收到的 RB8=0，说明是数据帧，接收中断标志位 RI=0，信息丢失。根据 SM2 这个功能，可实现多个 80C51 应用系统的串行通信。

在方式 1 时，若 SM2=1，则只有接收到有效停止位时，RI 才置 1，以便接收下一帧数据。在方式 0 时，SM2 必须是 0。

3）REN（SCON.4）：允许接收控制位，由软件置 1 或清 0。当 REN=1 时，允许接收；当 REN= 0 时，禁止接收。在串行通信接收控制过程中，如果满足 RI=0 和 REN=1（允许接收）的条件，就允许接收，一帧数据就装载入接收 SBUF 中。

4）TB8（SCON.3）：发送数据的第 9 位（D8）装入 TB8 中。在方式 2 或方式 3 中，根据发送数据的需要由软件置位或复位。在许多通信协议中可用作奇偶校验位，也可在多机通信中作为发送地址帧或数据帧的标志位。对于后者，TB8=1，说明该帧数据为地址字节；TB8=0，说明该帧数据为数据字节。在方式 0 或方式 1 中，该位未用。

5）RB8（SCON.2）：接收数据的第 9 位。在方式 2 或方式 3 中，接收到的第 9 位数据放在 RB8 位。它或是约定的奇/偶校验位，或是约定的地址/数据标识位。在方式 2 和方式 3 多机通信中，若 SM2=1，如果 RB8=1，则说明收到的数据为地址帧。在方式 1 中，若 SM2=0（即不是多机通信情况)，则 RB8 中存放的是已接收到的停止位。在方式 0 中，该位未用。

6) TI (SCON.1)：发送中断标志，在一帧数据发送完时被置位。在方式 0 串行发送第 8 位结束或其他方式串行发送到停止位的开始时由硬件置位，可用软件查询。它同时也申请中断。TI 置位意味着向 CPU 提供“发送缓冲器 SBUF 已空”的信息，CPU 可以准备发送下一帧数据。串行接口发送中断被响应后，TI 不会自动清 0，必须由软件清 0。

7) RI (SCON.0)：接收中断标志，在接收到一帧有效数据后由硬件置位。在方式 0 中，第 8 位数据发送结束时，由硬件置位；在其他 3 种方式中，当接收到停止位中间时由硬件置位。RI=1，申请中断，表示一帧数据接收结束，并已装入接收 SBUF 中，要求 CPU 取走数据。CPU 响应中断，取走数据。RI 也必须由软件清 0，清除中断申请，并准备接收下一帧数据。

串行发送中断标志 TI 和接收中断标志 RI 是同一个中断源，CPU 事先不知道是发送中断 TI 还是接收中断 RI 产生的中断请求，必须由软件来判别。复位时，SCON 所有位均清 0。

2. 电源控制寄存器 PCON

电源控制寄存器 PCON 中只有 SMOD 位与串行接口工作有关，如图 8-11 所示。

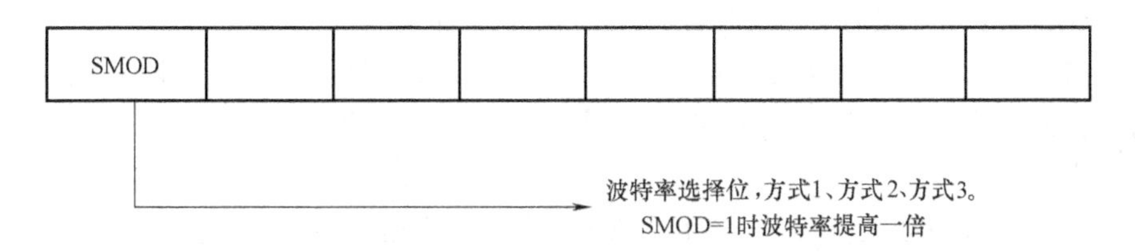

图 8-11　电源控制寄存器 PCON

SMOD (PCON.7)：波特率选择位。在串行接口方式 1、方式 2 和方式 3 时，波特率和 2^{SMOD}成正比，亦即当 SMOD=1 时，波特率提高一倍。复位时，SMOD=0。其他几位的设定和串口通信无关，故不多做介绍。

8.2.4　串行接口的工作方式与编程基础

1. 工作方式

80C51 串行接口的工作主要受串行接口控制寄存器 SCON 的控制，另外，也和电源控制寄存器 PCON 有关系。SCON 寄存器用来控制串行接口的工作方式，还有一些其他的控制作用。下面介绍 80C51 单片机串行接口的 4 种工作方式。

方式 0：移位寄存器输入/输出方式。串行数据通过 RXD 线输入或输出，而 TXD 线专用于输出时钟脉冲给外部移位寄存器。方式 0 可用来同步输出或接收 8 位数据（最低位首先输出），波特率固定为 $f_{OSC}/12$。其中，f_{OSC}为单片机的振荡器频率。

方式 1：10 位异步接收/发送方式。一帧数据包括 1 位起始位（0）、8 位数据位和 1 位停止位（1）。串行接口电路在发送时能自动插入起始位和停止位；在接收时，停止位进入特殊功能寄存器 SCON 的 RB8 位。方式 1 的传送波特率是可变的，可通过改变内部定时器的定时值来改变波特率。波特率计算公式为

$$波特率=\frac{2^{SMOD}}{32}\times\frac{f_{OSC}}{12\times(2^{L}-X)}$$

根据给定的波特率，可以计算 T1 的计数初值 X。

方式 2：11 位异步接收/发送方式。除了 1 位起始位、8 位数据位和 1 位停止位之外，还可以插入第 9 位数据位。第 9 个数据位由 SCON 寄存器的 TB8 位提供，接收到的第 9 位数据存放在 SCON 寄存器的 RB8 位。第 9 位数据可作为检验位，也可以作为多机通信中传送的是地址还是数据的特征位。

$$波特率=\left(\frac{2^{SMOD}\times f_{OSC}}{64}\right)$$

方式 3：同方式 2，只是波特率可变。波特率计算公式同方式 1。

2. 编程基础

当串行通信的硬件接好后，要编制串行通信程序。串行通信的编程方法归纳如下：

1）定好波特率。串行接口的波特率有两种方式：固定波特率和可变波特率。当使用可变波特率时，应先确定 T1 的工作方式，并计算 T1 的计数初值与启动 T1 工作。如使用固定波特率（方式 0，方式 2），则此步骤可以省略。

2）填写控制字。即对 SCON 寄存器设定工作方式，如果是接收程序或者双工通信方式，需要设置 REN=1（允许接收），同时也将 TI、RI 进行清零。

3）串行通信可采用两种方式：查询方式和中断方式，TI 和 RI 是一帧发送完否或者一帧数据到齐否的标志，可用于查询；如果设置允许中断，TI 和 RI 都可引起中断。

查询方式：

发送程序：发送一帧数据→查询 TI→发送下一帧数据（先发后查）。接收程序：查询 RI→读入一帧数据→查询 RI→读下一帧数据（先查后收）。

中断方式：

发送程序：发送一帧数据→等待中断，在中断中再发送下一帧数据。接收程序：等待中断，在中断中接收一帧数据。两种方式中，当发送或者接收数据后都要注意清 TI 或 RI。

例 8-1 80C51 单片机时钟振荡频率为 11.0592MHz，选用定时器 T1 工作模式 2 作为波特率发生器，波特率为 2400bit/s，求初值 X。

解：设置波特率控制位（SMOD）= 0

$$X=256-\frac{11.0952\times10^{6}\times1}{384\times2400}=244=F4H$$

所以，(TH1)=(TL1)=F4H。

系统晶体振荡频率选为 11.0592MHz 就是为了使初值为整数，从而产生精确的特波率。

如果串行通信选用很低的波特率，则可将定时器 T1 置于模式 0 或模式 1，即 13 位或 16 位定时方式。但在这种情况下，T1 溢出时，须用中断服务程序重装初值。中断响应时间和执行指令时间会使波特率产生一定的误差，可用改变初值的办法加以调整。

例 8-2 在内部数据存储器 20H~3FH 单元中共有 32 个数据，要求采用查询方式 1 串行发送出去，传送速率为 1200bit/s，试写出程序。

解：设定定时器 1 的工作方式 2，作为波特率发生器，取 SMOD=0，根据公式

$$波特率=\frac{2^{SMOD}}{32}\times\frac{f_{OSC}}{12\times(256-X)}$$

$$X=230=E6H$$

3. 汇编语言编程

发送程序：

```
        ORG   0000H
        MOV   TMOD,#20H    ;T1 方式 2
        MOV   TH1,#0E6H
        MOV   TL1,#0E6H
        SETB  TR1          ;启动 T1
        MOV   SCON,#40H    ;串行方式 1
        MOV   R0,#20H      ;发送缓冲区首址
        MOV   R7,#32       ;发送数据计数
LOOP:MOV  SBUF,@ R0        ;发送数据
        JNB   TI,$         ;一帧未完查询
        CLR   TI           ;一帧发完清 TI
        INC   R0
        DJNZ  R7,LOOP      ;数据未发完继续
        SJMP  $
```

接收程序：

```
        ORG   0000H
        MOV   TMOD,#20H    ;T1 方式 2
        MOV   TH1,#0E6H
        MOV   TL1,#0E6H    ;T1 时间常数
        SETB  TR1          ;启动 T1
        MOV   SCON,#50H    ;串行接收方式 1
        MOV   R0,#20H      ;接收缓冲区首址
        MOV   R7,#32       ;接收数据计数
LOOP:   JNB   RI,$         ;一帧收完查询
        CLR   RI           ; 收完清 RI
        MOV @ R0,SBUF      ;读入数据
        INC   R0
        DJNZ  R7,L00P
        SJMP  $
```

4. 查询方式 C 语言编程

发送程序：

```
#include <reg51.h>
main()
{
unsingned char i;
char  * p;
TMOD=0X20;
TH1=0XE6;
TL1=0XE6;
TR1=1;
SCON=0X40;
p=0X20;
For(i=0;i<=32;i++)
  {
    SBUF=* P;
    p++;
    while(! TI);
    TI=0;
  }
}
```

接收程序：

```
#include <reg51.h>
main()
{
unsingned char i;
char  * p;
TMOD=0X20;
TH1=0XE6;
TL1=0XE6;
TR1=1;
SCON=0X50;
p=0X20;
For(i=0;i<=32;i++)
{
    while(! RI);
    RI=0;
    * p=SBUF;
    p++;
  }
}
```

8.3　串行接口的应用实例

8.3.1　实例 1

1. 设计要求

要求设计一个双机通信系统，甲机发送数据，乙机接收数据，两机的 P0 口直接连数码

管，显示发送或接收的内容。两机的振荡频率为 12MHz，波特率设置为 2.4kbit/s，工作在串行接口方式 1。甲机循环发送数字 0~9，乙机接收后返回接收值。若发送值与返回值相等，继续发送下一数字，否则重复发送当前数字。发送值和接收值应显示在 LED 数码管上。采用查询法检查收发是否完成。

2. 软硬件设计

打开 proteus，在编辑窗口中单击元件列表中的 P 按钮，添加表 8-2 中元器件，然后按照图 8-12 所示连线绘制硬件电路。

表 8-2　元器件选取

单片机 80C51	按钮 BUTTON	电解电容 CAP-ELEC	晶振 CRYSTAL
瓷片电容 CAP(22pF)	电阻 RES	排阻 RESACK-8	电阻 RES16DIPIS
数码管 7SEG-MPX8-CC-BLUE			

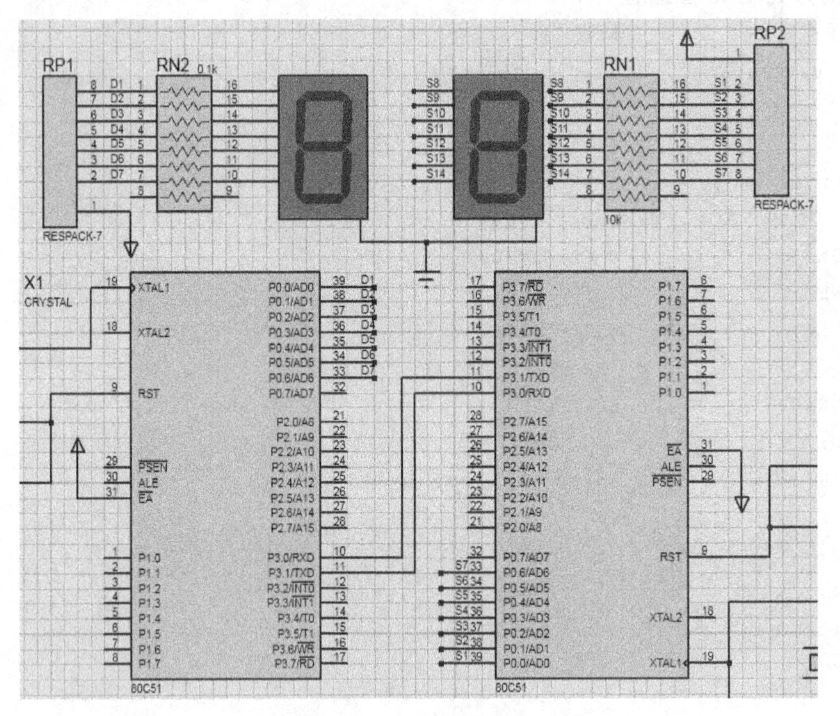

图 8-12　实例 1 电路

软件设计发送程序：

```
/ *********************************************************************************
*  实 验 名       :两个单片机直接的通信
*  实验效果       :甲机循环发送 0~9 数字,乙机接收后返回接收值
********************************************************************************* /
#include<reg51.h>
#define uchar unsigned char
```

```
unsigned char code DIG_CODE[10]={0x3f,0x06,
0x5b,0x4f,0x66,0x6d,0x7d,0x07,0x7f,0x6f};
void delay(unsigned int time)
{  unsigned int j=0;
    for(;time>0;time--)
      for(j=0;j<125;j++);
}
void main(void)
{  uchar  i=0;                          //定义发送初值
   TMOD=0x20;                           //T1 定时方式 2
   TH1=0xf4;                            //2400B/s
   TL1=0xf4;
   PCON=0x00;                           //波特率不加倍
   TR1=1;                               //启动 T1
   SCON=0x50;                           //方式 1,T1 和 RI 清零,允许接收
  while(1)
  {  SBUF=i;                            //发送值
    while(T1==0);                       //等待发送完成
    TI=0;                               //清 TI 标志位
    while(RI==0);                       //等待乙机回答
    RI=0;
    if(SBUF==i)                         //若返回值与发送值不同,重新发送
    {  P0=DIG_CODE[i];                  //若相同,显示发送值
        if(++i>9)                       //循环发送 0~9
          i=0;
        delay(500);
    }
  }
}
```

软件设计接收程序:

```
#include <reg51.h>
#define uchar unsigned char
unsigned char code DIG_CODE[10]=
{0x3f,0x06,
0x5b,0x4f,0x66,0x6d,0x7d,0x07,0x7f,0x6f};
void main(void)
{  uchar j;
   TMOD=0x20;
   TH1=0xf4;
   TL1=0xf4;
   PCON=0x00;
   TR1=1;
   SCON=0x50;
```

```
  while(1)
  {  While (RI==0);                          //等待接收完成
     RI=0;                                   //清 RI 标志位
     j=SBUF;                                 //取得接收值
     SBUF=j;                                 //结果反送主机
     while(TI==0);                           //等待发送结束
     TI=0;                                   //清 TI 标志位
     P0= DIG_CODE[i];                        //显示接收值
  }
}
```

3. 仿真结果

仿真结果如图 8-13 所示，与设计要求完全一致。

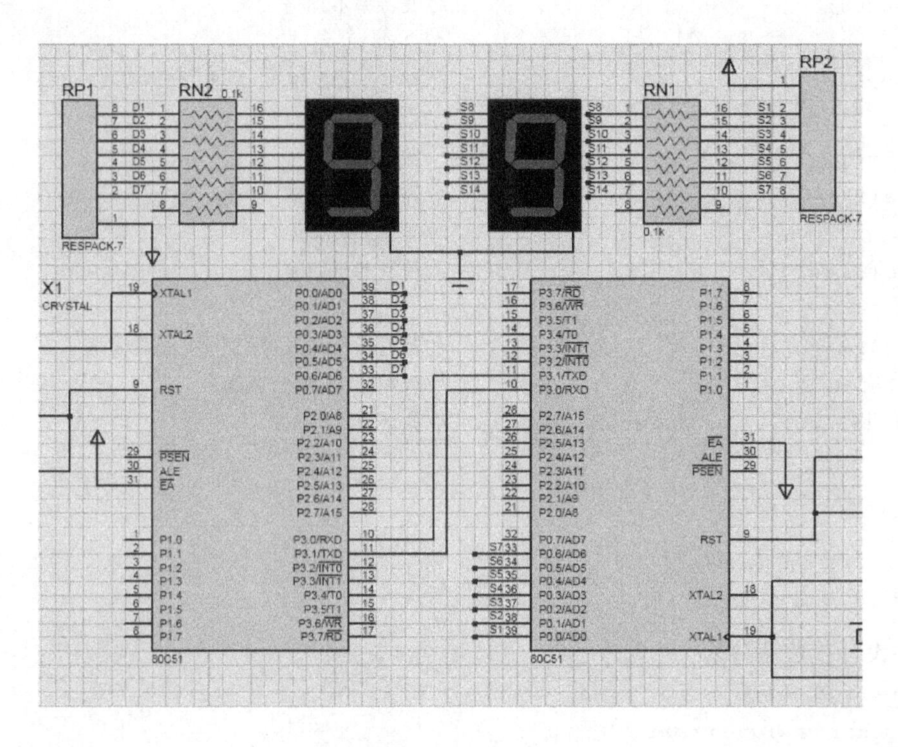

图 8-13　仿真结果

8.3.2　实例 2

1. 设计要求

设计要求用串口助手给单片机发送数据，然后将单片机接收到的数据发送回计算机串口助手界面。

2. 串口助手介绍及软件编程

本实例利用到串口助手，界面如图 8-14 所示。本实例的波特率为 4800bit/s，串口号要和烧录单片机所用的串口号一致，本例用的是 COM3。烧录借用的软件是普中科技提供的软件，界面如图 8-15 所示。也可以用 STC-ISP（STC 官方烧录工具），烧录时要选择芯片类型、串口号以及波特率。

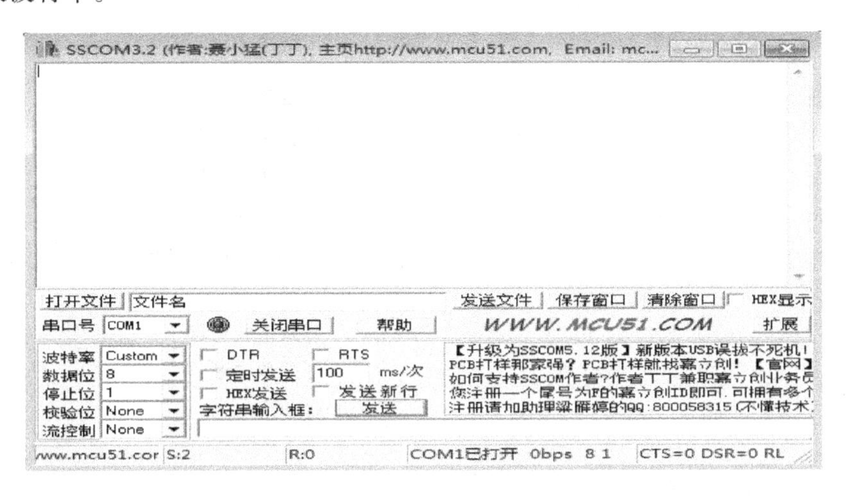

图 8-14　串口助手界面

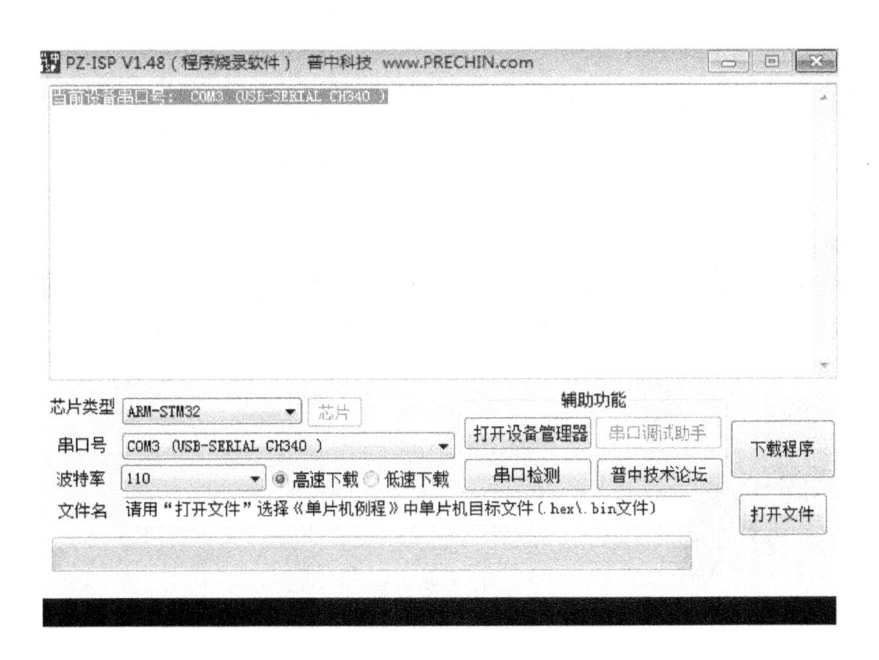

图 8-15　烧录工具界面

单片机程序：

```
/**************************************************************************************
*  实验名        :串口实验
*  实验效果      :单片机将接收到的数据发送回计算机串口助手界面
**************************************************************************************/
#include <reg51.h>
void UsartConfiguration();
```

```
void main()
{  UsartConfiguration();
   while(1);
}
void UsartConfiguration()                    //串口初始化
{  SCON=0X50;                                //设置为允许接收工作方式 1
   TMOD=0X20;                                //设置 T1 工作方式 2
   PCON=0X80;                                //波特率加倍
   TH1=0XF3;                                 //T1 初始值设置,波特率为 4800bit/s
   TL1=0XF3;
   ES=1;                                     //打开接收中断
   EA=1;                                     //打开总中断
   TR1=1;                                    //启动定时器
}
void Usart() interrupt 4
{  unsigned char receiveData;
   receiveData=SBUF;                         //接收数据
   RI=0;                                     //清除接收中断标志位
   SBUF=receiveData;                         //将接收到的数据放入到发送寄存器
   while(! TI);                              //等待发送数据完成
   TI=0;                                     //清除发送完成标志位
}
```

3. 实验结果

先把上述程序烧录到单片机系统中，如图 8-16 所示。实验结果如图 8-17 所示，与设计要求完全一致，在串口助手上输入字符串，界面上出现了相对应的内容。

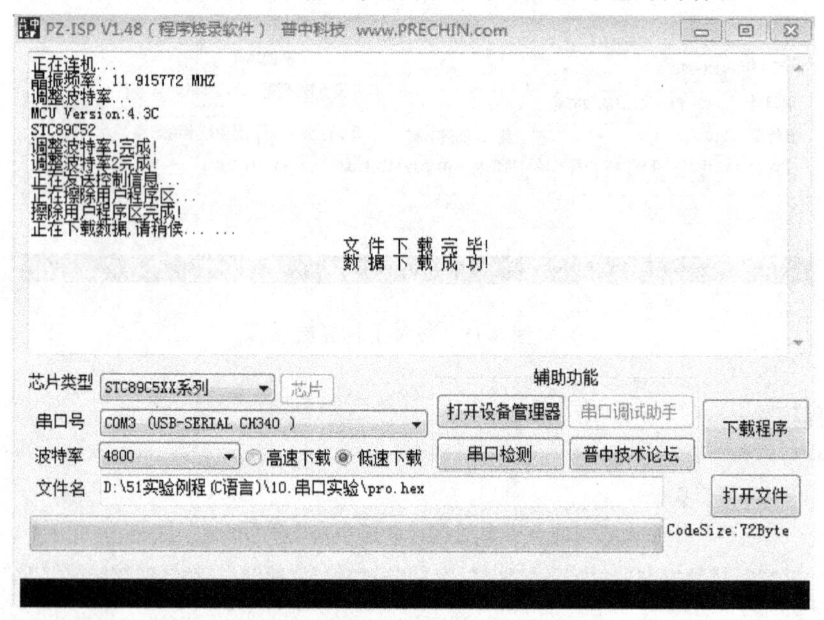

图 8-16　烧录程序

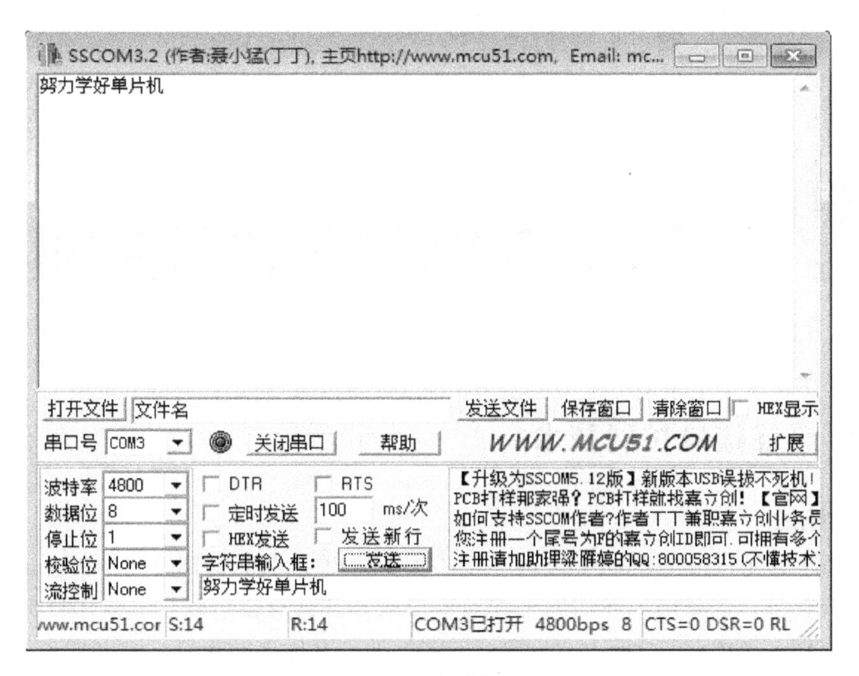

图 8-17　实验结果

本 章 小 结

串行通信是 CPU 与外界交换信息的一种基本方式。本章先简单介绍了串行通信所涉及的一些基本概念：包括单工、半双工、全双工 3 种传输方式，异步通信、同步通信两种串行通信方式，波特率，数据帧，串行通信协议，RS-232C 等。然后重点讲述了 80C51 单片机内设的全双工异步通信接口的组成结构、特殊功能寄存器、4 种工作方式，编程基础等原理内容。最后介绍了 2 个应用实例。希望为读者后续的学习与应用打下良好的基础。

习题

1. 串行通信有哪几种数据传送方式？各有什么特点？
2. 串行通信有两种基本通信方式？它们有什么区别？
3. 什么是串行通信的波特率？
4. 简述 80C51 串行接口控制寄存器 SCON 各位的定义。
5. 80C51 单片机串行通信有几种工作方式？简述它们各自的特点。
6. PC 与单片机间的串行通信为什么要进行电平转换？
7. 某异步通信接口按方式 3 传送，已知其每分钟传送 3600 个字符，计算其传送波特率。
8. 为什么定时器 1 用做串行接口波特率发生器时经常采用工作方式 2？若已知系统时钟频率和通信选用波特率，如何计算初值？
9. 设甲，乙两机采用方式 1 通信，若已知系统时钟频率为 6MHz，波特率为 4800bit/s，甲机发送 0，1，2，3，…，1FH，乙机接收并存放在内存 RAM 以 20H 为首地址的单元，试用查询和中断两种方式编写甲、乙两机的程序。

第9章 80C51单片机系统扩展与接口技术

9.1 I^2C 总线接口扩展技术

1. 总线概述

I^2C 的全称是 Inter-Integrated Circuit，有时也写为 IIC，由菲利普公司推出，是广泛采用的一种新型总线标准，也是同步通信的一种通信形式。其具有接口线少、占用空间小、控制简单、通信速率较高等优点。所有与 I^2C 兼容的器件都具有标准的接口，可以把多个 I^2C 总线器件同时接入 I^2C 总线上，通过地址来识别通信对象，使它们可以经由 I^2C 总线相互直接通信。

目前有很多芯片都集成 I^2C 接口，可以接到 I^2C 总线上。I^2C 总线由数据线 SDA 和时钟线 SCL 两条线构成串行总线，既可以发送数据，也可以接收数据。在单片机与被控集成电路之间、集成电路与集成电路之间都可以进行双向信息传输。各种集成电路均并联在总线上，但每个集成电路都有唯一的地址。在信息传输过程中，I^2C 总线上并联的每个集成电路既是被控器（或主控器），又是发送器（或接收器），这取决于它所要完成的功能。单片机发出的控制信号分为地址码和数据码，地址码用来接通控制的电路；数据码包含通信的内容，这样各集成电路的控制电路虽然挂在同一总线上，却彼此独立。使用这个总线可以连接 RAM、E^2PROM、LCD 等器件。

2. I^2C 总线硬件结构

I^2C 总线系统的硬件结构如图 9-1 所示，其中 SDA 是数据线，SCL 是时钟线。连接到总线上的器件的输出级必须是集电极或漏极开路，以形成线“与”功能，因此 SDA 和 SCL 均须接上拉电阻。总线处于空闲状态下均保持高电平，连接总线上的任一器件输出的低电平都将使总线的信号变低。

I^2C 总线支持多主和主从两种工作方式。通常采用主从工作方式，因为不出现总线竞争仲裁，所以工作方式简单，这也是没有 I^2C 总线硬件接口的单片机采用软件模拟 I^2C 总线常用的工作方式。在主从工作方式中，主器件启动数据发送，产生时钟信号，发出停止信号。

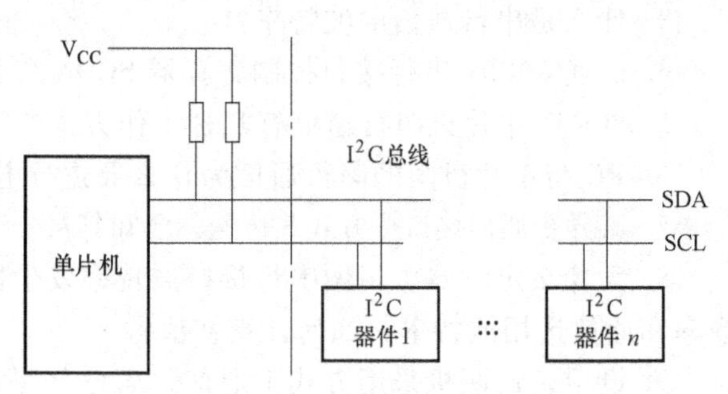

图 9-1 I^2C 总线系统的硬件结构

3. I^2C 总线通信时序

I^2C 总线进行一次数据通信的时序如

图 9-2 所示。以信号 S 启动 I^2C 总线后，先发送的数据为寻址字节 SLAR/W，其决定了数据的传送对象和方向，然后再以字节为单位收发数据。首先发送的是数据的最高位，要求传送一个字节后，对方回应一个应答位，最后发送停止信号 P，结束本次传送。

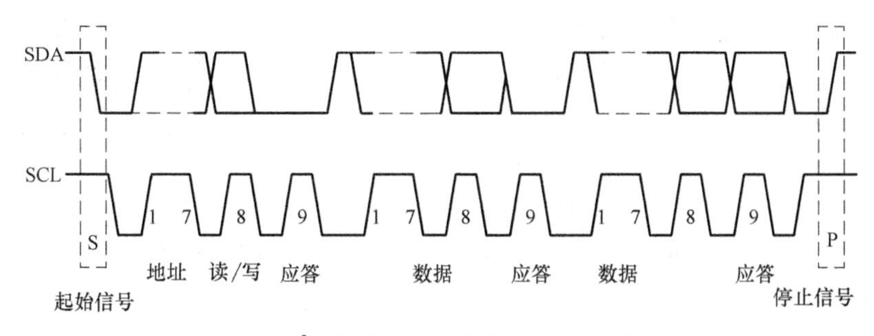

图 9-2　I^2C 总线进行一次数据通信的时序

在 I^2C 总线上每次传送的数据字节数不限，但每一个字节必须为 8 位，而且每个传送的字节后面必须跟一个认可位（第 9 位），也叫应答位（ACK）。每次都是先传送最高位，通常从器件在接收到每个字节后都会做出响应，即释放 SCL 线返回高电平，准备接收下一个数据，主器件可继续传送。如果从器件正在处理一个实时时间而不能接收数据，则可以使时钟 SCL 线保持低电平，从器件必须使 SDA 保持高电平；此时主器件产生一个结束信号，使传送异常结束，迫使主器件处于等待。当从器件处理完毕时将释放 SCL，主器件继续传送。当主器件发送完一个字节的数据后，接着发出对应于 SCL 线上的一个时钟 ACK 认可位，在此时钟内主器件释放 SDA 线，一个字节传送结束，而从器件的响应信号将 SDA 线拉成低电平，使 SDA 在该时钟信号的高电平期间为稳定的低电平。从器件的响应信号结束后，SDA 线返回高电平，进入下一个传送周期。

其中起始信号（S）、终止信号（P）、发送“0”或应答信号（A）、发送“1”或非应答信号（$\overline{A}$）4 个基本信号的时序如图 9-3 所示。

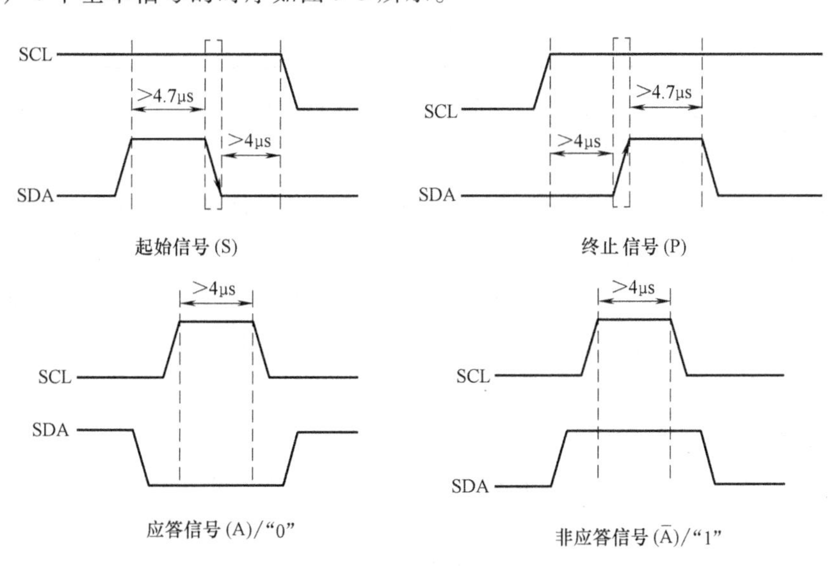

图 9-3　I^2C 总线基本信号的时序

4. 数据位的有效性规定

I^2C 总线在进行数据传输时，SDA 线上的数据必须在 SCL 时钟的高电平周期保持稳定；SDA 数据线的高或低电平状态只有在 SCL 线的时钟信号是低电平时才能改变，如图 9-4 所示。

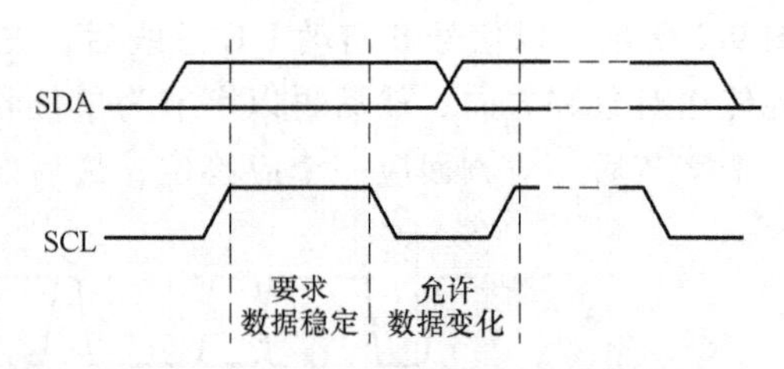

图 9-4 I^2C 总线数据位有效性规定

5. 发送启动信号

利用 I^2C 总线进行一次数据传输时，首先由主机发送启动信号。启动信号的时序为：时钟线 SCL 为高电平时，数据线 SDA 由高电平跳变为低电平定义为“启动”信号；启动信号是由主器件产生。在开始信号后，总线即被认为处于忙状态。I^2C 总线启动信号的时序如图 9-5 所示。

6. 发送寻址信号

器件地址有 7 位和 10 位两种，这里只介绍 7 位地址寻址方式。

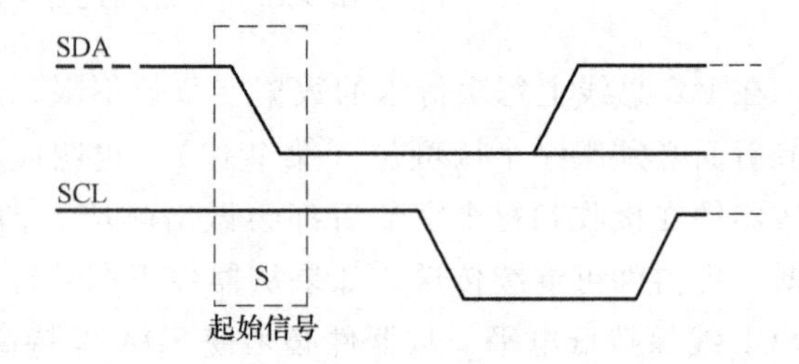

图 9-5 I^2C 总线启动信号的时序

在 I^2C 总线开始信号后，再发送寻址信号。送出的第一个字节数据是 SLA 寻址字节，用来选择从器件地址的，其中前 7 位为地址码，第 8 位为方向位（$R/\overline{W}$）。寻址字节 SLA 的格式见表 9-1。其中，DA3～DA0 及 A2～A0 为从机地址。器件地址 DA3～DA1 在器件出产时就已给定，为 I^2C 总线器件固有的地址编码。A2～A0 由用户自己设定。如 I^2C 总线 E^2PROM 的 AT24CXX 器件地址为 1010，4 位 LED 驱动器 SAA1064 的器件地址为 0111。

表 9-1 寻址字节 SLA 的格式

SLA 字节	7	6	5	4	3	2	1	0
内容	DA3	DA2	DA1	DA0	A2	A1	A0	$R/\overline{W}$

引脚地址（A2～A0）：由 I^2C 总线上器件的地址引脚 A2、A1、A0 在电路中接高电平或低电平决定，从而形成系统中相同器件不同地址。

数据方向位（$R/\overline{W}$）：$R/\overline{W}$ 为“0”表示发送，即主器件把信息写到所选择的从器件；$R/\overline{W}$ 为“1”表示主器件将从从器件中读信息。

开始信号后，系统中各个从器件将自己的地址和主器件传送到总线上的地址进行比较，如果一致，则该器件即为被主器件寻址的器件，其是接收信号还是发送信息则由第 8 位（$R/\overline{W}$）确定。

7. 应答信号规定

I^2C 总线协议规定，每送一个字节数据（如地址及命令字），都要有一个应答信号，以确定数据传送是否被对方收到。应答信号由接收设备产生，在 SCL 信号为高电平期间，接收设备将 SDA 拉为低电平，表示数据传输精确，产生应答。I^2C 总线应答信号时序如图 9-6 所示。

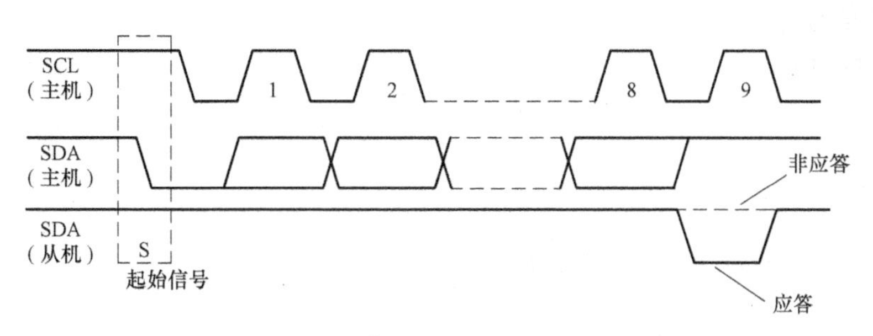

图 9-6 I^2C 总线应答信号时序

8. 数据传输

数据传输的过程如下：

（1）假设器件 A 要向器件 B 发送信息

器件 A（主机）寻址器件 B（从机）；

器件 A（主机—发送器）发送数据到器件 B（从机—接收器）；

器件 A 终止传输。

（2）假设器件 A 要读取器件 B 中的信息

器件 A（主机）寻址器件 B（从机）；

器件 A（主机—接收器）从器件 B（从机—发送器）接收数据；

器件 A 终止传输。

9. 非应答信号规定

当主机为接收设备时，主机对最后一个字节不应答，以向发送设备表示数据传送结束。

10. 发送停止信号

在全部数据传送完毕时，主机发送停止信号；即当 SCL 线为高电平时，SDA 线发生由低电平到高电平的跳变为“结束”信号。在结束信号以后的一段时间内，总线认为是空闲的。I^2C 总线停止信号时序如图 9-7 所示。

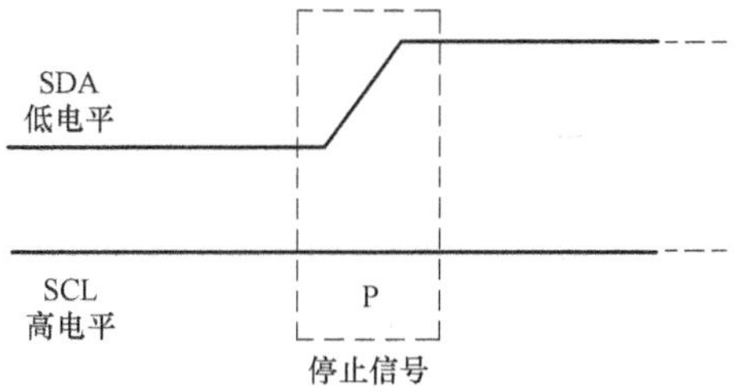

SDA
低电平
SCL
高电平
P
停止信号

图 9-7 I^2C 总线停止信号时序

11. 单片机模拟 I2C 总线通信

在单片机模拟 I^2C 总线通信时，需要调用一些函数构建相应的时序。这些函数有：总线初始化、启动信号、应答信号、停止信号、写一个字节、读一个字节。

（1）总线初始化

```
void init()
{
    SCL=1;
    Delay10us();
        SDA=1;
        Delay10us();
    }
```

将总线拉高以释放总线。

(2) 启动信号

```
void I2cStart()
{
    SDA=1;
    Delay10us();
    SCL=1;
    Delay10us();//建立时间是 SDA 保持时间>4.7μs
    SDA=0;
    Delay10us();//保持时间是>4μs
    SCL=0;
    Delay10us();
    }
```

SCL 在高电平期间，SDA 一个下降沿启动 I^2C 总线。

(3) 应答信号

```
Void respons()
void I2cReadRespon()
{
    SDA=0;
    Delay10us();
    SCL=1;
    Delay10us();
}
```

(4) 停止信号

```
void I2cStop()
{
    SDA=0;
    Delay10us();
    SCL=1;
    Delay10us();//建立时间大于 4.7μs
    SDA=1;
    Delay10us();
}
```

(5) 写一个字节

```
unsigned char I2cSendByte(unsigned char dat)
{
    unsigned char a=0,b=0;//最大 255,一个机器周期为 1μs,最大延时 255μs。
    for(a=0;a<8;a++)//要发送 8 位,从最高位开始
    {
        SDA=dat>>7; //起始信号之后 SCL=0,所以可以直接改变 SDA 信号
        dat=dat<<1;
        Delay10us();
        SCL=1;
        Delay10us();//建立时间>4.7μs
        SCL=0;
```

```
        Delay10us();//时间大于 4μs
    }
    SDA=1;
    Delay10us();
    SCL=1;
    while(SDA)//等待应答,也就是等待从设备把 SDA 拉低
    {
        b++;
        if(b>200)//如果超过 2000μs 没有应答发送失败,或者为非应答,表示接收结束
        {
            SCL=0;
            Delay10us();
            return 0;
            }
    }
    SCL=0;
    Delay10us();
    return 1;
    }
```

（6）读一个字节

```
unsigned char I2cReadByte()
{
    unsigned char a=0,dat=0;
    SDA=1;                      //起始和发送一个字节之后 SCL 都是 0
    Delay10us();
    for(a=0;a<8;a++)//接收 8B
    {
        SCL=1;
        Delay10us();
        dat<<=1;
        dat |=SDA;
        Delay10us();
        SCL=0;
        Delay10us();
    }
    return dat;
}
```

9.2　I^2C 总线扩展 E^2PROM AT24C02 技术

9.2.1　AT24C02 简介

具有 I^2C 总线接口的 E^2PROM 很多，此处仅介绍 AT24C 系列 E^2PROM，其主要型号有

AT24C01/02/04/08/16 等，其对应的存储容量分别为 128×8/256×8/512×8/1024×8/2048×8。采用这类芯片可以解决掉电数据丢失的问题，对保存的数据保持 100 年，并可以擦除 10 万次以上。

1. AT24C02 引脚配置与功能

AT24C02 芯片的常用封装形式有直插（DIP8）式和贴片（SO-8）式两种，实物图和引脚如图 9-8 所示。

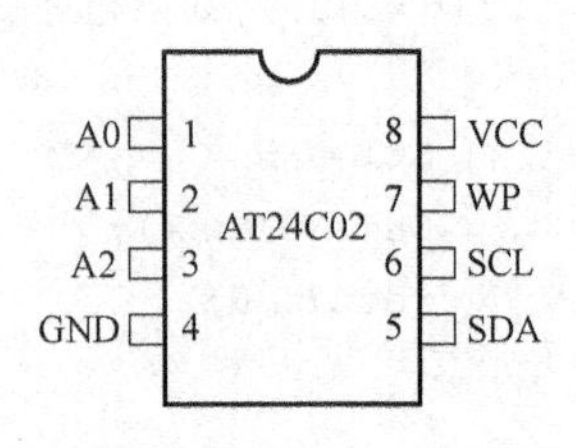

图 9-8 AT24C02 芯片实物和引脚

2. AT24C02 的特性

- 与 400kHz I^2C 总线兼容
- 1.8~6.0V 电压范围
- 低功耗 CMOS 技术
- 写保护功能：当 WP 位高电平时进行写保护状态
- 页写缓冲器
- 自定义擦除写周期
- 1000000 个编程/擦除周期
- 可保存数据 100 年
- 8 脚 DIP、SOIC 或 TSSOP 封装
- 温度范围：商业级、工业级和汽车级

3. AT24C02 引脚描述

AT24C02 的引脚名称和功能见表 9-2。常用的单片机与 AT24C02 连接的电路如图 9-9 所示。

表 9-2 AT24C02 的引脚名称和功能

引脚名称	功能
A0、A1、A2	器件地址选择
SDA	串行数据/地址
SCL	串行时钟
WP	写保护
VCC	1.8~6.0V 工作电压
GND	地

图中 AT24C02 的 1、2、3 脚是 3 条地址线，用于确定芯片的硬件地址，在本系统中它

们都接地。第 8 脚和第 4 脚分别为正电源和地。第 5 脚 SDA 为串行数据输入/输出，数据通过这条双向 I^2C 总线串行传送，在 AT89C51 仿真系统上和单片机 P3.5 连接。第 6 脚 SCL 为串行时钟输入线，在 AT89C51 仿真系统上和单片机 P3.6 连接。SDA 和 SCL 都需要和正电源间各接一个 5.1kΩ 的上拉电阻。第 7 脚需接地。

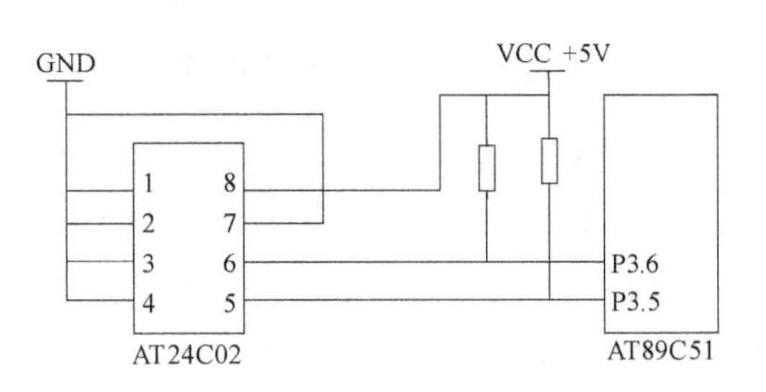

图 9-9 单片机与 AT24C02 连接的电路

AT24C02 中带有片内地址寄存器。每写入或读出一个数据字节后，该地址寄存器自动加 1，以实现对下一个存储单元的读/写。所有字节均以单一操作方式读取。为降低总的写入时间，一次操作可写入长达 8B 的数据。

AT24C 系列的读/写操作遵循 I^2C 总线的主发从收、主收从发规则。

（1）写入过程

AT24C 系列 E2PROM 芯片地址的固定部分为 1010，A2、A1、A0 引脚接高、低电平后得到确定的 3 位编码，最终形成的 7 位编码即为该器件的地址码。

单片机进行写操作时，首先发送该器件的 7 位地址码和写方向位“0”（共 8 位，即一个字节），发送完后释放 SDA 线并在 SCL 线上产生第 9 个时钟信号。被选中的存储器器件在确认是自己的地址后，在 SDA 线上产生一个应答信号作为响应，单片机收到应答后就可以传送数据了。

传送数据时，单片机首先发送一个字节的被写入器件存储区的首地址，收到存储器器件的应答后，单片机就逐个发送各数据字节，但每发送一个字节后都要等待应答。

AT24C 系列器件片内地址在接收到每一个数据字节地址后自动加 1，在芯片的“一次装载字节数”（不同芯片字节数不同）限度内，只需输入首地址。装载字节数超过芯片的“一次装载字节数”时，数据地址将“上卷”，前面的数据将被覆盖。

当要写入的数据传送完后，单片机应发出终止信号以结束写入操作。写入 n 个字节的数据格式见表 9-3。

表 9-3 n 个字节数据格式

S	器件地址+0	A	写入首地址	A	DATA1	A	…	Data n	A	P

（2）读出过程

单片机先发送该器件的 7 位地址码和写方向位“0”（“伪写”），发送完后释放 SDA 线并在 SCL 线上产生第 9 个时钟信号。被选中的存储器器件在确认是自己的地址后，在 SDA 线上产生一个应答信号作为回应。然后，再发一个字节的要读出器件的存储区的首地址，收到应答后，单片机要重复一次起始信号并发出器件地址和读方向位（“1”），收到器件应答后就可以读出数据字节，每读出一个字节，单片机都要回复应答信号。当最后一个字节数据读完后，单片机应返回以“非应答”（高电平），并发出终止信号以结束读出操作。

（3）移位操作

由于读/写 AT24C 系列芯片都是以 1 位数据为单位依次读/写的，所以在读/写 AT24C 系列芯片时，一般都采用位移方式操作：左移时最低位补 0，最高位移入 PSW 的 CY 位；右移时最高位补 0，最低位移入 PSW 的 CY 位。

9.2.2 AT24C02 的应用实例

1. 设计要求

仿真电路如图 9-10 所示，89C51 的 P0 口接数码管段选口，P2.2 接 138 译码器 A 口，P2.3 接 B 口，P2.4 接 C 口，138 译码器输出端接数码管位选口。P2.0 接 SDA，P2.1 接 SCL，K1 使得 24C02 保存显示的数据，K2 读取上次保存的数据，K3 显示数据加 1，K4 显示数据清零。

2. 硬件设计

打开 Proteus ISIS，在编辑窗口中单击元件列表中的 P 按钮，添加表 9-4 所示的元件。然后，按图 9-10 连线绘制电路（最小系统省略）。

表 9-4 AT24C02 的应用实例元件选取

单片机 80C51	按钮 BUTTON	电解电容 CAP-ELEC	晶振 CRYSTAL
瓷片电容 CAP(22pF)	电阻 RES	电阻 RES16DIPIS	138 译码器 74LS138
8 位 7 段数码管(共阴) 7SEG-MPX8-CC-BLUE	外接存储器 FM24C02	排阻 RESACK-8	

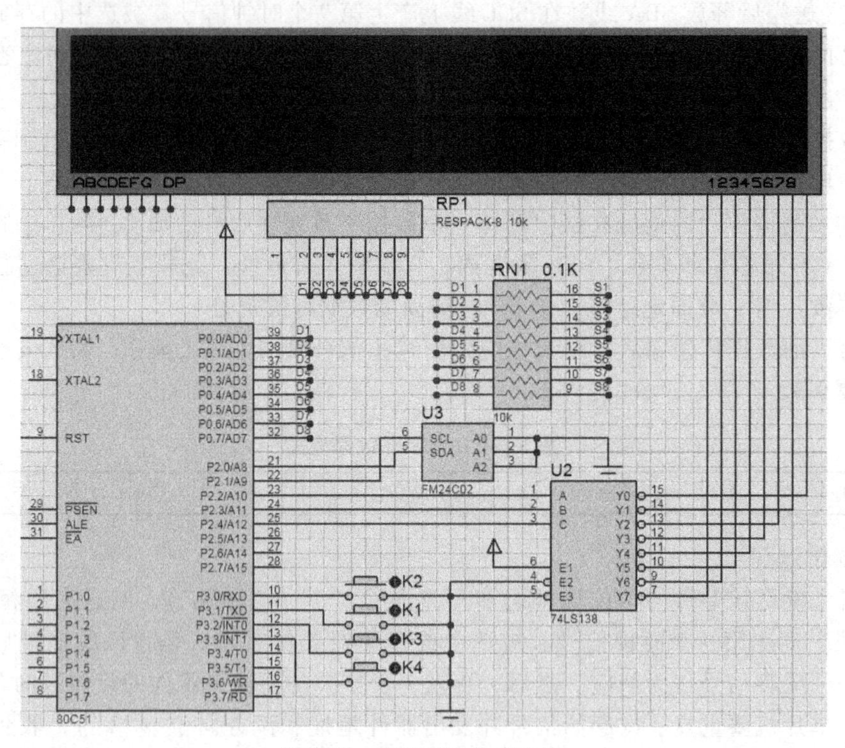

图 9-10 AT24C02 仿真电路

3. 软件编程

```
/*********************************************************************************
*实 验 名      :AT24C02 的应用实例
*实验效果      :K1 保存数据,K2 读取保存的数据,K3 显示数据加 1,K4 显示数据清零
*********************************************************************************/
```

提示：这里教大家一个小技巧，就是将相关的程序写在不同的源程序中而不是全都写在main. c中，当然这就会衍生出许多的头文件，但是相比起来这样会使代码看来更加简洁、清晰且更容易修改，具体介绍请参考4.3.3节内容。本实例的源程序及头文件如图9-11所示。

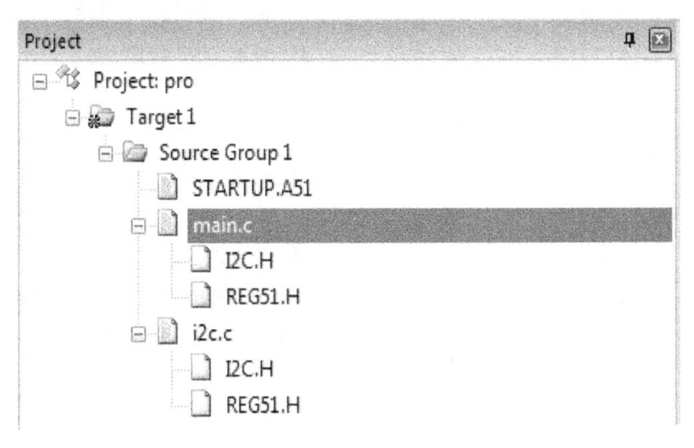

图9-11　源程序及头文件

➢主程序（main. c）

（1）声明模块

声明模块是对主程序所用到的库以及头文件事先进行包含，定义需要的相关引脚、函数的声明以及相关全局变量、数组的声明。声明程序如下：

```
#include "reg51.h"
#include "i2c.h"
#define DIG  P0
sbit LSA=P2^2;                                  //定义位选管
sbit LSB=P2^3;
sbit LSC=P2^4;
sbit K1=P3^1;                                   //定义按键 K1
sbit K2=P3^0                                    //定义按键 K2
sbit K3=P3^2;                                   //定义按键 K3
sbit K4=P3^3;                                   //定义按键 K4
void At24c02Write(unsigned char ,unsigned char);
unsigned char At24c02Read(unsigned char);
void Delay1ms();
void Timer0Configuration();
unsigned char code
DIG_CODE[10]={0x3f,0x06,0x5b,0x4f,0x66          //共阴数码管段选,对应 0~9
0x6d,0x7d,0x07,0x7f,0x6f};
unsigned char Num=0;                            //定义位选
unsigned int disp[8]={0x3f,0x3f,0x3f,0x3f,      //初始化数码管
0x3f,0x3f,0x3f,0x3f};
```

（2）主函数模块

本例中的主函数实现的功能首先进行定时器初始化，再通过循环检测按键是否按下，判断是什么按键，然后执行相对应的操作，将数据存储在 disp 数组中，最终又跳回循环重复执行。程序如下：

```
void main()
{  unsigned int num0=0,n;                    //num0 存储的十进制数,n 防止连续按
   Timer0Configuration();                    //定时器 0 初始化
   while(1)
   {
      if(K1==0)                              //检测 K1 按键是否按下
      {  Delay1ms();
         if(K1==0)                           //按键延时去抖动
         At24c02Write(2,num0);               //当 K1 键按下,将 num0 数据写入内存地址 2
         while((n<200)&&(K3==0))             //通过延时防止连续按
         {  n++;
            Delay1ms();
          }
          n=0;
      }
      if(K2==0)
      {  Delay1ms();
          if(K2==0)
          num0=At24c02Read(2);/              /当 K2 键按下,将内存地址 2 中的数据读出
          while((n<200)&&(K3==0))
         {
            n++;
            Delay1ms();
          }
          n=0;
       }
      if(K3==0)
      {
          Delay1ms();
          if(K3==0)
             num0++;                         //当 K3 键按下,num0 数据加 1
          while((n<200)&&(K3==0))
          {  n++;
             Delay1ms();
           }
           n=0;
           if(num0==10000)
              num0=0;
       }
```

```
        if(K4==0)
       {  Delay1ms();
          if(K4==0)
            num0=0;                         //当 K4 键按下,num0 数据清零
        }
   disp[4]=DIG_CODE[num0/1000];             //数码管千位
   disp[5]=DIG_CODE[num0% 1000/100];        //数码管百位
   disp[6]=DIG_CODE[num0% 1000% 100/10];    //数码管十位
   disp[7]=DIG_CODE[num0% 1000% 100% 10];   //数码管个位
   }
}
```

(3) 相关函数模块

```
/ *******************************************************************************
*  函数名          : Timer0Configuration()
*  函数功能        : 设置计时器
*  输入            : 无
*  输出            : 无
******************************************************************************* /
void Timer0Configuration()
{  TMOD=0X02;                  //选择定时器工作方式 2,仅用 TR0 启动
   TH0=0X9C;                   //给定时器赋初值,定时 100μs
   TL0=0X9C;
   ET0=1;                      //打开定时器 0 中断允许
   EA=1;                       //打开总中断
   TR0=1;                      //打开定时器
}
/ *******************************************************************************
*  函数名          : Delay1ms()
*  函数功能        : 延时 1ms
******************************************************************************* /
void Delay1ms()                 //1ms,误差 0μs
{  unsigned char a,b,c;
   for(c=1;c>0;c--)
     for(b=142;b>0;b--)
       for(a=2;a>0;a--);
}
/ *******************************************************************************
*  函数名          : void At24c02Write(unsigned char addr,unsigned char dat)
*  函数功能        : 往 24c02 的一个地址写入一个数据
*  输入            : 无
*  输出            : 无
******************************************************************************* /
void At24c02Write(unsigned char addr,unsigned char dat)
```

```
{  I2cStart();
   I2cSendByte(0xa0);                         //发送写器件地址
   I2cSendByte(addr);                         //发送要写入内存地址
   I2cSendByte(dat);                          //发送数据
   I2cStop();
}
/ *****************************************************************************
*  函数名          : unsigned char At24c02Read(unsigned char addr)
*  函数功能        : 读取 24c02 的一个地址的一个数据
*  输入            : 无
*  输出            : 无
***************************************************************************** /
unsigned char At24c02Read(unsigned char addr)
{  unsigned char num;
   I2cStart();
   I2cSendByte(0xa0);                    //发送写器件地址
   I2cSendByte(addr);                    //发送要读取的地址
   I2cStart();
   I2cSendByte(0xa1);                    //发送读器件地址
   num=I2cReadByte();                    //读取数据
   I2cStop();
   return num;
}
/ *****************************************************************************
*  函数名          : DigDisplay() interrupt 1
*  函数功能        : 定时器 T0 定时,中断数码管显示
*  输入            : 无
*  输出            : 无
***************************************************************************** /
void DigDisplay() interrupt 1
{  DIG=0;                    //消隐
   switch(Num)               //位选,选择点亮的数码管
   {  case(7):
      LSA=0;LSB=0;LSC=0; break;
      case(6):
      LSA=1;LSB=0;LSC=0; break;
      case(5):
      LSA=0;LSB=1;LSC=0; break;
      case(4):
      LSA=1;LSB=1;LSC=0; break;
      case(3):
      LSA=0;LSB=0;LSC=1; break;
      case(2):
```

```
        LSA=1;LSB=0;LSC=1; break;
        case(1):
        LSA=0;LSB=1;LSC=1; break;
        case(0):
        LSA=1;LSB=1;LSC=1; break;
      }
      DIG=disp[Num];        //段选,选择显示的数字
      Num++;
      if(Num>7)
      Num=0;
}
```

➤ I^2C 源程序以及头文件(I2C. C 和 I^2C. H)

由于本例中的 I^2C 源程序以及 I^2C 头文件会在第 10 章例子中继续调用,为了便于读者参考以及使用,将它们统一移到附录中,详见附录 A I^2C 程序及 I^2C 头文件,这里略去。

4. 调试仿真

仿真结果如图 9-12 所示,和要求完全一致。

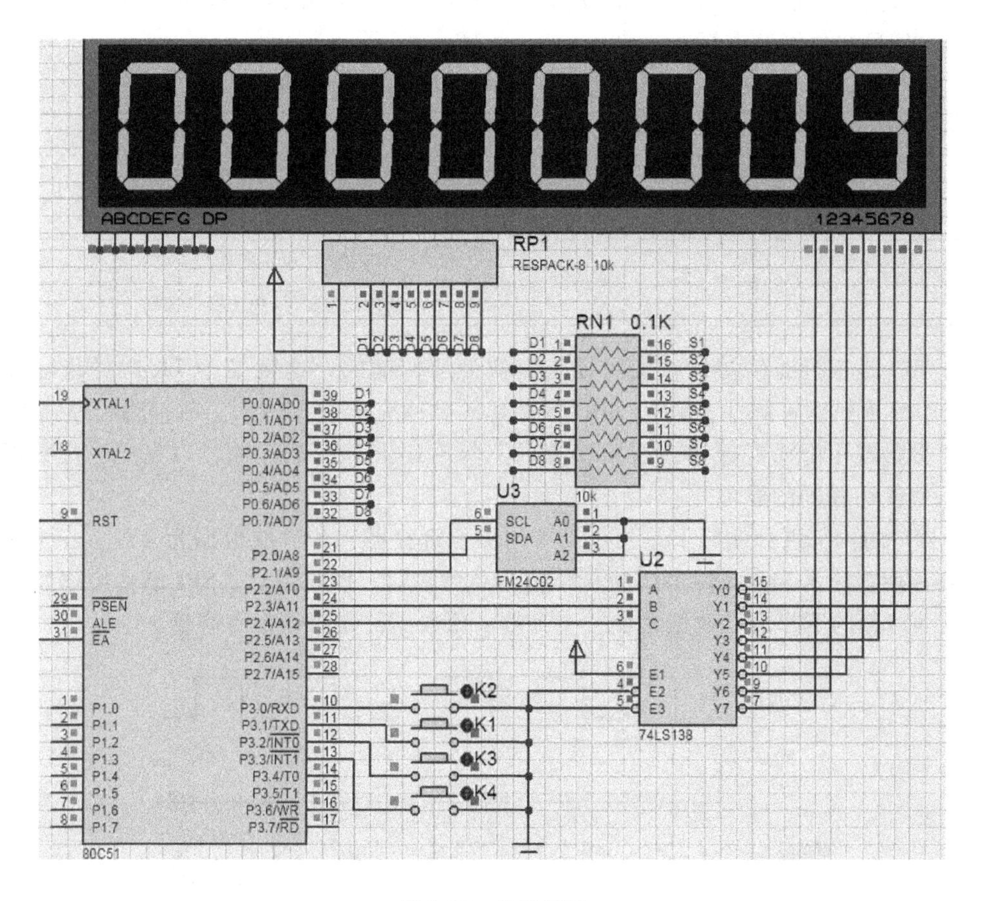

图 9-12 仿真结果

9.3 SPI总线接口扩展技术

9.3.1 SPI总线简介

串行外围设备接口（Serial Peripheral Interface，SPI）是Motorola首先提出的全双工三线同步串行外围接口，采用主从模式（Master Slave）架构；支持多Slave模式应用，一般仅支持单Master。时钟由Master控制，在时钟移位脉冲下，数据按位传输，高位在前，低位在后（MSB first）；SPI接口有两根单向数据线，为全双工通信，目前应用中的数据速率可达几Mbit/s的水平。SPI主从机接口连线如图9-13所示。

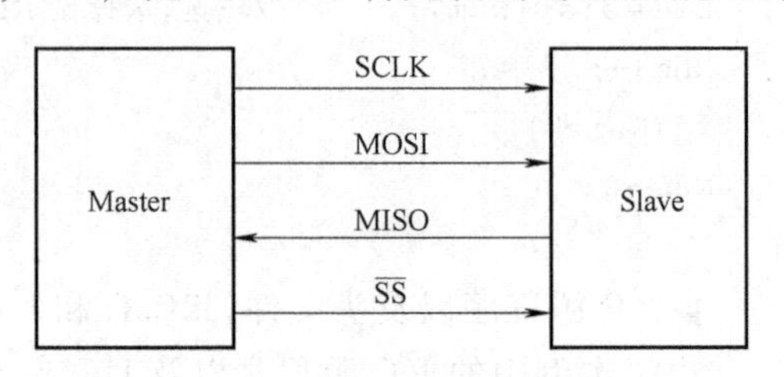

图9-13 SPI主从机接口连接

9.3.2 接口定义

SPI接口共有4根信号线，两条数据线（SD0和SDI）和两条控制线（CS和SCLK）。SPI的4根信号线功能见表9-5。

表9-5 SPI的4根信号线功能

信号线名称	功能
MOSI(SDI)	主器件数据输出,从器件数据输入
MISO(SDO)	主器件数据输入,从器件数据输出
SCLK	时钟信号,由主器件产生
$\overline{SS}$(CS)	从器件使能信号,由主器件控制

由于SPI是串行通信协议，则数据是一位一位传输的，这就是SCLK时钟线存在的原因。由SCLK提供时钟脉冲，SDI、SDO则基于此脉冲完成数据传输。数据输出通过SDO线在时钟上升沿或下降沿时改变，在紧接着的下降沿或上升沿被读取，以完成一位数据的传输；输入也使用相同的原理。

SPI接口的内部硬件实际上是两个简单的移位寄存器，传输的数据为8位，在主器件产生的从器件使能信号和移位脉冲下按位传输，高位在前，低位在后。SPI信号传输如图9-14所示，在SCLK的下降沿上数据改变，上升沿一位数据被存入移位寄存器。

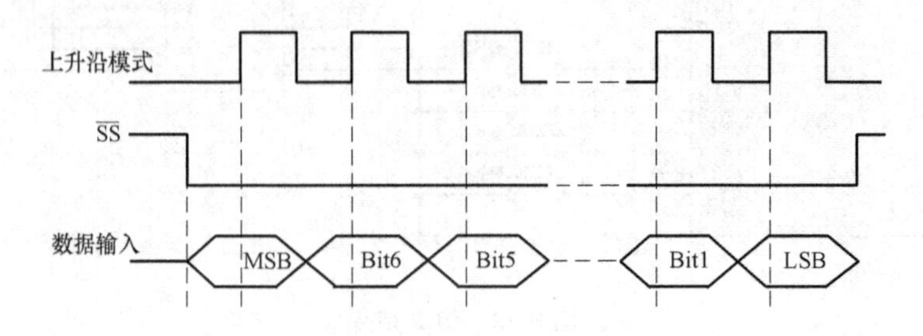

图9-14 SPI信号传输

这样，至少8次时钟信号的改变（上升沿和下降沿为一次）就可以完成8位数据的传输。CS是芯片的片选信号，也就是说只有片选信号为预先规定的使能信号时（高电位或低电位），对芯片的操作才有效，这就使在同一总线上连接多个SPI设备成为可能。

一种连接方式是级联方式，如图9-15所示。所有从设备的CS端都是与系统主机的CS端相连的，这就意味着只要选中其中的一个设备，其余的从设备也要被选中，所以这时的所有从设备可以当作一个从设备来进行处理。

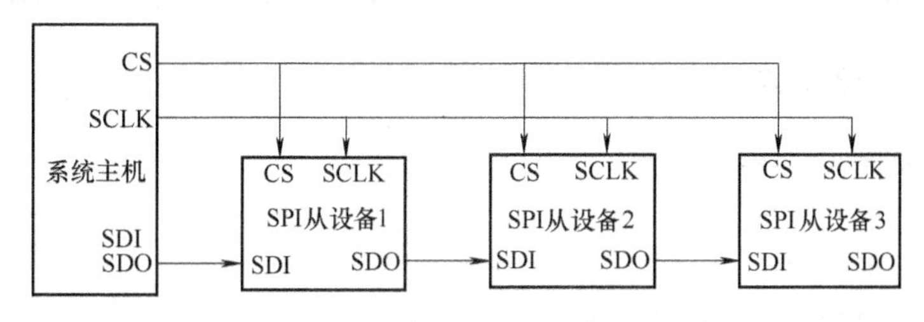

图9-15　多个SPI从设备级联

另一种连接方式是独立连接方式，如图9-16所示。每个设备的CS端分别与系统主机的CS1、CS2、CS3端相连，这就意味着可以对每个被选中的从设备进行独立的读/写操作，而未被选通的从设备均处于高阻隔离状态。

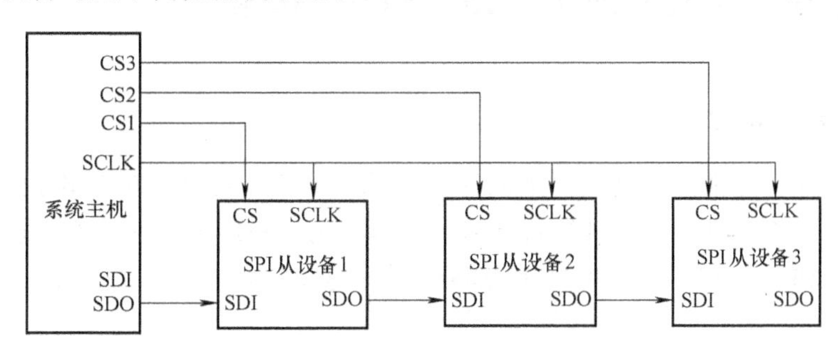

图9-16　多个SPI从设备独立连接

要注意的是：SCLK信号线只由主设备控制，从设备不能控制信号线。同样，在一个基于SPI的设备中，至少有一个主控设备。这样的传输方式有个优点：与普通的串行通信相比，SPI允许数据一位一位地传送，甚至允许暂停，因为SCK时钟线由主控设备控制，当没有时钟跳变时，从设备不采集或传送数据。也就是说，主设备通过对SCLK时钟信号的控制可以完成对通信的控制。SPI还有一个数据交换协议：因为SPI的数据输入和输出线相互独立，所以允许同时完成数据的输入和输出。不同的SPI设备的实现方式不尽相同，主要是数据改变和采集的时间不同，在时钟信号上升沿或下降沿的采集有不同的定义，具体的情况需要参考相关器件的技术文档。

在点对点的通信中，SPI接口不需要进行寻址操作，且全双工通信，简单高效。SPI接口的一个缺点是：没有应答机制确认，即从设备是否接收到数据无法确认。

SPI串行数据通信接口可以配置成4种不同的工作模式，见表9-6。

其中，CPHA用于表示同步时钟信号的相位，CPOL用于表示同步时钟信号的极性。当同步时钟信号的相位为0（即CPHA=0）、同步信号的极性也为0（即CPOL=0）时，通信过程中的串行数据位在同步时钟信号的上升沿被锁存；当同步时钟信号的相位为0（即

CPHA=0)、同步时钟信号的极性为1（即CPOL=1）时，通信过程中的串行数据位在同步时钟信号的下降沿被锁存。在CPHA=1时，同步时钟信号的相位会翻转180°。

表9-6 SPI串行通信接口工作模式

SPI模式	CPOL	CPHA	SPI模式	CPOL	CPHA
0	0	0	2	1	0
1	0	1	3	1	1

9.3.3 SPI的主要特点

- 可以同时发出和接收串行数据。
- 可以当作主机或从机工作。
- 提供频率可编程时钟。
- 发送结束、中断标志，写冲突保护。
- 总线竞争保护。
- SPI总线工作的4种方式中，其中使用的最为广泛的是SPI0和SPI3方式。

9.4 SPI总线扩展实时时钟电路DS1302技术

9.4.1 DS1302简介

美国DALLAS公司推出的具有涓细电流充电能力的低功耗实时时钟电路DS1302，可以对年、月、日、星期、时、分、秒进行计时，且具有闰年补偿等多种功能。现在流行的串行时钟电路很多，如DS1302、DS1307、PCF8485等。这些电路的接口简单、价格低廉、使用方便、应用广泛。

DS1302的主要特点是采用串行数据传输，可为掉电保护电源提供可编程的充电功能，并且可以关闭充电功能。它采用普通32.768kHz晶振。DS1302缺点是时钟精度不高，易受环境影响出现时钟混乱等。DS1302优点是可以用于数据记录，特别是对某些具有特殊意义的数据点的记录，能实现数据与出现该数据的时间同时记录。

1. DS1302的结构及工作原理

DS1302工作电压为2.5~5.5V，采用三线接口与CPU进行同步通信，并可采用突发方式一次传送多个字节的时钟信号或RAM数据。DS1302内部有一个31×8的用于临时性存放数据的RAM寄存器。DS1302实物及引脚如图9-17所示。

图9-17 DS1302实物及引脚

其中引脚VCC1为后备电源，VCC2为主电源。在主电源关闭的情况下，也能保持时钟的连续运行。引脚功能见表9-7。

DS1302串行时钟由电源、输入移位寄存器、命令控制逻辑、振荡器、实时时钟以及RAM组成，其结构如图9-18所示。

表 9-7 DS1302 引脚功能

引脚	名称	功能描述
X1、X2	外接晶振引脚	通常连接 32.768kHz
GND	地端	接地
$\overline{RST}$	复位/片选引脚	通过把$\overline{RST}$输入驱动置高电平来启动所有的数据传送。$\overline{RST}$输入有两种功能：首先，$\overline{RST}$接通控制逻辑，允许地址/命令序列送入移位寄存器；其次，$\overline{RST}$提供终止单字节或多字节数据的传送手段。当$\overline{RST}$为高电平时，所有的数据传送被初始化，允许对 DS1302 进行操作。如果在传送过程中$\overline{RST}$置为低电平，则终止此次数据传送，I/O 引脚为高阻态
I/O	数据引脚	数据输入/输出端
SCLK	串行时钟输入引脚	作数据时钟使用
VCC2	主电源输入引脚	DS1302 由 VCC1 或 VCC2 两者中的较大者供电。当 VCC2 大于 VCC1+0.2V 时，VCC2 给 DS1302 供电。当 VCC2 小于 VCC1 时，DS1302 由 VCC1 供电
VCC1	备用电源输入引脚	

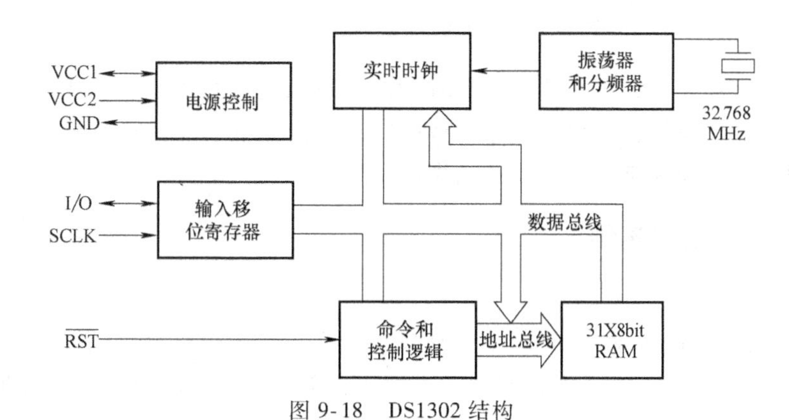

图 9-18 DS1302 结构

2. DS1302 的控制字节

控制字节的最高有效位（D7）必须是逻辑 1；如果它为 0，则不能把数据写入 DS1302 中。D6 如果为 0，则表示存取日历时钟数据；为 1 表示存取 RAM 数据。D5～D1 指示操作单元的地址。最低有效位（D0）如为 0 表示要进行写操作，为 1 表示进行读操作，控制字节总是从最低位开始输出。DS1302 的控制字节见表 9-8。

表 9-8 DS1302 的控制字节

D7(MSB)	D6	D5	D4	D3	D2	D1	D0(LSB)
1	RAM/CK	A4	A3	A2	A1	A0	RD/WR

单片机向 DS1302 写入数据时，在写入命令字节的 8 个 SCLK 周期后，DS1302 会在接下来的 8 个 SCLK 周期上升沿读入数据字节；如果有更多的 SCLK 周期，则多余的部分将被忽略。单片机从 DS1302 读取数据时，在读命令字节的 8 个 SCLK 周期后，DS1302 会在接下来的 8 个 SCLK 周期的下降沿输出数据字节，单片机可进行读取。

需要注意的是：在单片机从 DS1302 中读取数据时，从 DS1302 输出的第一个数据位发生在紧接着单片机输出的命令字节最后一位的第一个下降沿处；而且在读操作过程中，要保持$\overline{RST}$

时钟为高电平状态。当有额外 SCLK 时钟周期时，DS1302 将重新发送数据字节，这一输出特性使得 DS1302 具有多字节连续输出能力。DS1302 的单字节读/写时序如图 9-19 所示。

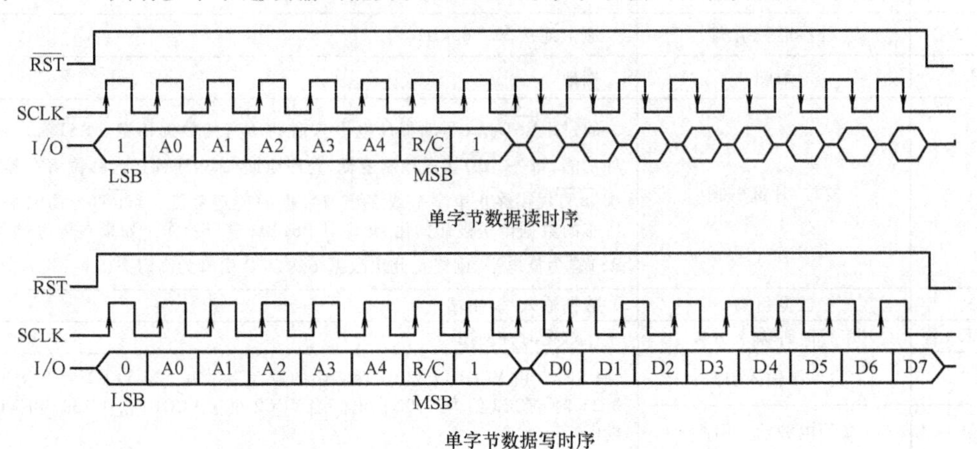

图 9-19　DS1302 单字节数据读/写时序

在控制指令字输入后，下一个 SCLK 时钟的上升沿时，数据被写入 DS1302，数据输入从低位即 D0 开始。同样，在紧跟 8 位控制指令字后的下一个 SCLK 脉冲的下降沿读出 DS1302 的数据，读出数据时从低位 D0 到高位 D7。

9.4.2　DS1302 应用实例

1. 设计要求

仿真电路如图 9-20 所示，89C51 的 P0 口接数码管段选口，P2.2 接 138 译码器 A 口，P2.3 接 B 口，P2.4 接 C 口，138 译码器输出端接数码管位选口，P3.4 接 DS1302 上 I/O 口，P3.5 接 RST 口，P3.6 接 SCLK 口，要求用 DS1302 设计一个数字时钟。

提示：因为 DS1302 本身具有计时功能，并不需要配置单片机的定时器去进行 1s 的定时功能，单片机实时读取 DS1302 的数据，将数据显示在数码管上。为了方便显示，利用定时器中断方式不断调用数码管显示程序。

2. 硬件设计

打开 Proteus，在编辑窗口中单击元件列表中的 P 按钮，添加表 9-9 所示的元件。然后，按图 9-20 连线绘制电路（省略最小系统）。

表 9-9　DS1302 应用实例元件选择

单片机 80C51	按钮 BUTTON	电解电容 CAP-ELEC	晶振 CRYSTAL
瓷片电容 CAP(22pF)	电阻 RES	电阻 RES16DIPIS	138 译码器 74LS138
7 段数码管(共阴) 7SEG-MPX8-CC-BLUE	排阻 RESACK-8	时钟电路 DS1302	

3. 软件编程

```
/ ****************************************************************************************
 * 实验名            :万年历实验
 * 实验效果          :数码管显示时分秒
```

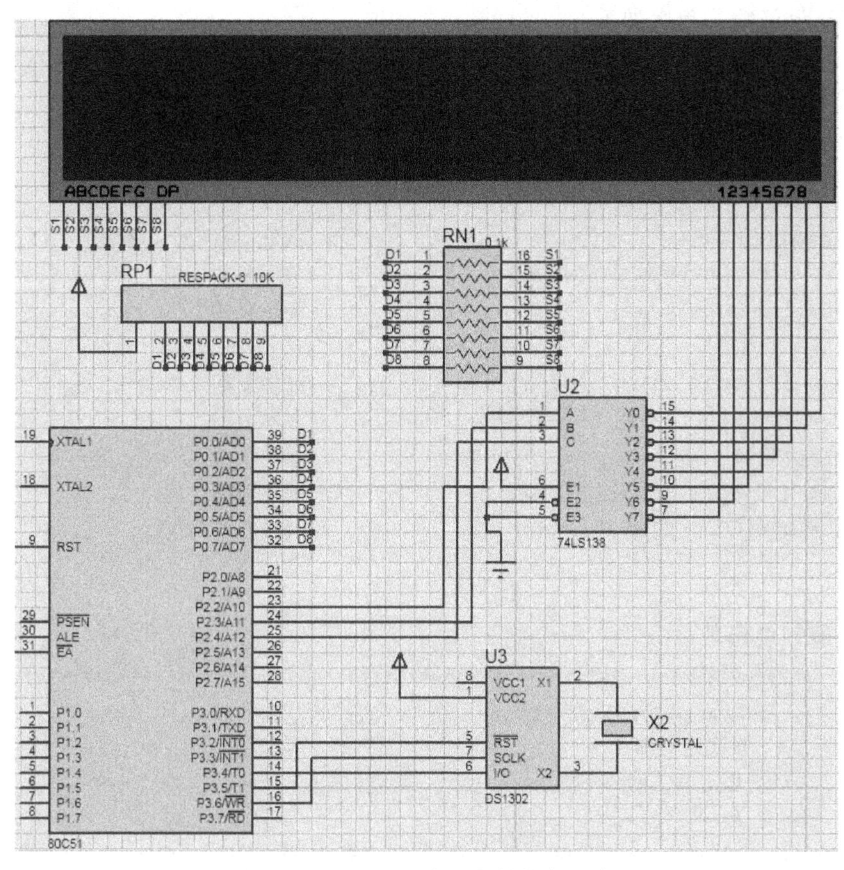

图 9-20　DS1302 应用实例仿真电路

```
******************************************************************************** /
```

➢ 主程序(main.c)

(1) 声明模块

声明模块是对主程序所用到的库以及头文件事先进行包含，定义需要的相关引脚、函数的声明以及相关全局变量、数组的声明。声明程序如下：

```
#include "reg51.h"
#include "ds1302.h"
#define DIG  P0
sbit LSA=P2^2;                                          //定义位选管
sbit LSB=P2^3;
sbit LSC=P2^4;
unsigned char code  DIG_CODE[10]={0x3f,0x06,0x5b,
0x4f,0x66,0x6d,0x7d,0x07,0x7f,0x6f};
unsigned char Num=0;                                    //定义位选个数
unsigned int disp[8]={0x3f,0x3f,0x3f,0x3f,0x3f,0x3f,0x3f,0x3f};// 数码管初始化
void Timer0Configuration();                             //定时器 T0 配置函数
```

(2) 主函数模块

本例中的主函数首先进行 DS1302 以及定时器 T0 的初始化，然后程序循环读取 DS1302 内的数据，并将数据存入全局变量 TIME 数组中，通过中断的方式每 100μs 在中断子程序中

调用数码管显示函数。程序如下：

```
void main()
{  Ds1302Init();                                  //DS1302 初始化
   Timer0Configuration();                         //定时器 T0 初始化
   while(1)
   {
    Ds1302ReadTime();                             //读取 DS1302 内数据
    disp[7] = DIG_CODE[TIME[0]&0x0f];             //显示秒的个位
    disp[6] = DIG_CODE[TIME[0]>>4];               //显示秒的十位
    disp[5] = 0X40;                               //显示"—"
    disp[4] = DIG_CODE[TIME[1]&0x0f];             //显示分的个位
    disp[3] = DIG_CODE[TIME[1]>>4];               //显示分的十位
    disp[2] = 0X40;                               //显示"—"
    disp[1] = DIG_CODE[TIME[2]&0x0f];             //显示时的个位
    disp[0] = DIG_CODE[TIME[2]>>4];               //显示时的十位
    }
}
```

（3）其他相关函数

```
/ ******************************************************************************
* 函数名          : Timer0Configuration()
* 函数功能        : 设置定时器
* 输入            : 无
* 输出            : 无
****************************************************************************** /
void Timer0Configuration()
{  TMOD=0X02;                                        //选择定时器工作方式 2,仅用 TR0 启动
   TH0=0X9C;                                         //给定时器赋初值,定时 100μs
   TL0=0X9C;
   ET0=1;                                            //打开定时器 0 中断允许
   EA=1;                                             //打开总中断
   TR0=1;                                            //打开定时器
}
/ ******************************************************************************
* 函数名         : DigDisplay() interrupt 1
* 函数功能       : 定时器 T0 定时,中断数码管显示
****************************************************************************** /
void DigDisplay() interrupt 1
{  DIG=0;                                            //消隐
   switch(Num)                                       //位选,选择点亮的数码管
   {  case(7):
      LSA=0;LSB=0;LSC=0; break;
      case(6):
     LSA=1;LSB=0;LSC=0; break;
      case(5):
      LSA=0;LSB=1;LSC=0; break;
```

```
        case(4):
        LSA=1;LSB=1;LSC=0; break;
        case(3):
        LSA=0;LSB=0;LSC=1; break;
        case(2):
        LSA=1;LSB=0;LSC=1; break;
        case(1):
        LSA=0;LSB=1;LSC=1; break;
        case(0):
        LSA=1;LSB=1;LSC=1; break;
    }
    DIG=disp[Num];      //段选,选择显示的数字
    Num++;
    if(Num>7)
    Num=0;
}
```

➢ DS1302 源程序以及头文件（DS1302.C 和 DS1302.H）

由于本例中的 DS1302 源程序以及头文件会在第 10 章的例子中继续调用，为了便于读者参考使用，统一将它们放到附录中，详见附录 B DS1302 程序。

4. 调试仿真

仿真结果如图 9-21 所示，和要求完全一致。

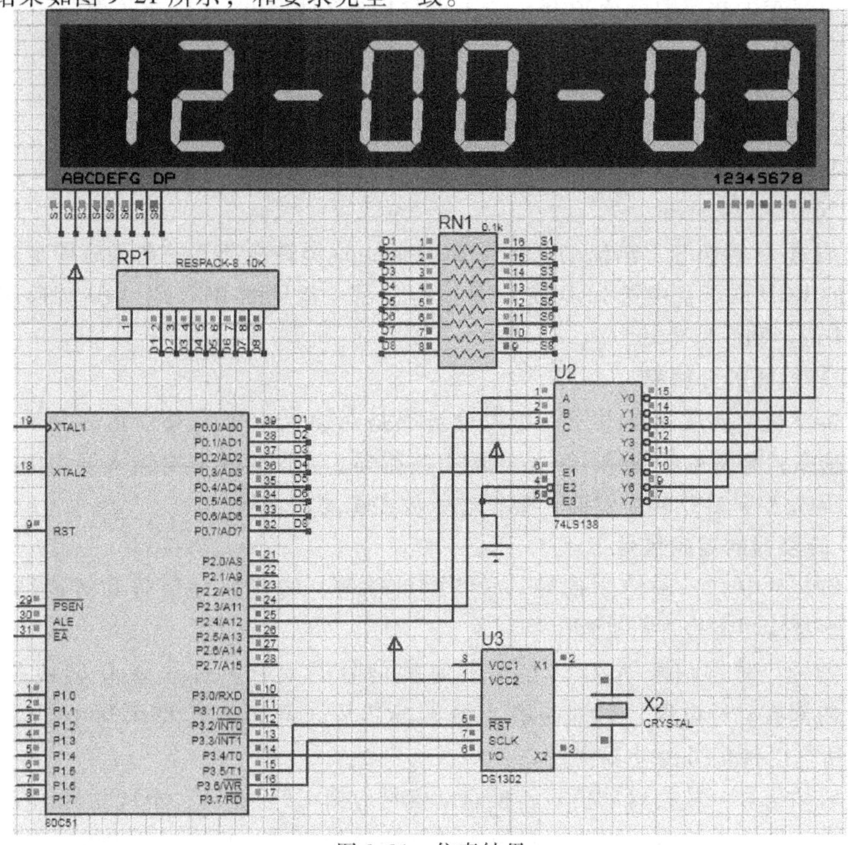

图 9-21 仿真结果

9.5 A-D 转换接口技术

9.5.1 A-D 转换简介

1. 工作原理

➢ 积分型 A-D 转换器，也称双斜率或多斜率 A-D 转换器。其应用最为广泛，具有精度高、抗干扰能力强等优点。

➢ 逐次逼近型 A-D 转换器。其原理简单，便于实现，不存在时间延迟问题。

➢ 闪烁型 A-D 转换器。其最大特点是速度快，但功耗大且电路复杂，所以芯片尺寸也比较大。

➢ ΣΔ型 A-D 转换器，又称过采样 A-D 转换器。虽然出现得较晚，但却具有分辨率高，价格便宜以及抗干扰能力强等优点。

2. 输入电压信号

➢ 单极性电压信号。各种 A-D 转换芯片都具有这种输入形式。一般可允许电压变化范围是 0~+5V、0~+10V 和 0~+20V 等。

➢ 双极形式的电压信号。可正可负，虽然还是通过一条引线输入，但芯片上需要有一对极性相反的工作电源与之配合。

➢ 差分信号是不共地的电压信号。两个极性的差分信号需要两条信号线输入，在芯片上表示为 VIN+和 VIN-。差分电压信号可以从非 0V 开始，其变化范围可以是±2V、±4V、±5V和±10V 等。

3. 输出二进制代码

➢ 二进制码 A-D 转换芯片输出的是二进制代码，其位数可分为 8 位、10 位、12 位、14 位、16 位、20 位和 24 位等。

➢ BCD 码 A-D 转换芯片输出的是多位 BCD 码，这类转换芯片的典型应用是在数字电压表中，输出的 BCD 码可直接送 LED 或 LCD 进行显示。常见的 BCD 码 A-D 转换芯片的位数有 3 位半、4 位半和 5 位半等。

4. A-D 转换器的分辨率

A-D 转换器被转换量的是电压，所以分辨率是对输入电压信号变化的分辨能力。A-D 转换器位数越多，分辨率的值越小，分辨能力就越强，亦即转换器对输入量变化的敏感程度也就越高。所以选择 A-D 转换器时，要把位数放在重要的位置。

5. A-D 转换器的控制信号

A-D 转换芯片中有一些控制信号，包括时钟信号、转换启动信号和转换结束信号等，接口连接时要对这些信号进行处理。

➢ 时钟信号：时钟信号 A-D 转换需要时钟信号的配合，有些 A-D 转换芯片（例如 AD571 等）内部有时钟电路。另外一些 A-D 转换芯片（例如 ADC0808/0809 等）内部没有时钟电路，所需时钟信号由外界提供。

➢ 转换启动信号：转换启动信号转换启动信号应由 CPU 提供，不同型号的 A-D 转换芯片对转换启动信号的要求不尽相同。有的要求脉冲信号启动，例如 ADC0804、ADC0809 等，而有的则要求电平信号启动，例如 AD570、AD571 和 AD574 等 。

6. **转换结束与数据读取**

A-D 转换后得到的数字量数据应及时传送给单片机进行处理，在数据转换完成后，进行读取。

➢ 定时等待方式：对于一个 A-D 转换芯片来说，转换时间作为一项技术指标是已知且固定的，可用延时的方法等待转换结束，此即定时等待方式。

➢ 查询方式：A-D 转换芯片都提供表明转换完成的状态信号，可以用查询方式，通过测试状态就可以知道转换是否完成。

➢ 中断方式：表明转换是否完成的状态信号（ADC0809 为 EOC）都可作为中断请求信号使用，从而可采用中断方式进行转换数据的传送。

9.5.2　ADC0809 芯片基本原理与结构

ADC0809 采用逐次逼近式 A-D 转换原理，可实现 8 路模拟信号的分时采集，片内有 8 路模拟选通开关，以及相应的通道地址锁存与译码电路，转换时间为 100μs 左右。ADC0809 的内部逻辑结构如图 9-22 所示。

图中多路开关可选通 8 个模拟通道，允许 8 路模拟量分时输入，共用一个 A-D 转换芯片进行转换。地址锁存与译码电路完成对 A、B、C 3 个地址位进行锁存和译码，其译码输出用于通道选择。8 位 A-D 转换器是逐次逼近式。输出锁存器用于存放和输出转换得到的数字量。

ADC0809 转换器芯片为 28 引脚，其封装如图 9-23 所示。

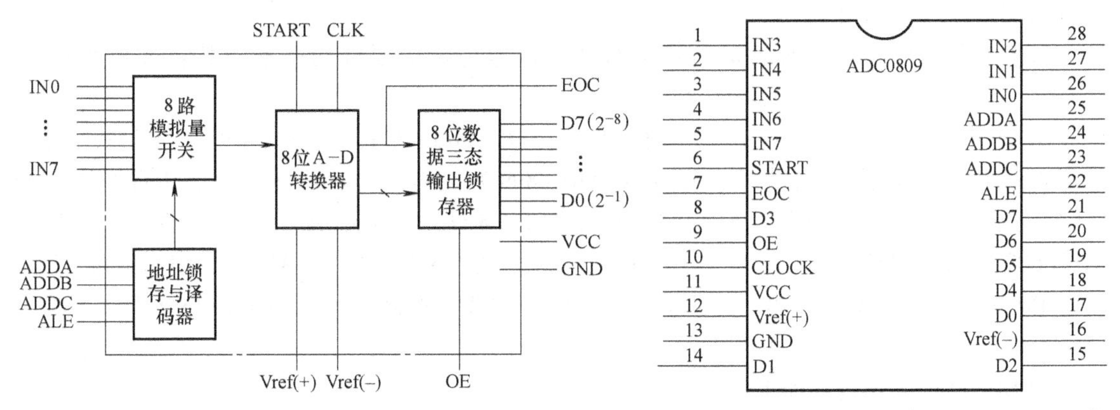

图 9-22　ADC0809 的内部逻辑结构　　　图 9-23　ADC0809 双列直插式（DIP）封装

（1） IN7～IN0：模拟量输入通道

ADC0809 对输入模拟量的要求主要有：信号单极性，电压范围 0～5 V，若信号过小还需进行放大。另外，在 A-D 转换过程中，模拟量输入的值不应变化太快，因此，对变化速度快的模拟量，在输入前应增加采样保持电路。

（2） A、B、C：地址线

A 为低位地址，C 为高位地址，用于对模拟通道进行选择，见表 9-10。

（3） ALE：地址锁存允许信号

在对应 ALE 上跳沿，A、B、C 地址状态送入地址锁存器中。

（4）START：转换启动信号

START 上跳沿时，所有内部寄存器清 0；START 下跳沿时，开始进行 A-D 转换；在 A-D 转换期间，START 应保持低电平。

（5）D7～D0：数据输出线

（6）OE：输出允许信号

用于控制三态输出锁存器向单片机输出转换得到的数据。OE=0，输出数据线呈高电阻；OE=1，输出转换得到的数据。

表 9-10 通道选择

CBA	选择的通道
000	IN0
001	IN1
010	IN2
011	IN3
100	IN4
101	IN5
110	IN6

（7）CLK：时钟信号，通常使用频率为 500kHz 的时钟信号

（8）EOC：转换结束状态信号

EOC=0，正在进行转换；EOC=1，转换结束。该状态信号既可作为查询的状态标志，又可以作为中断请求信号使用。

（9）VCC：+5 V 电源

（10）Vref：参考电源

参考电压用来与输入的模拟信号进行比较，作为逐次逼近的基准。其典型值为+5 V（Vref（+）=+5 V，Vref（-）=0 V）。

ADC0809 芯片的转换速度在最高时钟频率下为 100μs 左右。ADC0809 与 89C51 连接可采用查询方式，也可采用中断方式。由于 ADC0809 片内有三态输出锁存器，因此可直接与 89C51 连接，如图 9-24 所示。ADC0809 与片外 RAM 统一编址，图中为中断方式。这里将 ADC0809 作为外部扩展并行 I/O 口，采用线选法寻址。ADC0809 的 ADDA、ADDB 和 ADDC 端由 P0.0、P0.1、P0.2 送出，ADC0809 的地址由 P2.7 控制，其他地址位与此无关，设为 1，于是 ADC0809 地址位为 7FFFH。

ADC0809 的工作过程如下：

ALE 产生正脉冲，锁存 ADDA、ADDB、ADDC 通道选通端数据，通过内部地址译码，选通对应通道。START 端口输入正脉冲信号，信号的上升沿清除内部寄存器数据，下降沿启动 A-D 转换；A-D 转换启动后，EOC 从高电平变成低电平，在 A-D 转换过程中，EOC 保持低电平，转换结束，EOC 变成高电平。向 OE 引脚输入正脉冲，打开三态输出锁存器，内部数据输出到 D0～D7 数据总线。

9.5.3 A-D 转换器应用实例

1. 设计要求

仿真电路如图 9-25 所示，89C51 的 P0 口接数码管段选口，P2.2 接 138 译码器 A 口，

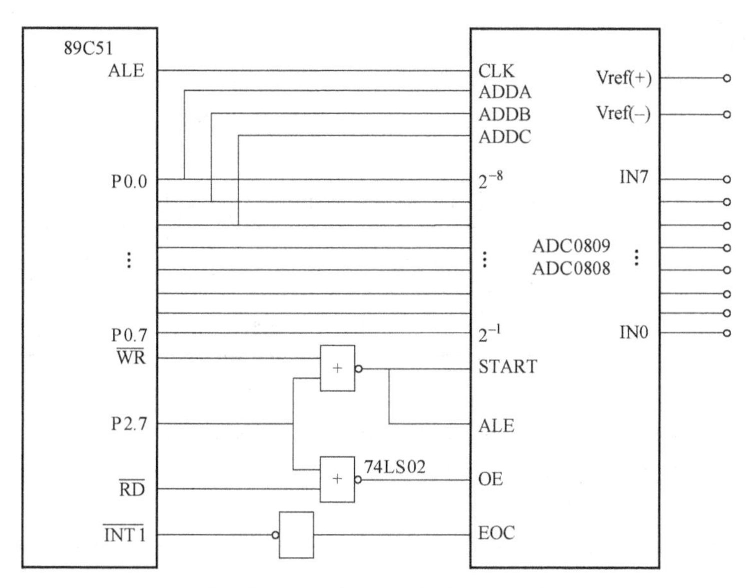

图 9-24　ADC0809 与 89C51 的连接

P2.3 接 B 口，P2.4 接 C 口，138 译码器输出端接数码管位选口。P1 口接 ADC 芯片 OUT（1~7）口，P2.5 接 ADC0809 启动位，P2.6 接 ADC0809 结束位，P2.7 接 ADC0809 使能位，AD 芯片上 CLOCK 接 500kHz 脉冲，ADDA、ADDB、ADDC 接地。要求用查询法实现 0 通道信号采集，结果以 16 进制显示。

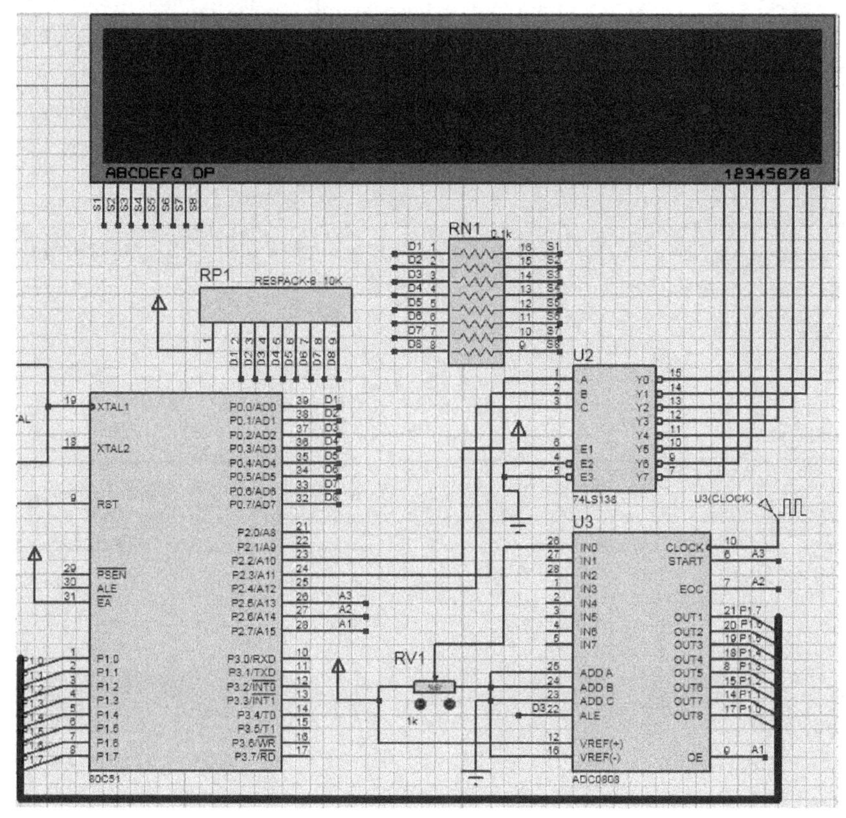

图 9-25　A-D 转换应用仿真电路

2. 硬件设计

打开 Proteus，在编辑窗口中单击元件列表中的 P 按钮，添加表 9-11 所示的元器件。在编辑窗口中单击 添加 DCLOCK。然后，按图 9-25 连线绘制电路（图中最小系统部分省略）。

表 9-11 A-D 转换器应用实例元器件选取

单片机 80C51	按钮 BUTTON	电解电容 CAP-ELEC	晶振 CRYSTAL
瓷片电容 CAP(22pF)	电阻 RES	电阻 RES16DIPIS	138 译码器 74LS138
7 段数码管(共阴) 7SEG-MPX8-CC-BLUE	滑动变阻器 POT-HG	排阻 RESACK-8	A-D 转换器 ADC0808（与 ADC0809 功能相似）

3. 软件编程

```
/****************************************************************************
* 实验名      :A-D 转换器应用实验(查询方式)
* 实验效果    :数码管显示 A-D 采样值
*****************************************************************************/
#include<reg51.h>
#define GPIO_DIG P0
sbit LSA=P2^2;
sbit LSB=P2^3;
sbit LSC=P2^4;
Sbit _st=P2^5;                                          //ADC0809 启动位
Sbit _eoc=P2^6;                                         //ADC0809 结束位
Sbit _oe=P2^7;                                          //ADC0809 使能位
unsigned char table[]={0x3f,0x06,0x5b,0x4f,0x66,
0x7d,0x07,0x7f,0x6f,0x77,0x7c,0x58,0x5e,0x79,0x71};
void DigDisplay();
void delay();
unsigned char s=0,d=0;
void delay(unsigned  int  time)                         //延时函数
{  unsigned  int  j=0;
   for(;time>0;time--)
     for(j=0;j<125;j++);
}
void main(void)
{  unsigned char  ad_result=0;
   while(1)
   {  _st=0;                                            //发出 start 信号
      _st=1;
      _st=0;
      while(! _eoc);                                    //查询 EOC 标志
      _oe=1;                                            //输出使能
      ad_result=P1;                                     //读取采样值
      _oe=0;                                            //禁止使能
      s=table[ad_result/16];                            //输出采样值
      d=table[ad_result% 16];
```

```
      DigDisplay();
      delay(50);
    }
}
void DigDisplay()                                    //数码管显示函数
{  unsigned char i;
   GPIO_DIG=0x00;                                    //消隐
   switch(i)                                         //位选点亮的数码管,这里只使用两位数
   {  case(0):
        LSA=0;LSB=0;LSC=0;
        GPIO_DIG=d;break;
        case(1):
        LSA=1;LSB=0;LSC=0;
        GPIO_DIG=s; break;
    }
    i++;
    if(i>2)
    i=0;
}
```

4. **调试仿真**

仿真结果如图 9-26 所示，和要求完全一致。

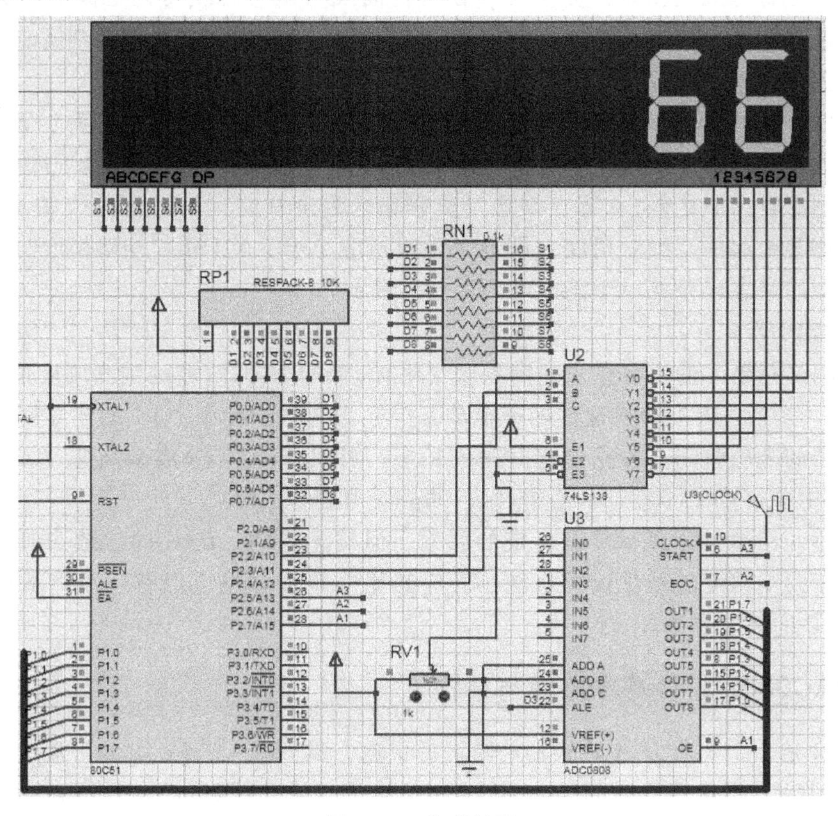

图 9-26　仿真结果

9.6 D-A 转换接口技术

9.6.1 D-A 转换简介

1. 概述

D-A 转换器输入的是数字量，经转换后输出的是模拟量。输入：二进制数或 BCD 码数；输出：电压或电流。有的 D-A 转换器内部无数据锁存器，有的含数据锁存器。

2. 技术指标

D-A 转换器的技术性能指标有：分辨率、线性度、绝对精度、相对精度、输出电压范围、温度系数、输入数字代码种类（二进制或 BCD 码）等。

（1）分辨率

分辨率是指输入数字量的最低有效位（LSB）发生变化时，所对应的输出模拟量（电压或电流）的变化量，它反映了输出模拟量的最小变化值。分辨率与输入数字量的位数有确定的关系，可以表示成 $FS/2^n$。FS 表示满量程输入值，n 为二进制位数。对于 5V 的满量程，采用 8 位的 DAC 时，分辨率为 5V/256=19.5mV；当采用 12 位的 DAC 时，分辨率则为 5V/4096=1.22mV。显然，位数越多分辨率就越高。

（2）线性度

线性度（也称非线性误差）是实际转换特性曲线与理想直线特性之间的最大偏差。常以相对于满量程的百分数表示。如±1%是指实际输出值与理论值之差在满刻度±1%以内。

（3）绝对精度和相对精度

绝对精度（简称精度）是指在整个刻度范围内，任一输入数码所对应的模拟量实际输出值与理论值之间的最大误差。绝对精度是由 DAC 的增益误差（当输入数码为全 1 时，实际输出值与理想输出值之差）、零点误差（数码输入为全 0 时，DAC 的非零输出值）、非线性误差和噪声等引起的。绝对精度（即最大误差）应小于 1 个 LSB。相对精度与绝对精度表示同一含义，用最大误差相对于满刻度的百分比表示。

（4）建立时间

建立时间是指输入的数字量发生满刻度变化时，输出模拟信号达到满刻度值的±1/2LSB 所需的时间。是描述 D-A 转换速率的一个动态指标。电压输出型 DAC 的建立时间主要决定于运算放大器的响应时间。根据建立时间的长短，可以将 DAC 分成超高速（$<1\mu s$）、高速（$10\sim1\mu s$）、中速（$100\sim10\mu s$）、低速（$\geq100\mu s$）几档。

应当注意，精度和分辨率具有一定的联系，但概念不同。DAC 的位数多时，分辨率会提高，对应于影响精度的量化误差会减小。但其他误差（如温度漂移、线性不良等）的影响仍会使 DAC 的精度变差。

9.6.2 DAC0832 芯片基本原理与结构

DAC0832 是一个 8 位 D-A 转换器。单电源供电，从+5V～+15V 均可正常工作。基准电压的范围为±10V；电流建立时间为 1 μs；CMOS 工艺，低功耗 20mW。DAC0832 转换器芯片为 20 引脚，双列直插式（DIP）封装如图 9-27 所示。

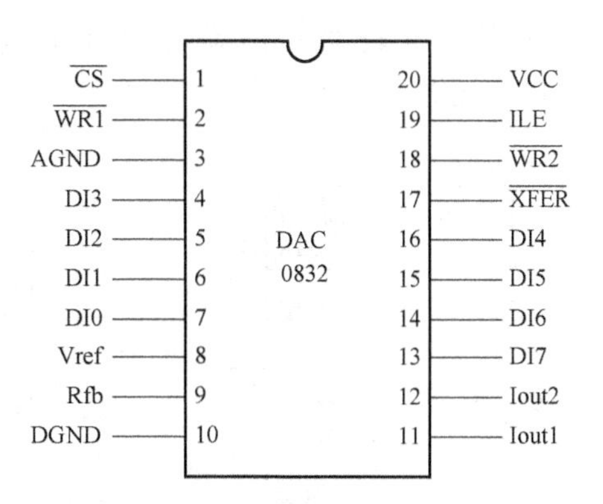

图 9-27　DAC0832 双列直插式（DIP）封装

DI7～DI0：转换数据输入。$\overline{CS}$：片选信号（输入），低电平有效。ILE：数据锁存允许信号（输入），高电平有效。$\overline{WR1}$：第 1 写信号（输入），低电平有效。$\overline{XFER}$：数据传送控制信号（输入），低电平有效。$\overline{WR2}$：第 2 写信号（输入），低电平有效。Iout1：电流输出 1。当数据为全 1 时，输出电流最大；为全 0 时，输出电流最小。Iout2：电流输出 2。Rfb：反馈电阻端，即运算放大器的反馈电阻端，电阻（15 kΩ）已固化在芯片中。DAC0832 是电流输出型 D-A 转换器，为得到电压的转换输出，使用时需在两个电流输出端接运算放大器，Rfb 即为运算放大器的反馈电阻。Vref：基准电压，是外加高精度电压源，与芯片内的电阻网络相连接，该电压可正可负，范围为-10～+10V。基准电压决定 D-A 转换器的输出电压范围，例如，若 Vref 接+10V，则输出电压范围是 0～10V。DGND：数字地。AGND：模拟地。

DAC0832 的内部结构框图如图 9-28 所示。输入通道由输入寄存器和 DAC 寄存器构成两级数据输入锁存，由 3 个“与”门电路组成控制逻辑，产生 LE1 和 LE2 信号，分别对两个输入寄存器进行控制。

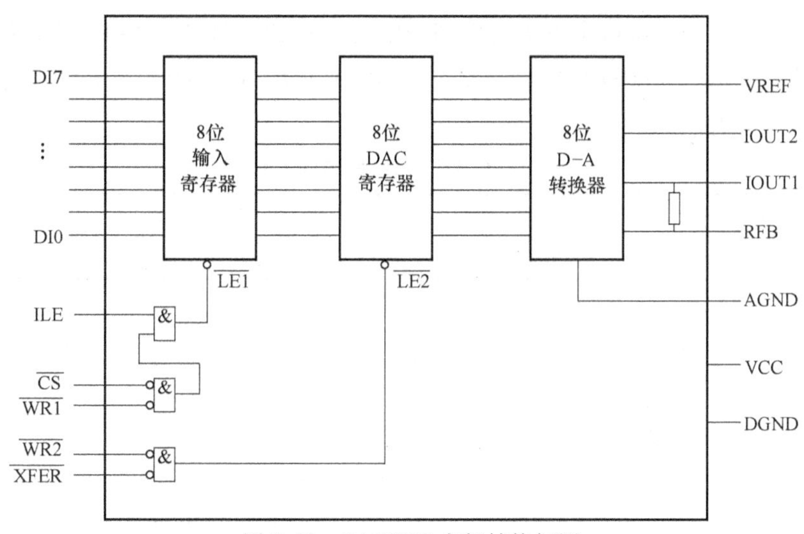

图 9-28　DAC0832 内部结构框图

DAC0832 的三种工作方式：直通方式：两个寄存器都处于直通状态（引脚 ILE→1，其余→0）。单缓冲方式：一个寄存器处于直通，另一个处于受控状态。双缓冲方式：两个寄存器均处于受控状态。

9.6.3　D-A 转换器应用实例

1. 设计要求

仿真电路如图 9-29 所示，P2 连接 DAC0832 的 DI0～DI7，DAC0832 的 IOUT1 及 IOUT2

与比较器连接，比较器输出端与电压表连接，DAC0832 的 Rfb 与示波器连接。要求 DAC0832 以直通方式工作生成锯齿波。

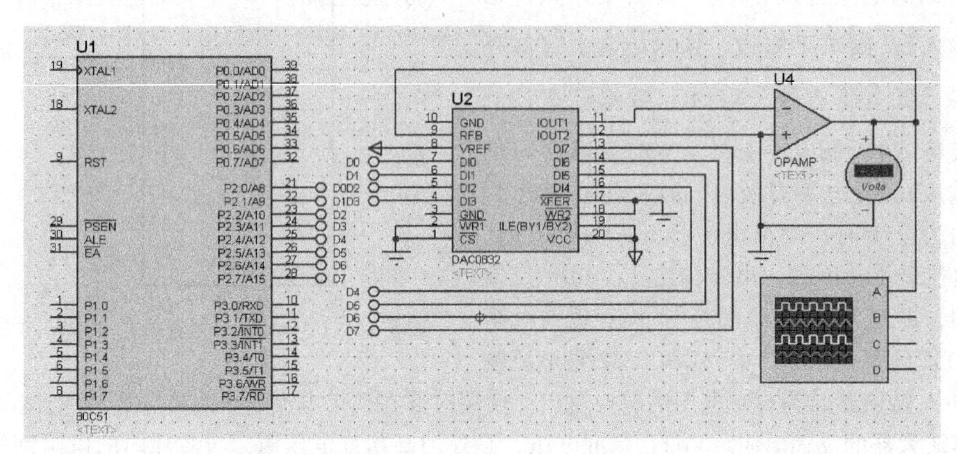

图 9-29　DAC0832 直通方式生成锯齿波仿真电路

提示：当 DAC0832 芯片的片选信号、写信号及传送控制信号的引脚全部接地，允许输入锁存信号 ILE 引脚接+5V 时，DAC0832 芯片就处于直通工作方式，数字量一旦输入，就直接进入 DAC 寄存器，进行 D-A 转换。

2. 硬件设计

打开 Proteus，在编辑窗口中单击元件列表中的 P 按钮，添加表 9-12 所示元器件。编辑窗口中单击添加 OSCILLOSCOPE（示波器）和 DCVOLTMETER（直流电压表）。然后按照图 9-29 连线绘制硬件电路。

表 9-12　元器件选取

单片机 80C51	按钮 BUTTON	电解电容 CAP-ELEC	晶振 CRYSTAL
瓷片电容 CAP(22pF)	电阻 RES	D-A 芯片 DAC0832	比较器 OPAMP

3. 软件编程

```
/********************************************************************************
*实验名        :DAC0832 直通工作方式实验
*实验效果      :示波器生成锯齿波
********************************************************************************/
#include<reg51.h>
void main()
{  unsigned char num;
   while(1)
   {  for(num=0;num<=255;num++)
        P2=num;                              //将数据送入 DAC0832 转换输出
   }
}
```

4. 调试仿真

仿真结果如图 9-30 所示，同要求完全一致。

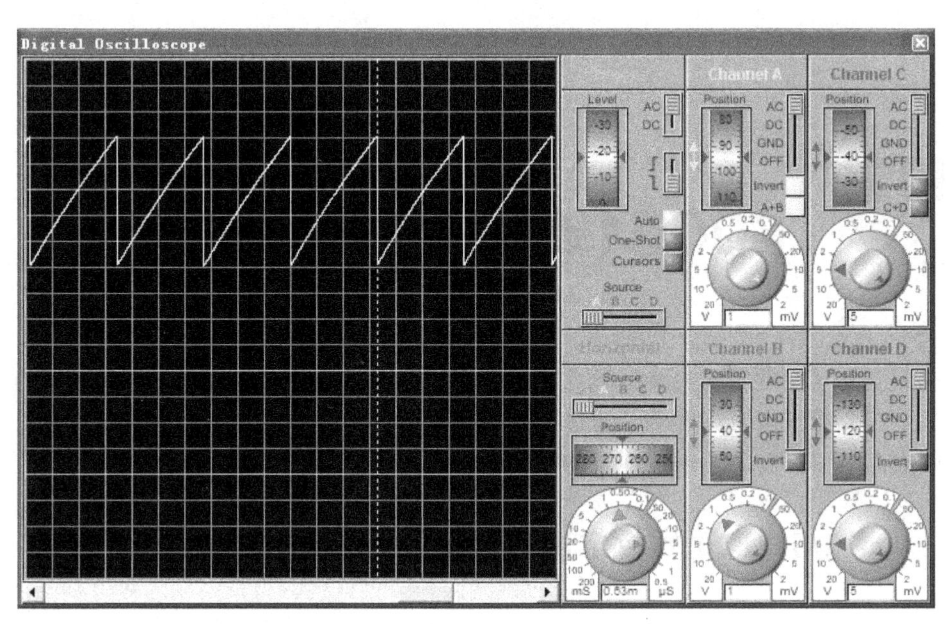

图 9-30　仿真结果

本章小结

串行总线在单片机应用系统扩展中用得越来越多，本章详细介绍了 I^2C、SPI 串行接口协议，并通过 AT24C02 和 DS1302 应用实例说明了 I^2C、SPI 串行接口技术在单片机系统扩展中的应用。A-D、D-A 是单片机测控系统的重要组成内容，本章在 9.5、9.6 节还分别介绍了 A-D、D-A 转换接口技术以及相应的应用实例，希望能给读者的单片机应用系统扩展提供更多参考。

习题

1. 什么是 I^2C 总线？有什么特点？
2. I^2C 总线的主要两根控制线是什么？它们在信号通信过程中起到什么作用？
3. 简述 I^2C 总线通信的过程。
4. AT24C02 有什么特点？
5. 简述 AT2402 的读/写操作过程。
6. 什么是 SPI 总线？它是怎么进行信号传输的？
7. 简述 DS1302 的优缺点。
8. 简述 DS1302 的读/写操作过程。
9. 在 DAC 和 ADC 的主要技术指标中，“量化误差”“分辨率”和“精度”有何区别？
10. D-A 转换器的主要性能指标都有哪些？设某 DAC 为二进制 12 位，满量程输出电压为 5V，试问它的分辨率是多少？

80C51单片机应用系统实例

通过前面 9 章的学习和实践，读者已经掌握了简单的单片机应用系统设计，本章将在此基础上进一步介绍综合设计案例。通过对这些案例的学习，使读者的单片机应用设计能力得到更好的提高。由于篇幅原因，本章的案例程序全部采用 C 语言编写。

10.1 基于 DS18B20 的数字温度计设计

10.1.1 设计要求

单片机已经在测控领域中得到了广泛的应用，它除了可以测量电信号以外，还可以用于温度、湿度等非电信号的测量，能独立工作的单片机温度检测、温度控制系统已经广泛应用于很多领域。本节将讨论应用 51 单片机进行温度测量的问题，要求通过温度传感器检测温度值，并将温度值显示在数码管上。

10.1.2 设计说明

单片机的接口信号是电数字信号，要想用单片机获取温度等非电信号的信息，毫无疑问必须使用温度传感器。温度传感器的作用是将温度信息转换为电流或电压输出，如果转换后的电流或电压输出是模拟信号，那么还必须进行 A-D 转换，以满足单片机接口的需要。传统的温度检测大多以热敏电阻为温度传感器，但热敏电阻的可靠性差，测量温度准确率低，而且必须经过专门的接口电路转换成数字信号后才能由单片机进行处理。本例将采用一种数字温度传感器来实现基于 51 单片机的数字温度计设计，此传感器芯片的使用是本例软、硬件设计的重点。

设计 51 单片机数字温度计系统时，需要考虑下面 3 个方面的内容：

1）选择合适的温度传感器芯片。显然，本例中的核心器件是单片机和温度传感器，单片机采用常用的 51 单片机。温度传感器则选用美国达拉斯（DALLAS）公司的单线数字温度传感器芯片 DS18B20。DS18B20 可直接将被测温度转化成串行数字信号，以供单片机处理，它还具有微型化、低功耗、高性能、抗干扰能力强等优点。

2）单片机和温度传感器的接口电路设计。

3）控制温度传感器实现温度信息采集、数据传输及显示的软件设计。

10.1.3 设计方案

系统由 89S51 单片机，DS18B20 温度传感器以及 8 位 LED 显示数码管组成。

1. 温度传感器 DS18B20

DS18B20 通过编程可以实现 9~12 位的温度读数。信息经过单线接口送入 DS18B20 或从 DS18B20 送出，因此从单片机到 DS18B20 仅需连接一条信号线和地线，实际应用中不需要外部任何元器件即可实现测温。测量范围为-55~125℃，在-10~85℃范围内误差为±0.5℃。数字温度计的分辨率用户可选择配置成 9~12 位，选择 12 位分辨率时，温度值转换为数字量所需最长时间不超过 750ms。

DS18B20 引脚如图 10-1 所示。GND：接地端。DQ：数据输入/输出脚，与 TTL 电平兼容。VDD：DS18B20 可以设置成两种供电方式，即数据总线供电方式和外部供电方式，采用数据总线供电方式时 VDD 接地，可以节省一根传输线，但完成数据测量的时间较长；采用外部供电方式时 VDD 接+5V，多用一根导线，但测量速度较快。

DS18B20 由产品序列号激光 ROM、存储器以及温度传感器组成。

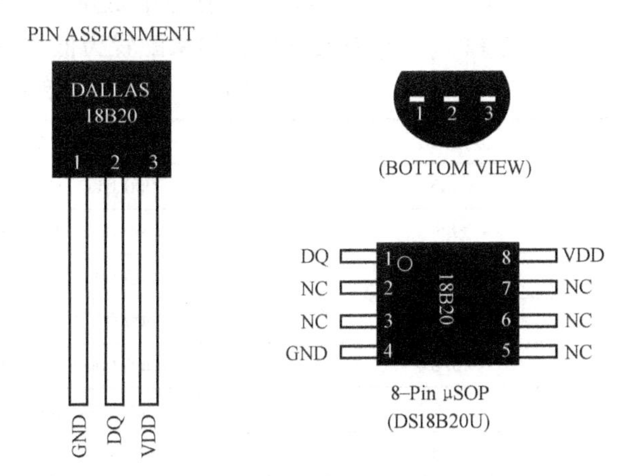

图 10-1 DS18B20 引脚

每个 DS18B20 都有一个唯一的 64 位产品序列号，它存放在 64 位激光 ROM 中。代码的前 8 位是单线产品系列编码（对于 DS18B20，该 8 位编码是 28H）；接着的 48 位是唯一的产品序列号；最后 8 位是前面 56 位编码的 CRC 校验值。微处理器通过简单的协议就能识别这些序列号，因此多个 DS18B20 可以挂接于同一条单线总线上，这允许在许多不同的地方放置温度传感器，特别适合于构成多点温度测控系统。主机可以通过“读 ROM”命令读取 64 位 ROM 的前 56 位，然后计算它们的 CRC 值，并把它与读出的存放在 DS18B20 激光 ROM 内的 CRC 值进行比较，从而决定 ROM 的数据是否已被主机正确接收。CRC 值的比较和是否继续操作都由主机来决定。

DS18B20 的存储器由一个中间结果暂存 RAM 和一个非易失性电可擦除 E^2RAM 组成，后者存储高、低温触发器 TH 和 TL 及配置寄存器的内容（将暂存器中内容复制进 E^2RAM）。暂存存储器有助于在单线通信时确保数据的完整性。数据首先写入暂存存储器，在那里它可以被读出校验，校验之后再将数据传送到非易失性 E^2RAM 中。这一过程确保了修改存储器数据的完整性。暂存存储器的头两个字节为测得温度信息的低位和高位字节；第 3 和第 4 字节是 TH 和 TL 的易失性复制（也可从 E^2RAM 头两个字节重新调回），在每一次上电复位时都会被刷新；第 5 个字节是配置寄存器的易失性复制（也可从 E^2RAM 第 3 字节重新调回），在上电复位时也会被刷新；接着的 3 个字节为内部计算使用；第 9 个字节为前面所有 8 个字节的 CRC 校验值。

暂存器的第 5 字节是配置寄存器，可以通过相应的写命令进行配置，其内容如下：

0	R1	R0	1	1	1	1	1

其中 RO 和 R1 是温度值分辨率位，可按表 10-1 进行配置。

表 10-1 温度值分辨率配置

R1	R0	分辨率/位	最大转换时间/ms
0	0	9	93.75
0	1	10	187.50
1	0	11	375
1	1	12	750

DS18B20 的核心功能部件是它的数字温度传感器，如上所述，它的分辨率可配置为 9、10、11 或 12 位，出厂默认设置是 12 位分辨率，它们对应的温度值分辨率分别为 0.5℃、0.25℃、0.125℃和 0.0625℃，温度信息（补码存放）的高位字节内容中包括了 5 个符号位（正温度为 0，负温度为 1），温度信息的低位字节包括了二进制小数部分，其具体形式见表 10-2，这是 12 位分辨率的情况，如果配置为低的分辨率，则其中无意义位值为零。

表 10-2 实测温度和数字输出的对应

温度/℃	数字输出(二进制)	数字输出(十六进制)
+125	0000 0111 1101 0000	07D0H
+85	0000 0101 0101 0000	0550H
+25.0625	0000 0001 1001 0001	0191H
+10.125	0000 0000 1010 0010	00A2H
+0.5	0000 0000 0000 1000	0008H
0	0000 0000 0000 0000	0000H
-0.5	1111 1111 1111 1110	FFF8H
-10.125	1111 1111 0101 1110	FF5EH
-25.0625	1111 1110 0110 1111	FF6FH
-55	1111 1100 1001 0000	FC90H

在 DS18B20 完成温度变换之后，温度值与用户可自行设定储存在 TH 和 TL 内的告警触发值相比较。由于这些是 8 位寄存器，所以 9~12 位在比较时被忽略。TH 或 TL 的最高位直接对应于 16 位温度寄存器的符号位。如果温度测量的结果高于 TH 或低于 TL，那么器件内告警标志将置位，每次温度测量都会更新此标志。只要告警标志置位，DS18B20 就将响应告警搜索命令，这也就允许单线上多个 DS18B20 同时进行温度测量，即使某处温度越限，也可以识别出正在告警的器件。

2. 单线技术

目前常用的微机和外设之间数据传输的串行总线有 I^2C 总线、SPI 总线等，其中 I^2C 点线采用同步串行双线（一根时钟线、一根数据线）方式，而 SPI 总线采用同步串行三线（一根时钟线、一根输入线、一根数据输出线）方式。这两种总线需要至少两根或两根以上的信号线，美国达拉斯半导体公司推出了一项特有的单线技术。该技术与上述总线不同，它采用单根信号线，即可传输时钟，又能传输数据，而且数据传输是双向的，因此这种单线技术具有线路简单、硬件开销少、成本低廉、便于扩展的优点。

单线技术适用于单主机系统，单主机能够控制一个或多个从机设备。主机可以是微控制器，从机可以是单线器件，它们之间的数据交换、控制都由这根线完成。主机或从机通过一个漏极开路或三态端口连至该数据线，以允许设备在不发送数据时能够释放该线，而让其他设备使用。单线通常要求外接一个约 5kΩ 的上拉电阻，这样，当该线闲置时，其状态为高电平。

主机和从机之间的通信主要分为 3 个步骤：初始化单线器件，识别单线器件和单线数据传输。由于只有一根线通信，所有它们必须是严格的主从结构，只有主机呼叫从机时，从机才能应答，主机访问每个单线器件都必须严格遵循单线命令序列，即遵守上述 3 个步骤的顺序。如果命令序列混乱，单线器件将不会响应主机。

所有的单线器件都要遵循严格的协议，以保证数据的完整性。单线协议由复位脉冲、应答脉冲、写 0、写 1、读 0 和读 1 这几种信号类型组成。这些信号中，除了应答脉冲，其他均由主机发起，并且所有命令和数据都是字节的低位在前。

3. DS18B20 的单线协议和命令

DS18B20 是单线器件，它在一根数据线上实现数据的双向传输，这就需要一定的协议来对读写数据提出严格的时序要求，而 89S51 单片机并不支持单线传输，因此必须用软件的方法来模拟单线的协议时序。

DS18B20 有严格的通信协议来保证各位数据传输的正确性和完整性。主机操作单线器件 DS18B20 必须遵循下面的顺序。

（1）初始化

单线总线上的所有操作均从初始化开始。初始化过程如下：主机通过拉低单线 480μs 以上，产生复位脉冲，然后释放该线，进入接收模式。主机释放总线时，会产生一个上升沿。单线器件 DS18B20 检测到该上升沿后，延时 15~60μs，DS18B20 通过拉低总线 60~240μs 来产生应答脉冲。主机接收到从机的应答脉冲后，说明有单线器件在线。

（2）ROM 操作命令

一旦主机检测到应答脉冲，它便可以发起 ROM 操作命令。主机共有 5 个 ROM 操作命令，见表 10-3。

表 10-3　ROM 操作命令

命令类型	命令字节	功能说明
Read Rom（读 ROM）	33H	此命令读取激光 ROM 中的 64 位。此命令只能用于总线上单个 DS18B20 器件的情况，多挂接则会发生数据冲突
Match Rom（匹配 ROM）	55H	此命令后跟 64 位 ROM 序列号，寻址多挂接总线上的对应 DS18B20。只有序列号完全匹配的 DS18B20 才能响应后面的内存操作命令。其他不匹配的将等待复位脉冲。此命令可用于单挂接或者多挂接总线
Skip Rom（跳过 ROM）	CCH	此命令用于单挂接总线系统时，可以无须提供 64 位 ROM 序列号即可运行内存操作命令。如果总线上挂接多个 DS18B20 并且在此命令后执行读命令，将会发生数据冲突
Search Rom（搜索 ROM）	F0H	主机调用此命令，通过一个排除法过程，可以识别出总线上所有器件的 ROM 序列号
Alarm Search（告警搜索）	ECH	此命令流程和搜索（Search Rom）命令相同，但是 DS18B20 只有在最近的一次温度测量时满足了告警触发条件，才会响应此命令

(3) 内存操作命令

在成功执行了ROM操作命令之后，才可以使用内存操作命令。主机可以提供6种内存操作命令，见表10-4。

表10-4 内存操作命令

命令类型	命令字节	功能说明
Write Scratchpad（写暂存器）	4EH	此命令写暂存器地址2到地址4的3个字节(TH,TL和配置寄存器)复位脉冲之前,3个字节都必须要写
Read Scratchpad（读暂存器）	BEH	此命令读取暂存器内容。从字节0一直读取到字节8(第9个字节)。主机可以随时发起复位脉冲以停止此操作
Copy Scratchpad（复制暂存器）	48H	此命令将暂存器中内容复制进 E^2RAM。以便将温度告警触发字节存入非易失内存。如果在此命令后主机产生读时序,那么只要器件在进行复制就会输出0,复制完成后,再输出1
Convert T（温度转换）	44H	此命令开始温度转换操作,如果在此命令后主机产生读时序,那么只要器件在进行温度转换就会输出0,转换完成后,再输出1
Recall E2（重调E2存储器）	B8H	将存储在 E^2RAM 中的温度告警触发值和配置寄存器值重新复制到暂存器中,此重调操作在DS18B20加电时自动产生
Read Power Supply（读供电方式）	B4H	主机发此命令后的每个读数据时序内,DS18B20会发信号通知它的供电方式:0为寄生电源方式,1为外部供电方式

(4) 数据处理

DS18B20要求有严格的时序来保证数据的完整性。在单线DQ上存在复位脉冲，应答脉冲、写“0”、写“1”、读“0”和读“1”几种信号类型，其中除了应答脉冲之外，均由主机产生。复位和应答脉冲在前文中已经介绍，这里不再赘述。而数据位的读和写则是通过使用读、写时序实现的。

所有的写时序至少需要60μs，且每两个独立的时序之间至少需要1μs的恢复时间。在写时序中，主机将在拉低总线15μs内释放总线，并向DS18B20写“1”，若主机拉低总线后能保持至少60μs的低电平，则向单总线器件写“0”。DS18B20仅在主机发出读时序时才向主机传输数据，所以，当主机向DS18B20发出读数据命令后，必须马上产生读时序，以便DS18B20能传输数据。

首先来看写时序。当主机将数据线从高电平拉至低电平时产生写时序。有两种类型的写时隙：写“1”和写“0”。DS18B20在DQ线变低后的15~60μs的窗口时间内对DQ线进行采样，如果为高电平就写为“1”，如果为低电平就写为“0”。对于主机产生写“1”时序的情况，数据线必须先被拉低，然后释放，在写时隙开始后的15μs内允许DQ线拉至高电平。对于主机产生写“0”时序的情况，DQ线必须被拉至低电平且至少保持低电平60μs时间。

再来看读时序。当主机从DS18B20读数据时，把数据线从高电平拉至低电平，产生读时序，数据线DQ必须保持低电平至少1μs。来自DS18B20的输出数据在读时序下降沿之后15μs内有效，因此在此15μs内，主机必须停止将DQ引脚置低。在读时序结束时，DQ引脚将通过外部上拉电阻拉回至高电平。所有的读时序最短必须持续60μs，各个读时序隙间必须保证最短1μs的恢复时间。

10. 1. 4　硬件设计

打开 Proteus ISIS，在编辑窗口中单击元件列表中的 P 按钮，添加表 10-5 所示的元件。然后，按图 10-2 连线绘制成电路（图中最小系统并未画出），89S51 的 P0 口接数码管段选口，P2. 2 接 138 译码器 A 口，P2. 3 接 B 口，P2. 4 接 C 口，138 译码器输出端接数码管位选口，P3. 7 接 DS18B20 的 DQ 端口。

表 10-5　数字温度计元器件选取

单片机 80C51	按钮 BUTTON	电解电容 CAP-ELEC	晶振 CRYSTAL
瓷片电容 CAP(22pF)	电阻 RES	138 译码器 74LS138	温度传感器 DS18B20
7 段数码管(共阴) 7SEG-MPX8-CC-BLUE	排阻 RESACK-8	电阻 RES16DIPIS	

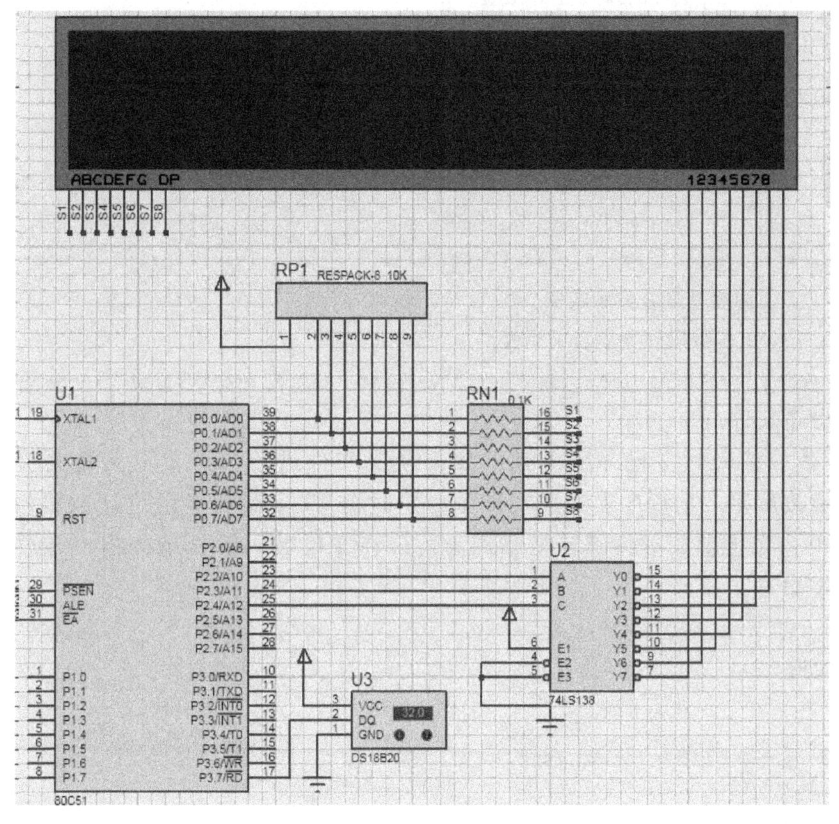

图 10-2　数字温度计电路

10. 1. 5　软件设计

1. 程序流程图

本例程序由主函数程序、初始化程序、数码管 T0 中断显示程序、DS18B20 源程序等组成。程序流程框图如图 10-3 所示。

2. 软件编程

该例采用大工程的建立方式，各个功能模块写在不同的文件中，以方便程序的阅读与修

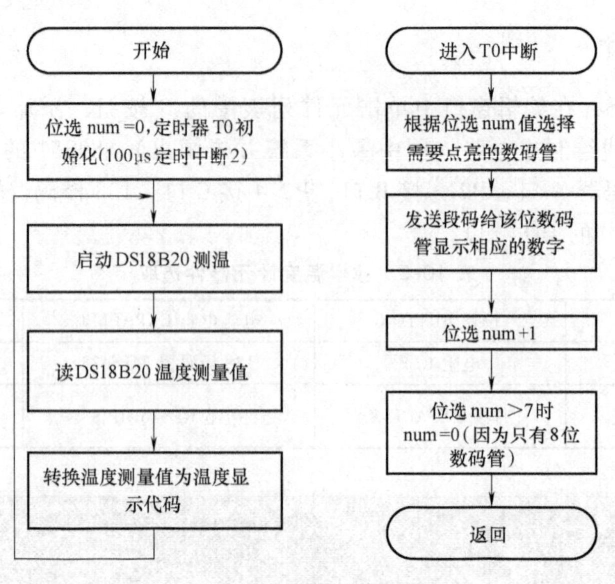

图 10-3　程序流程框图

改。相关的头文件与源文件有 main. c、DS18B20. h 和 DS18B20. c 下面将作详细介绍。软件编程如下：

```
/ ***************************************************************************************
 *  实验名          : 温度测量并显示实验
 *  实验效果        : 8 位数码管显示当前温度
*************************************************************************************** /
```

（1）主程序文件（main. c）

1）主函数。首先对主程序所用到的库以及头文件进行包含，定义相关引脚，完成变量、数组及函数声明。主程序实现的功能是对定时器 T0 中断及显示位计数器初始化，不断读取 DS18B20 中温度值，并将其转换整理为可以在 8 位数码管显示的值，存放在显示数组中。相关程序如下：

```
#include <reg51.h>
#include"DS18B20.h"
#define DIG P0                                                //数码管段选
sbit LSA=P2^2;                                                //数码管位选
sbit LSB=P2^3;
sbit LSC=P2^4;
unsigned char code DIG_CODE[10]={0x3f,0x06,0x5b,
        0x4f,0x66,0x6d,0x7d,0x07,0x7f,0x6f};                 //段选码 0~9
unsigned char Num=0;                                          //显示位计数器
unsigned int disp[8]={0x3f,0x3f,0x3f,0x3f,0x3f,0x3f,0x3f,0x3f};  //显示初值为 0
void Timer0Configuration();
void Display(int);
void main()
{  Timer0Configuration();                                     //定时器 T0 及中断初始化
```

```
  while(1)
   Display(Ds18b20ReadTemp());                          //完成温度测量值到显示代码转换
}
```

2）显示转换函数。该函数实现的功能是将 DS18B20 中读取来温度数据 temperature，转换成显示代码，并存入显示数组 disp 中，为 T0 定时中断显示服务程序准备好显示数据。

```
void Display(int temperature)
{ float temp;
  if(temperature< 0)              //温度为负数读取的温度是实际温度的补码,
    {disp[2] = 0x40;              //温度为负,该位显示"-"
     temperature =temperature-1; //温度为负,减 1 再取反求出原码
     temperature= ~temperature;
     temp=temperature;
     temperature=temp * 0.0625 * 100+0.5;// * 100 表示留两位小数,+0.5 是四舍五入
     }
  else
    { disp[2] = 0;                //温度为正,该位不显示
     temp=temperature;
     temperature=temp * 0.0625 * 100+0.5;
    }
  disp[0] = 0;                    //最左边两位不显示
  disp[1] = 0;
  disp[3] = DIG_CODE[temperature/10000];
  disp[4] = DIG_CODE[temperature% 10000/1000];
  disp[5] = DIG_CODE[temperature% 1000/100] |0x80;//加小数点
  disp[6] = DIG_CODE[temperature% 100/10];
  disp[7] = DIG_CODE[temperature% 10];
}
```

3）定时器 T0 初始化函数。定时器 T0 工作于定时中断方式 2，定时时间 100μs。

```
void Timer0Configuration()
{  TMOD=0X02;                  //选择为定时器工作方式 2,仅用 TRX 打开启动
    TH0=0X9C;                  //定时器赋初值,12MHz 晶振,定时时间 100μs
    TL0=0X9C;
    ET0=1;                     //T0 中断允许
    EA=1;                      //打开总中断
    TR0=1;                     //启动 T0
}
```

4）中断显示函数。利用 T0 定时器中断，刷新显示显示数组内容（DS18B20 所测温度值）。通过循环位选的方式选择点亮数码管，100μs 定时时间到，来一次中断，显示 1 位，具体程序如下：

```
void DigDisplay() interrupt 1
{  DIG=0;                                      //消隐
   switch(Num)                                 //位选,选择点亮的数码管
```

```
  {  case(7):
      LSA=0;LSB=0;LSC=0; break;
      case(6):
      LSA=1;LSB=0;LSC=0; break;
      case(5):
      LSA=0;LSB=1;LSC=0; break;
      case(4):
      LSA=1;LSB=1;LSC=0; break;
      case(3):
      LSA=0;LSB=0;LSC=1; break;
      case(2):
      LSA=1;LSB=0;LSC=1; break;
      case(1):
      LSA=0;LSB=1;LSC=1; break;
     case(0):
      LSA=1;LSB=1;LSC=1; break;
  }
  DIG=disp[Num];                                    //段选显示的数字
  Num++;
   if(Num>7)
     Num=0;
}
```

(2) DS18B20 程序文件

包括 DS18b20.h 和 DS18b20.c，具体如下：

1) DS18B20 头文件（DS18B20.h）。

```
#ifndef __DS18B20_H_
#define __DS18B20_H_
#include<reg51.h>
sbit DSPORT=P3^7;                            //DQ 引脚
void Delay1ms(unsigned int);                 //延时 1ms 函数
unsigned char Ds18b20Init();                 //初始化函数(产生复位脉冲,等待应答脉冲)
void Ds18b20WriteByte(unsigned char);        //写入一个字节函数
unsigned char Ds18b20ReadByte();             //读取一个字节函数
void Ds18b20ConvertCom();                    //启动 DS18B20 转换温度函数
void Ds18b20ReadTempCom();                   //读温度的命令函数
int Ds18b20ReadTemp();                       //读温度函数
#endif
```

2) DS18B20 源文件（DS18B20.C）。

```
#include "DS18B20.h"
//延时 y*ms 函数
void Delay1ms(unsigned int y)
{
```

```
    unsigned int x;
    for(y;y>0;y--)
    for(x=110;x>0;x--);
 }
//初始化函数(产生复位脉冲,等待应答脉冲)
unsigned char Ds18b20Init()
  {
 unsigned int i;
 EA = 0;
 DSPORT=0;                               //将总线拉低 480~960μs
 i=70;
 while(i--);                             //延时 642μs
 DSPORT=1;  //然后拉高总线,如果 DS18B20 做出反应会在 15~60μs 后将总线拉低
 i=0;
 EA = 1;
 while(DSPORT)                           //等待 DS18B20 拉低总线
{
 i++;
    if(i>5000)                           //等待>5ms
    return 0;                            //初始化失败
  }
  return 1;                              //初始化成功
}
//向 DS18B20 写入一个字节
void Ds18b20WriteByte(unsigned char dat)
{
 unsigned int i,j;
 EA = 0;
 for(j=0;j<8;j++)
   {
   DSPORT=0;                             //每写入一位数据之前先把总线拉低 1μs
   i++;
   DSPORT=dat&0x01;                      //然后写入一个数据,从最低位开始
   i=6;
   while(i--);                           //延时 68μs,持续时间最少 60μs
   DSPORT=1;  //然后释放总线,至少 1μs 给总线恢复时间才能接着写入第二个数值
   dat>>=1;
   }
 EA = 1;
}
//从 DS18B20 读取一个字节
unsigned char Ds18b20ReadByte()
  {
```

```
unsigned char byte,bi;
unsigned int i,j;
EA = 0;
for(j=8;j>0;j--)
{
  DSPORT=0;                              //先将总线拉低 1μs
  i++;
  DSPORT=1;                              //然后释放总线
  i++;
  i++;                                   //延时 6μs 等待数据稳定
  bi=DSPORT;                             //读取数据,从最低位开始读取
  byte=(byte>>1)|(bi<<7);//将 byte 左移一位,并与右移 7 位后的 bi,移掉那位补 0
  i=4;                                   //读取完之后等待 48μs 再接着读取下一个数
  while(i--);
}
EA = 1;
return byte;
}
//启动 DS18B20 温度转换
void  Ds18b20ConvertCom()
{
  Ds18b20Init();
  Delay1ms(1);
  Ds18b20WriteByte(0xcc);                //跳过 ROM 操作命令
  Ds18b20WriteByte(0x44);                //温度转换命令
}
//读温度命令
void  Ds18b20ReadTempCom()
{
  Ds18b20Init();
  Delay1ms(1);
  Ds18b20WriteByte(0xcc);                //跳过 ROM 操作命令
  Ds18b20WriteByte(0xbe);                //发送读取温度命令
}
//读温度
int Ds18b20ReadTemp()
{
  int temp=0;
  unsigned char tmh,tml;
  Ds18b20ConvertCom();                   //先写入启动转换命令
  Ds18b20ReadTempCom();                  //然后等待转换完后发送读取温度命令
  tml=Ds18b20ReadByte();                 //读取温度值共 16 位,先读低字节
  tmh=Ds18b20ReadByte();                 //再读高字节
```

```
    temp=tmh;
    temp<<=8;
    temp |=tml;
    return temp;
}
```

10.1.6　调试仿真

仿真结果如图 10-4 所示，DS18B20 上显示值与数码管显示值一致，到达了设计要求。

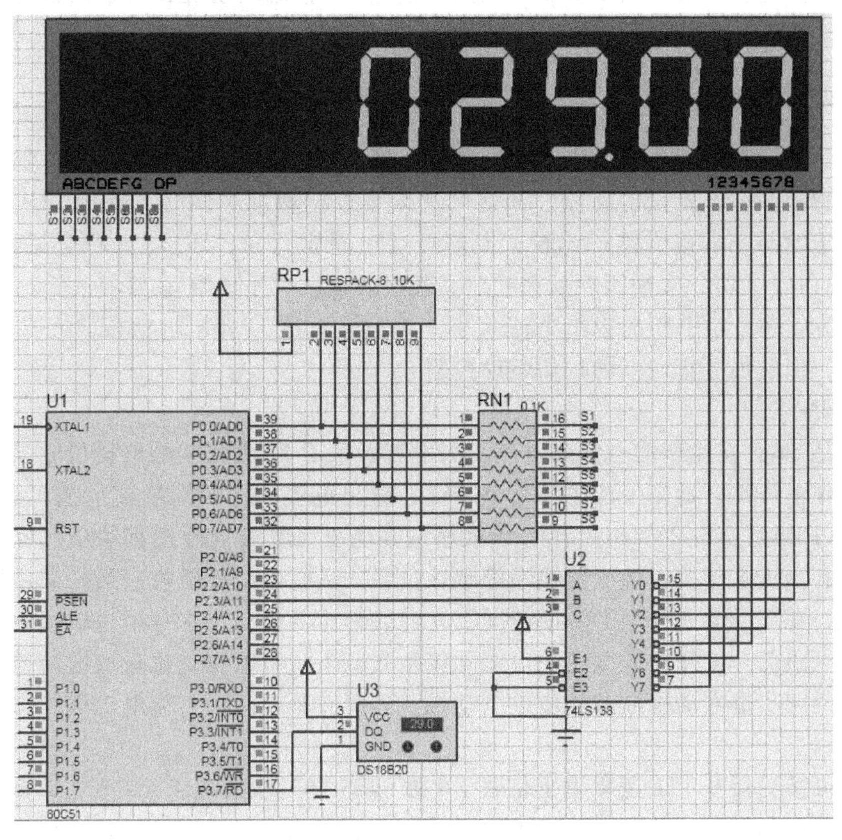

图 10-4　仿真结果

10.2　直流电动机单闭环调速控制系统设计

10.2.1　设计目的

直流电动机具有良好起动、制动性能，在大范围内能平滑调速，在许多需要调速或快速正反向电力拖动领域中得到了广泛的应用。本实例设计一个直流电动机单闭环调速控制系统：

要求 1：利用按键设置给定速度。

要求 2：实现速度单闭环反馈控制。

要求 3：用数码管实时显示直流电动机设定调速与实际速度。

10.2.2 设计说明

本设计选用 89S51 单片机作为核心元件，利用单片机灵活的编程设计、丰富的 I/O 端口以及控制的准确性，实现直流电动机的单闭环调速控制系统功能。主要外围电路有：设定速度设置电路，通过 3 个独立按键输入设定速度，分别是当 K1 键按下，给定速度加 1，K2 键按下，给定速度减 1，K3 键按下，给定速度清零。速度显示电路，通过 8 位 7 段数码管显示设定速度与实际速度。直流电动机驱动电路，使用 5V 直流电动机，自带高精度编码器，转一圈电动机输出 260 个脉冲，利用 L298N 增加驱动能力，驱动电动机旋转。

10.2.3 设计方案

上电复位时，数码管显示设定速度与实际速度为 0，设定速度显示在前，实际速度显示在后。通过独立按键设置设定速度。当实际速度与设定速度不同时，采用 PID 位置控制算法，将给定速度与实际速度进行比较，差值经过比例放大（P 环节）、积分累计（I 环节）和微分补偿（D 环节），实现闭环反馈控制，使实际速度等于设定速度。

由于 89S51 单片机引脚的输出电流太小，本设计采用 L298N 电动机驱动芯片对驱动电流进行放大，以实现对直流电动机的驱动控制。

1. L298N

L298N 是 ST 公司生产的一种高电压、大电流、采用 15 脚封装的电动机驱动芯片。主要特点是：工作电压高，最高工作电压可达 46V；输出电流大，瞬间峰值电流可达 3A；持续工作电流 2A；额定功率 25W。内含两个 H 桥的高电压大电流全桥式驱动器，可以用来驱动直流电动机和步进电动机、继电器线圈等感性负载。具有两个使能控制端，采用标准逻辑电平信号控制，在不受输入信号影响的情况下允许或禁止器件工作在一个逻辑电源输入端，控制内部逻辑电路部分工作在低电压。可以外接检测电阻，将电流变化量反馈给控制电路。可以驱动一台两相步进电动机或四相步进电动机，也可以驱动两台直流电动机。L298N 封装如图 10-5 所示。

L298N 可接受标准 TTL 逻辑电平信号。9 脚+VSS 接工作电源 4.5~7V，4 脚+VS 接驱动电源电压 2.5~46V，输出电流可达 2.5A，可驱动感性负载。L298N 可驱动两个直流电动机，从 OUT1、OUT2 和 OUT3、OUT4 之间分别接入，1 脚和 15 脚接入电流采样电阻，形成两个直流电动机电流传感信号；5 脚 IN1、7 脚 IN2 以及 10 脚 IN3、12 脚 IN4 接输入控制电平，分别控制两个电动机的正反转；ENA，ENB 接控制使能端，分别控制两个电动机停转。L298N 引脚如图 10-6 所示。

使能端 ENA 为高电平时有效，控制方式及直流电动机状态见表 10-6。

若要对直流电动机进行调速，先需设置 IN1 和 IN2，确定电动机的转动方向，然后对使能端输出 PWM 脉冲，即可实现调速。注意当使能信号为 0 时，电动机处于自由停止状态；当使能信号为 1，且 IN1 和 IN2 为 00 或 11 时，电动机处于制动状态，阻止电动机转动。

2. 直流电动机

本设计所使用的电动机自带高精度编码器，车轮转一圈，电动机输出 260 个脉冲。供电电压为 5V，自带上拉，可直接输出方波，电动机实物及引脚如图 10-7 所示。电源+与电源-

给编码器供电，电动机+与电动机-连接 L298N 驱动电路，编码器 A 和编码器 B 输出两个转速脉冲。

图 10-5　L298N 封装

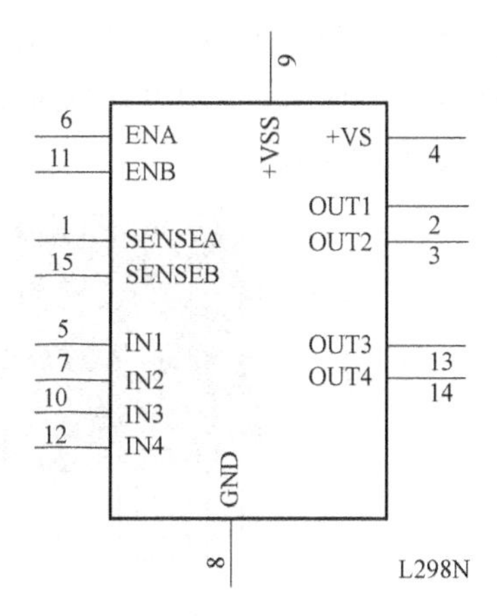

图 10-6　L298N 引脚

表 10-6　L298N 控制电动机状态（1 个电动机）

ENA	IN1	IN2	直流电机状态
0	X	X	停止
1	0	0	制动
1	0	1	正转
1	1	0	反转
1	1	1	制动

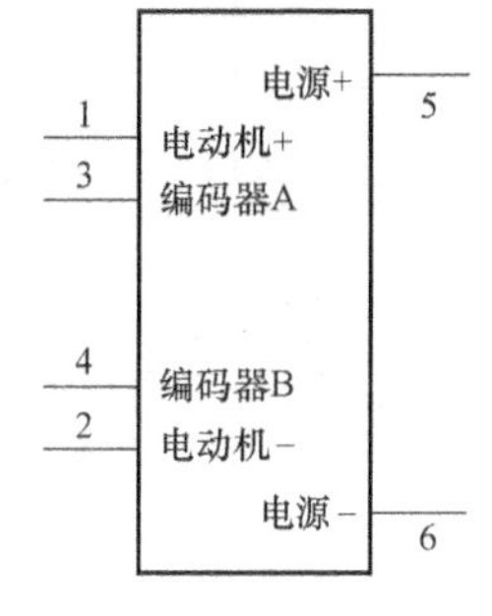

图 10-7　直流电动机实物及引脚

3. 转速计算

本例所使用直流电动机自带高精度编码器，转一圈电动机产生 260 个脉冲。利用定时器 T1 定时以及定时器 T0 计数方式来测量转速。假设 T1 定时时间为 50ms，T0 在 50ms 内所计脉冲数为 M，既电动机转速为：M×20×/260（转/秒）。

10.2.4　硬件设计

仿真电路如图 10-8 所示（最小系统未画出）。图中 89S51P0 口通过上拉排阻接数码管段选，P2.2 接 138 译码器 A，P2.3 接 B，P2.4 接 C，138 译码器输出端接数码管位选。本设计只驱动一个电动机并且只正转，所以 IN1 引脚直接接地，IN2 引脚接 P1.1（网络标号 D1、高电平），保证电动机正转。使用 L298N 的 OUT1 接电动机+，OUT2 接电动机-来驱动电动机。ENA 引脚接 P1.2（网络标号 D2），进行电动机 PWM 调速。编码器 A 输出接 P3.4（网络标号 D3），测量电动机速度。按键 K2 接 P3.0 引脚，K1 接 P3.1 引脚，K3 接 P3.2 引脚，进行设定速度设置。

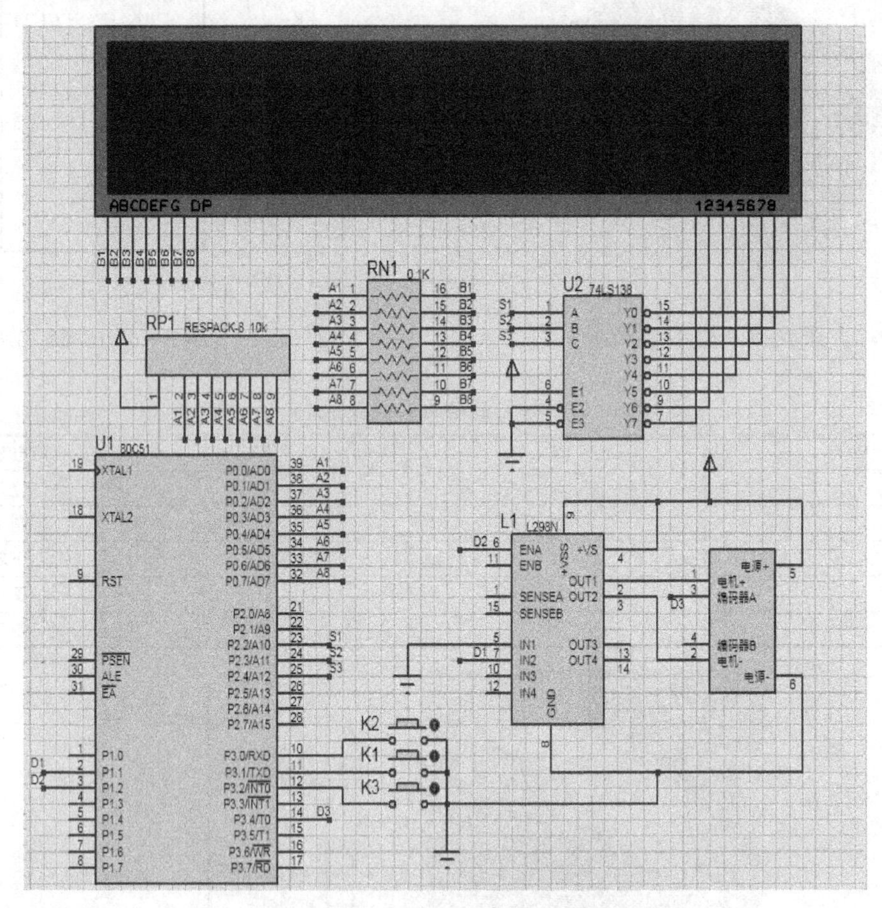

图 10-8　直流电动机单闭环调速控制仿真电路

10.2.5　软件设计

1. 程序流程图

直流电动机单闭环速度控制流程图如图 10-9 所示。

2. 软件编程

```
/*****************************************************************************************
* 实验名  :直流电动机单闭环速度控制系统
* 实验效果:设置设定速度,PID 闭环反馈控制速度,显示给定速度与实际速度
*****************************************************************************************/
```

本实验采用大工程的建立方式，各个功能模块写在不同的文件中，以方便程序的阅读与

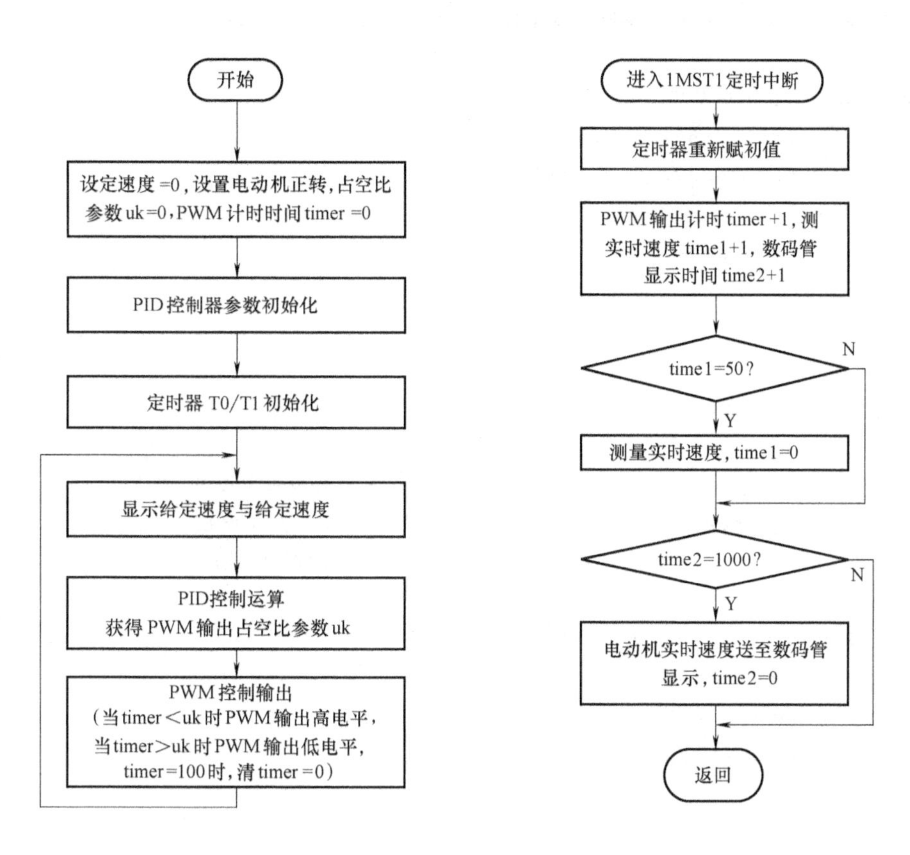

图 10-9 直流电动机单闭环速度控制流程图

修改。相关的头文件与源文件有 keyscan. h、keyscan. c, PWM. h、PWM. c, PID. h、PID. c, measure. h、measure. c, display. h、display. c, main. c。下面将详细介绍。

(1) 显示模块

显示模块分为头文件 (display. h) 和源文件 (display. c), 主要实现设定速度与实际速度显示, 小数部分不显示, 函数名 DigDisplay ( )。本设计假定实际速度与设定速度不超过 100 转/秒, 所以只用到 4 位数码管。定义 P0 为数码管的段选, P2. 2, P2. 3, P2. 4 为数码管的位选。相关程序如下:

```
//显示模块头文件(display.h)
#include<reg52.h>
#include<intrins.h>
#define GPIO_DIG P0                //定义数码管段选
sbit LSA=P2^2;                     //定义数码管位选(用 74LS138 实现)
sbit LSB=P2^3;
sbit LSC=P2^4;
void DigDisplay();
//显示模块源文件(display.c)
#include"display.h"
#include"keyscan.h"    //声明给定速度全局整数变量 set
```

```
#include"measure.h"   //声明实际速度全局浮点数变量 display_Speed
#include<math.h>
unsigned char code DIG_CODE[17]={
0x3f,0x06,0x5b,0x4f,0x66,0x6d,0x7d,0x07,
0x7f,0x6f,0x77,0x7c,0x39,0x5e,0x79,0x71};
//0、1、2、3、4、5、6、7、8、9、A、b、C、d、E、F 的显示码
unsigned char Init_display_data[4];
void DigDisplay()
{
  unsigned int i,j;
  int a=0,b=0,c=0,d=0;
  a=set/10;
  b=set%10;                                        //a,b 存放给定速度
  d=floor(display_Speed);                          //floor 函数是取整
  c=d/10;                                          //c,d 存放实际速度
  d=d%10;
  Init_display_data[0]=DIG_CODE[b];
  Init_display_data[1]=DIG_CODE[a];
  Init_display_data[3]=DIG_CODE[d];
  Init_display_data[4]=DIG_CODE[c];
  for(i=0;i<4;i++)
   {
    switch(i)                                      //位选,选择点亮的数码管,
     {
      case(0):
      LSA=0;LSB=0;LSC=0; break;                    //显示第 0 位
      case(1):
      LSA=1;LSB=0;LSC=0; break;                    //显示第 1 位
      case(2):
      LSA=0;LSB=1;LSC=1; break;                    //显示第 6 位
      case(3):
      LSA=1;LSB=1;LSC=1; break;                    //显示第 7 位
     }
    GPIO_DIG=Init_display_data[i];                 //发送段码
    j=5;                                           //扫描间隔时间设定
    while(j--);
    GPIO_DIG=0x00;                                 //消隐
   }
}
```

（2）按键检测模块

按键检测模块分为头文件（keyscan.h）与源文件（keyscan.c），该模块实现对按键的检测与处理。当 K1 键按下，给定速度加 1，K2 键按下，给定速度减 1，K3 键按下，给定速

度清零。用户通过该模块来设置设定速度。相关程序如下：

```
//按键检测头文件(keyscan.h)
#include<reg52.h>
sbit K1=P3^1;                                    //定义独立按键
sbit K2=P3^0;
sbit K3=P3^2;
extern int set;                                  //声明全局函数 set
void keyscan();
//按键检测源程序(keyscan.c)
#include"keyscan.h"
#include"display.h"
int set;
void keyscan()
{
   int i;
   if(K1==0)
   {
    set++;
    if(set>99)
      set=0;
    while((i<50000)&&(K1==0))                    //检测按键是否松开与消抖处理
     {
        DigDisplay();                            //显示函数
        i++;
     }
   }
  else if(K2==0)
    {
     set--;
     if(set<0)
       set=0;
    while((i<50000)&&(K2==0))                    //检测按键是否松开与消抖处理
        {
         DigDisplay();
         i++;
        }
     }
   else if(K3==0)
     {
      set=0;
      while((i<50000)&&(K3==0))                  //检测按键是否松开
        {
         DigDisplay();
```

```
        i++;
        }
    }
}
```

（3）测量函数模块

测量函数模块分为头文件（measure. h）和源文件（measure. c）。测量函数利用T1定时器与T0计数器结合方式进行实际速度采集。T0计数器工作于计数方式1，用于速度脉冲计数。T1定时器工作于定时中断方式1，定时时间1ms。在T1定时中断服务程序中，设置每50ms进行一次实际速度测量，为了显示清晰，每1s才更新一次速度显示。具体文件如下：

```
//测量函数头文件(measure.h)
#include<reg52.h>
#include<stdlib.h>
#include"pwm.h"
void Time_init();
extern float Actual_Speed;
extern float display_Speed;
extern int timer;
//测量函数源文件(measure.c)
#include "measure.h"
int time1=0,time2=0;
float Actual_Speed=0;
float display_Speed=0;
void Time_init()
{
TMOD= 0x15;                                    //设置T0为计数方式1,T1为定时方式1
TH1 = 0xFC;                                    //12MHz下定时1ms定时器T1的初值
TL1 = 0x18;
ET1 = 1;                                       //开启定时器1中断
EA = 1;
TH0 = 0;                                       //T0计数器初值为0
TL0 = 0;
TR0=1;                                         //启动T0、T1工作
TR1=1;
}
void Time(void) interrupt 3                    //3为定时器T1的中断号定时
{
  TH1 = 0xFC;                                  //T1重新赋初值
  TL1 = 0x18;
  TF1=0;
  timer++;                                     //全局变量,用来设定PWM波周期
  time1++;
  time2++;                                     //每1s,数码管更新显示速度一次
```

```
  if(time1==50)                          //每 50ms,测量实际速度一次
    {
     Actual_Speed=(TH0*256+TL0)*20/260;//
     time1=0;
     TH0=0;                              //计数器 T0 清零
     TL0=0;
    }
  if(time2==1000)                        //每 1s,数码管更新显示一次
    {
      display_Speed=Actual_Speed;
      timer2=0;
    }
}
```

（4）PID 算法模块

PID 算法模块分为头文件（PID.h）和源文件（PID.c）。源文件定义了 PID 参数结构体，初始化了 PID 参数，进行了 PID 位置控制算法的运算。具体程序如下：

```
//PID 算法头文件(PID.H)
#include <reg52.h>
#include <stdio.h>
#include <stdlib.h>                      //包含相关数学的库文件
extern struct pid;                       //声明全局 PID 结构体
void PID_init();
float PID_realize(int speed,int AcSpeed);
//PID 算法源文件(PID.c)
#include"PID.h"
struct struct_pid
{                                        //PID 算法结构体
  float SetSpeed;                        //给定速度
  float ActualSpeed;                     //实际速度
  float err;                             //k 时刻误差
  float err_next;                        //k-1 时刻误差
  float err_last;                        //k-2 时刻误差
  float Kp,Ki,Kd;                        //比例参数,积分参数,微分参数
  float out;                             //PID 输出值
}pid;
//PID 参数初始化
void PID_init()
{
  pid.SetSpeed=0.0;
  pid.ActualSpeed=0.0;
  pid.err=0.0;
  pid.err_next=0.0;
```

```
  pid.err_last=0.0;
  pid.out=0.0;
  pid.Kp=0.3;
  pid.Ki=0.15;
  pid.Kd=0.0;
}
//位置型 PID 控制算法
float PID_realize(float speed,float AcSpeed)      //位置型 PID 控制算法
{
    float incrementSpeed;
    pid.SetSpeed=speed;
    pid.ActualSpeed=AcSpeed;
    pid.err=pid.SetSpeed-pid.ActualSpeed
    incrementSpeed=pid.Kp*(pid.err-pid.err_next)+pid.Ki*pid.err
                  +pid.Kd*(pid.err-pid.err_next*2+pid.err_last);
    pid.out+=incrementSpeed;
    pid.err_last=pid.err_next;
    pid.err_next=pid.err;
    return pid.out;
}
```

（5）PWM 波输出模块

PWM 波输出模块分为头文件（PWM.h）和源文件（PWM.c）。P1.2 是 PWM 输出引脚，它与电动机使能端 ENA 连接，用于电动机速度控制。本设计使用的 PWM 周期为 100ms，由定时器 T1 中断 100 次实现，用 timer 来计时。通过 PID 运算输出的 uk 值改变 PWM 的占空比，uk 越大，PWM 的占空比越高，电动机速度越快。相关程序如下：

```
//PWM 波输出头文件(PWM.h)
#include <reg52.h>
extern int timer;                                     //PWM 输出计时时间
void PWM1(int u);
//PWM 波输出源文件(PWM.c)
#include"PWM.h"
sbit PWM=P1^2;
void PWM1(int u)
{
   if(timer==100)                                     //PWM 周期为 100ms
     {
      timer=0;
     }
  if(timer<u)                                          //处于 PWM 输出高电平时间
    {
     PWM=1;                                           //电动机转
    }
```

```
  else if(timer>=u)                          //处于 PWM 输出低电平时间

    {
     PWM=0;                                  //电动机停
    }
}
```

(6) 主函数模块

主函数模块只有源文件 (main.c)，该模块先是对相关参数进行初始化，然后循环进行速度显示、按键设置设定速度处理、PID 控制运算以及 PWM 控制输出等工作，完成直流电动机速度闭环控制要求。实际速度 50ms 采样一次，速度显示 1s 刷新一次，PWM 周期为 100ms，基础定时时间单位 1ms，由定时器 T1 实现。相关程序如下：

```
//主程序源程序(main.c)
#include "display.h"
#include "keyscan.h"
#include "measure.h"
#include "pid.h"
#include "pwm.h"
int timer;                           //定义 PWM 输出计时时间,T1 中断 1 次加 1
sbit IN2=P1^1;                       //定义转向的引脚本实验为正转
void main()
  {
   float uk=0.0;                     //PID 控制输出用于调节占空比
   IN2=1;                            //电动机正转
   set=0;                            //给定速度初值 0
   timer=0;                          //PWM 输出计时时间从 0 开始
   Time_init();                      //定时器 T0/T1 初始化
   PID_init();                       //PID 参数初始化
   while(1)
      {
       DigDisplay();                 //速度显示程序
       keyscan();                    //按键处理程序用于设置给定速度
       uk=PID_realize(set, Actual_Speed);//PID 控制算法程序,set 给定速度
       PWM1(uk); //set 给定速度,Actual_Speed 实际速度,uk 为 PWM 占空比(周期为 100ms)
      }
  }
```

10.2.6 实物调试

本例采用实物调试，结果如图 10-10 所示。图中左侧数码管显示的数字 32 为给定速度，右侧数码管显示的 32 为实时速度，单位为转/秒。图中两个数字完成相同，说明系统通过 PID 闭环控制使得实际速度等于与设定速度，符合设计目标要求。

图 10-10　实物调试结果

本 章 小 结

单片机在生活中应用及其广泛，在各类控制系统中起到重要的作用，本章通过两个常见的应用实例进一步为读者阐释单片机如何工作和如何控制。数字电子温度计的设计介绍了如何用单片机去测量温度。直流电动机单闭环速度控制系统的设计则给读者展示了如何用单片机去构造一个闭环反馈控制系统。

习题

1. 设计温度警报器，要求在数字温度计的基础上设定温度上下限，当测量温度超过上下限的时候，发出警报。

2. 设计直流电动机双闭环反馈控制系统，要求在单闭环的基础上增加电流环，实现电流的实时追踪，达到更好动态响应的电动机调速。

附　　录

附录 A　I^2C 程序

A.1　I^2C 头文件（i2c.h）

```
#ifndef __I2C_H_
#define __I2C_H_
#include<reg51.h>
sbit SCL=P2^1;
sbit SDA=P2^0;
void I2c Start();
void I2c Stop();
unsigned char I2c SendByte(unsigned char dat);
unsigned char I2c ReadByte();
void I2c ReadRespon();
#endif
```

A.2　I^2C 源文件（i2c.c）

```
// I²C 源文件
#include"i2c.h"
// 10us 延时函数
void Delay10us()
{
    unsigned char a,b;
    for(b=1;b>0;b--)
        for(a=2;a>0;a--);
}
// I²C 起始信号
void I2c Start()
{
    SDA=1;
    Delay10us();
    SCL=1;
    Delay10us();
    SDA=0;
    Delay10us();
    SCL=0;
```

```
    Delay10us();
}
// I²C 终止信号
void I2c Stop()
{
    SDA=0;
    Delay10us();
    SCL=1;
    Delay10us();
    SDA=1;
    Delay10us();
}
// I²C 发送一个字节
unsigned char I2c SendByte(unsigned char dat)
{
    unsigned char a=0,b=0;
    for(a=0;a<8;a++)
    {
        SDA=dat>>7;
        dat=dat<<1;
        Delay10us();
        SCL=1;
        Delay10us();
        SCL=0;
        Delay10us();
    }
    SDA=1;
    Delay10us();
    SCL=1;
     while(SDA)
    {
        b++; //如果超过 2000μs 没有应答发送失败,或者为非应答,表示接收结束
        if(b>200)
        {
            SCL=0;
            return 0;
        }
        Delay10us();
    }
    SCL=0;
    Delay10us();
    return 1;
}
```

```
// I²C 读取一个字节
unsigned char I2c ReadByte()
{
    unsigned char a=0,dat=0;
    SDA=1;
    Delay10us();
    for(a=0;a<8;a++)
    {
        SCL=1;
        Delay10us();
        dat<<=1;
        dat |=SDA;
        Delay10us();
        SCL=0;
        Delay10us();
      }
      return dat;
}
// I²C 接收完一个字节之后产生应答
void I2c ReadRespon()
{
    SDA=0;
    Delay10us();
    SDA=1;
    Delay10us();
}
```

附录 B　DS1302 程序

B.1　DS1302 头文件（DS1302.h）

```
//DS1302 头文件
#ifndef __DS1302_H_
#define __DS1302_H_
//包含头文件
#include<reg51.h>
#include<intrins.h>
//重定义关键词
#ifndef uchar
#define uchar unsigned char
#endif
#ifndef uint
```

```
#define uint unsigned int
#endif
sbit DSIO=P3^4;                                    //定义 DS1302 使用的 IO 口
sbit RST=P3^5;
sbit SCLK=P3^6;
void Ds1302Write(uchar addr, uchar dat);     //定义全局函数
uchar Ds1302Read(uchar addr);
void Ds1302Init();
void Ds1302ReadTime();
extern uchar TIME[7];                              //加入全局变量
#endif
```

B.2 DS1302 源文件(DS1302.c)

```
//DS1302 源文件
#include"ds1302.h"
//DS1302 读取和写入秒、分、时、日、月、周、年的地址命令
uchar code READ_RTC_ADDR[7] = {0x81, 0x83, 0x85, 0x87, 0x89, 0x8b, 0x8d};
uchar code WRITE_RTC_ADDR[7] = {0x80, 0x82, 0x84, 0x86, 0x88, 0x8a, 0x8c};
//DS1302 时钟初始化 2013 年 1 月 1 日星期二 12 点 00 分 00 秒
//存储顺序是秒分时日月周年,存储格式是用 BCD 码
uchar TIME[7] = {0, 0, 0x12, 0x01, 0x01, 0x02, 0x13};
//写 DS1302
void Ds1302Write(uchar addr, uchar dat)
{
  uchar n;
  EA = 0;
  RST = 0;
  _nop_();
  SCLK = 0;                                       //先将 SCLK 置低电平
  _nop_();
  RST = 1;                                        //然后将 RST(CE)置高电平
  _nop_();
  for (n=0; n<8; n++)                             //开始传送八位地址命令
   {
    DSIO = addr & 0x01;                           //数据从低位开始传送
    addr >>= 1;
    SCLK = 1;                                     //数据在上升沿时,DS1302 读取数据
    _nop_();
    SCLK = 0;
    _nop_();
   }
for (n=0; n<8; n++)                               //写入 8 位数据
  {
```

```
    DSIO = dat & 0x01;
    dat >>= 1;
    SCLK = 1;                                //数据在上升沿时,DS1302 读取数据
    _nop_();
    SCLK = 0;
    _nop_();
    }
RST = 0;                                     //传送数据结束
_nop_();
EA = 1;
}
//读取一个地址的数据
uchar Ds1302Read(uchar addr)
{
  uchar n,dat,dat1;
  EA =0;
  RST = 0;
  _nop_();
  SCLK = 0;                                  //先将 SCLK 置低电平
  _nop_();
  RST = 1;                                   //然后将 RST(CE)置高电平
  _nop_();
  for(n=0; n<8; n++)                         //开始传送八位地址命令
    {
     DSIO = addr & 0x01;                     //数据从低位开始传送
     addr >>= 1;
     SCLK = 1;                               //数据在上升沿时,DS1302 读取数据
     _nop_();
     SCLK = 0;                               //DS1302 下降沿时,放置数据
     _nop_();
    }
  _nop_();
  for(n=0; n<8; n++)                         //读取 8 位数据
    {
     dat1 = DSIO;                            //从最低位开始接收
     dat = (dat>>1) | (dat1<<7);
     SCLK = 1;
     _nop_();
     SCLK = 0;                               //DS1302 下降沿时,放置数据
     _nop_();
    }
  RST = 0;
  _nop_();                                   //以下为 DS1302 复位的稳定时间
```

```
    SCLK = 1;
    _nop_();
    DSIO = 0;
    _nop_();
    DSIO = 1;
    _nop_();
    EA = 1;
    return dat;
  }
  //初始化 DS1302
  void Ds1302Init()
  {
    uchar n;
    Ds1302Write(0x8E,0X00);          //禁止写保护,就是关闭写保护功能
    for (n=0; n<7; n++)              //写入 7 个字节的时钟信号:分秒时日月周年
     {
  Ds1302Write(WRITE_RTC_ADDR[n],TIME[n]);
 }
 Ds1302Write(0x8E,0x80);             //打开写保护功能
}
//读取时钟信息
void Ds1302ReadTime()
{
  uchar n;
  for (n=0; n<7; n++)                //读取 7 个字节的时钟信号:分秒时日月周年
    {
      TIME[n] = Ds1302Read(READ_RTC_ADDR[n]);
    }
}
```

参考文献

[1] 孙涵芳，徐爱卿. MCS-51/96系列单片机原理及应用（修订版）[M]. 北京：北京航空航天大学出版社，1996.

[2] 何立民. MCS-51系列单片机应用系统设计（系统配置与接口技术）[M]. 北京：北京航空航天大学出版社，1993.

[3] 马忠梅. 单片机的C语言应用程序设计（修订版）[M]. 北京：北京航空航天大学出版，1998.

[4] 张毅刚，刘杰. MCS-51单片机原理及应用 [M]. 3版. 哈尔滨：哈尔滨工业大学出版社，2008.

[5] 张友德，赵志英，涂时亮. 单片微型机原理、应用与实验 [M]. 上海：复旦大学出版社，2000.

[6] 冯涛，秦永左. 单片机原理及应用 [M]. 北京：国防工业出版社，2009.

[7] 谢维成，杨加国. 单片机原理与应用及C51程序设计 [M]. 2版. 北京：清华大学出版社，2009.

[8] 余锡存，等. 单片机原理与接口技术 [M]. 西安：西安电子科技大学出版社，2006.

[9] 靳孝峰，等. 单片机原理与接口技术 [M]. 北京：北京航空航天大学出版社，2009.

[10] 李建忠，等. 单片机原理及应用 [M]. 西安：西安电子科技大学出版社，2008.

[11] 赵德安，等. 单片机原理与应用 [M]. 2版. 北京：机械工业出版社，2009.

[12] 谭浩强. C程序设计 [M]. 北京：清华大学出版社，1990.

[13] 周润景. 基于Proteus的电路与单片机系统设计与仿真 [M]. 北京：北京航空航天大学出版社，2006.

[14] 江世明. 基于Proteus的单片机应用技术 [M]. 北京：电子工业出版社，2009.

[15] 郭天祥. 新概念51单片机C语言教程 [M]. 北京：电子工业出版社，2009.

[16] 田立. 51单片机C语言程序设计快速入门 [M]. 北京：人民邮电出版社，2007.

参考文献